아름다운 수학의 세계 지도

머리말

수학은 「수」에 대해서만 연구하는 것 아니야? 수학에서 아직도 연구할 게 남아있어? 이렇게 생각하는 사람도 있을지 모르겠습니다.

실제로 수학에서 다루는 대상은 수와 도형, 함수, 논리 등 매우 다양합니다. 이 모든 것은 인간의 사고로 만들어낸 결정체입니다. 수학은 다른 자연과학과는 달리 관찰과 실험을 통해 현상을 분석하는 학문이 아닙니다. 그러니 수학이 무엇을 연구하는 학문인지 잘 모르는 사람이 많다 해도 놀랄 일은 아닙니다.

수학을 배우고 연구하는 일은 마치 산을 오르는 것과 같습니다. 덧셈, 뺄셈이라는 산기슭에서 출발하여 한 발 한 발 산을 오르듯 차근차근 생각을 쌓아 올립니다. 여러 가지 어려움을 극복하고 산 위에 도달하면 멋진 풍경이 눈앞에 펼쳐질 것입니다. 산을 오르는 동안 어렵게 느껴졌던 것들도 위에서 내려다보면 훨씬 쉽게 보이는 법입니다.

하지만 반대로 아직 산기슭에 있는 사람들은 산이 어떻게 생겼는지, 산 위에서 내려다보는 풍경은 어떤지 상상하기 어렵습니다. 이것이 바로 수학이 어려운 이유 중 하나입니다. 위에서 내려다보는 멋진 풍경을 알지 못한 채 도중에 좌절하는 경우도 적지 않습니다.

이 책 『수학의 세계 지도』는 이러한 수학의 어려움을 극복하는 데 도움을 주고자 쓰였습니다. 주로 고등학생이나 대학교 1학년을 대상으로, 지금 막연하게 공부하고 있는 수학이 앞으로 어떻게 펼쳐져 나가는지를 설명한 책입니다. 여러분보다 조금 앞서 수학이라는 산을 오른 제가 실제로 지도를 그려 여러분께 보여드리는 것입니다(물론 저보다 앞서 걸어가고 계신 분들이 보셔도 좋습니다).

여행을 준비하며 가이드북을 사 본 적이 있으실 겁니다. 앞으로의 여정을 머릿속에 그리며 페이지를 찬찬히 넘기며 읽는 것만으로도 즐거움을 느끼곤 하지요. 이 책『수학의 세계 지도』도 마찬가지입니다. 이 책을 통해 앞으로 수학이라는 산 위에 어떤 세계가 기다리고 있는지를 미리 알게 된다면, 지금 걷고 있는 길도 즐겁게 걸을 수 있고, 앞으로의 여행 경로도 더 명확해질 것입니다. 이 책을 계기로 수학에 흥미를 가지거나 도전해보고 싶은 마음을 갖는 사람이 조금이라도 늘어난다면 더없이 기쁘겠습니다.

옛날 사람들이 실제로 측량하여 세계 지도를 그려 나갔던 것처럼, 이 책 역시 제가 실제로 수학의 세계를 걸어온 경험을 바탕으로 그린 지도에 불과합니다. 따라서 제가 아직 충분히 이해하지 못한 부분이 있을 수 있고, 애초에 모르는 분야도 있을 수 있습니다.

지구의 지도와 달리, 수학의 세계 지도는 모든 사람이 똑같이 정확하게 그릴 수 있는 것이 아닙니다. 사람에 따라 각 분야의「국경」과「관광 명소」는 다를 수밖에 없습니다. 더 나아가, 아직 누구도 발을 디디지 않은 미개척지가 수학의 세계에는 여전히 많이 남아 있습니다.

그런 의미에서 수학의 세계는「우주」입니다! 이런 점을 생각하면서 수학을 공부해 온「한 개인이 바라본」수학의 세계 지도를 즐겨 주셨으면 합니다.

그러면 이제, 수학의 세계로 안내를 시작하겠습니다.

고가 마사키

차례

Preparing for Departure

제 1 장

여행의 준비

수학은 어떤 학문일까

학문으로서의 수학

수학은 어떤 학문일까요? 말 그대로 「수」를 다루는 학문이지만, 그게 전부는 아닙니다. 수학은 수 이외에도 많은 것들을 연구합니다. 예를 들어, 도형과 함수, 나아가 확률과 컴퓨터, 색칠하기와 관련된 문제도 수학의 한 분야로서 연구되고 있습니다. 저 역시 수학에서 연구하는 대상을 모두 다 파악하고 있지는 못합니다. 따라서 무엇을 연구 대상으로 삼느냐를 가지고 수학이 어떤 학문인지를 정의하기는 어렵습니다. 이 책에서는 그러한 수학에서 연구하는 다양한 대상(그중 일부)에 대해 하나씩 설명해 나갈 것입니다. 그에 앞서 수학이라는 학문의 특징을 먼저 살펴보겠습니다.

수학의 특징을 이해하기 위해서는 수학이라는 학문을 구성하는 요소를 파악하는 것이 중요합니다.

수학을 구성하는 요소

수학에서는 먼저 증명할 필요 없이 옳다고 인정하는 몇 가지 기본적인 주장을 정합니다. 이러한 주장을 공리라고 합니다. 예를 들어, 유클리드 Euclid, 기원전 3세기경는 「서로 다른 두 점을 지나는 직선이 항상 존재한다」와 같은 주장을 공리 중 하나로 삼아 자신의 저서 『원론』에서 도형에 관한 수학을 체계적으로 정리하고 전개했습니다.

수학에서는 공리를 논의의 출발점으로 삼아 다양한 개념을 고찰합니다. 이러한 개념을 다른 사람에게 정확하게 전달하기 위해, 수학에서 사용되는 용어는 그 의미가 엄밀하게 정의됩니다. 이 용어의 의미를 정의라고 합니다. 예를 들어, 「어떤 자연수는 소수이다」라는 것의 정의는 「1과 자기 자신 외에는 양의 약수를 가지지 않는 자연수이다」입니다.

개념을 엄밀하게 정의한 다음에는 그 개념이 가진 성질을 탐구합니다. 수학에서 참인지 거짓인지를 명확하게 판단할 수 있는 주장을 명제라고 하고, 그중 참인 주장을 정리라고 합니다. 명제가 참인 근거를 수학적으로 올바른 논리로 설명하는 것을 증명이라고 합니다. 수학에서는 증명되지 않은 명제는 정리로 간주하지 않으며, 증명될 수 있어야만 그 정리는 가치를 가집니다.

수학의 특징

이를 정리하면, 수학에서는 공리에서 출발하여 새로운 개념을 정의하고, 그 개념의 성질을 정리로 제시하여 증명해 나갑니다. 다시 새로운 개념을 정의하고 정리를 증명하는 과정을 반복하면서 수학의 세계를 점차 확장해 나갑니다. 이러한 방법으로 고찰을 심화시켜 나가는 것이 수학이라는 학문의 가장 큰 특징입니다. 반대로, 이런 방식으로 고찰이 이루어진다면 어떤 것이든 「수학」의 연구 대상이 될 수 있다는 뜻이기도 합니다.

수학의 가치

수학 연구 활동의 중심은 새로운 정리를 추가하는 것, 즉 참이라고 여겨지는 추측을 증명하는 데 있습니다. 전 세계의 수학자들은 다양한 개념의 흥미로운 성질을 탐구하거나 기존의 잘 알려진 추측을 해결하기 위해 노력하고 있습니다. 미해결로 남아 있는 추측이 참이라는 것을 증명할 수 있다면, 그 자체로도 매우 가치 있는 일입니다. 하지만, 그것이 전부는 아닙니다. 대개의 경우, 추측을 증명하는 과정에서 새로운 개념이 탄생하고, 수학 이론은 좀 더 풍부하게 확장됩니다. 하나의 추측 뒤에 얼마나 방대한 수학이 숨겨져 있는지도 그 추측이 지닌 가치라고 할 수 있습니다.

이 책에서도 이러한 수학의 요소(공리, 정의, 정리, 추측)들은 각자의 역할이 명확하게 구분되어 있으며, 테두리를 사용하여 강조해 두었습니다. 차이점을 반드시 알아두도록 합시다.

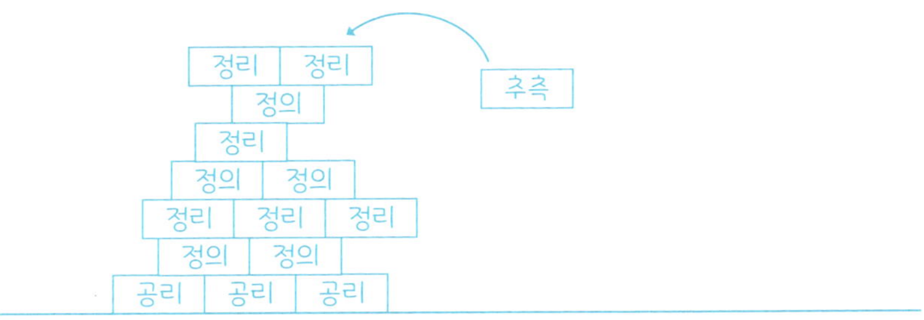

수학은 어떻게 분류될까

크게 3가지 분야로 나뉜다

앞에서 말한 대로, 수학의 연구 대상은 다양합니다. 그중에서도 대표적 연구 대상인 수나 도형을 다루는 수학의 분야를 간략히 소개하겠습니다. 흔히 수학은 크게 3가지 분야로 나뉜다고 설명합니다. 그것이 대수학, 기하학, 해석학입니다.

제1절 대수학

수는 수학의 가장 기본적인 연구 대상입니다. 수는

$$1+1=2, \ \ 2 \times 3=6$$

등과 같은 연산을 할 있습니다. 대수학에서는 수뿐만 아니라 더 일반적인 원소에 대한 연산도 다룹니다. 이러한 연산을 갖는 집합(대수계)을 연구하는 것이 대수학입니다.

제2절 기하학

도형에 관해 연구하는 분야를 기하학이라고 합니다. 기하학은 영어로 geometry라고 하는데, 그 어원은 문자 그대로 「땅을 측량한다」는 뜻입니다.

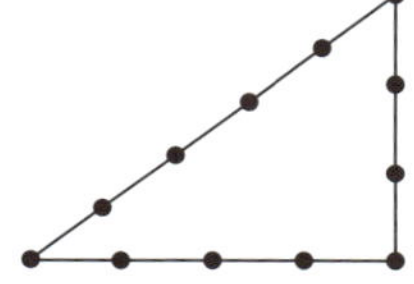

이는 기하학이 본래 토지 측량을 목적으로 도형을 연구한 데서 시작되

었음을 보여줍니다. 이러한 실용적인 문제에서 벗어나 이상적인 도형[1]을 연구하는 것이 현대 수학의 기하학입니다.

제3절 해석학

수와 수의 대응 관계를 나타내는 것이 함수입니다. 이 함수에 대해 연구하는 분야가 해석학입니다. 미분과 적분이 중심적인 역할을 하는 해석학은 물리학과 서로 영향을 주고받으며 발전해 왔습니다.

앞서 나온 대수학, 기하학, 그리고 해석학은 수학을 대표하는 3대 분야로, 흔히 '순수수학'이라고 불립니다. 각 분야는 연구 주제나 대상에 따라 다양한 세부 분야로 나뉩니다. 또한, 이 세 분야가 서로 융합되거나 경계를 넘나드는 연구 분야도 많습니다. 따라서 이는 어디까지나 대략적인 분류라고 생각하면 됩니다.

이 3가지 분야(순수수학) 외에도 수학기초론과 응용수학이라는 2가지 큰 분야가 있습니다.

제4절 수학기초론

수학기초론은 수학의 근간을 이루는 부분을 연구하는 분야입니다. 수학에서 필수적인 논리, 집합 등은 그 자체로도 연구의 대상이 됩니다. 수학기초론은 「수학에 관한 수학」이라고 할 수 있습니다.

---

1. 예를 들어, 연필로는 아무리 노력해도 곧게 뻗은 직선을 그릴 수 없습니다. 자를 사용해도 매끄럽게 그려지지 않을 것입니다. 그러나 기하학에서는 곧게 뻗은 직선을 그릴 수 있다는 것을 전제로 도형에 대한 논의를 진행합니다. 그런 의미에서 「이상적」이라고 표현합니다.

제5절 응용수학

응용수학은 일상적인 현상이나 기술과 더 밀접하게 관련된 수학을 말합니다. 일상적인 현상을 엄밀하게 정식화(일정한 명제나 정의로 규정하는 것)하여 수학적으로 연구하거나, 응용 기술을 위한 수학적 기초를 연구하기도 합니다.

수학기초론과 응용수학은 수학의 중심 분야인 순수수학 세 분야와는 성격이 약간 다릅니다. 그러나 수학의 기초를 떠받치고, 다른 분야와 연결된다는 점에서, 둘 다 수학에서 필수적인 분야라는 것은 분명합니다.

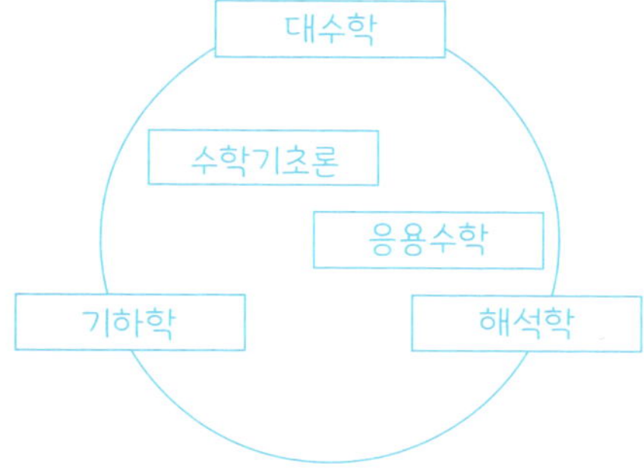

수학의 기본 용어·개념에 대해

 수

자연수

사물의 개수를 셀 때 사용하는 수 1, 2, 3, …를 자연수라고 합니다. 0을 자연수에 포함시켜야 한다는 주장도 있지만, 이 책에서는 0을 자연수에 포함시키지 않기로 합니다.

정수

자연수와 0, 그리고 -1, -2, -3, …를 정수라고 합니다.

유리수

정수 p, q(단, $p \neq 0$)를 사용하여 $\dfrac{q}{p}$로 나타낼 수 있는 수를 유리수라고 합니다. 예를 들어, $-\dfrac{1}{3}\left(=\dfrac{-1}{3}\right)$, $2\left(=\dfrac{2}{1}\right)$, $0\left(=\dfrac{0}{1}\right)$, $\dfrac{193}{2022}$ 등은 모두 유리수입니다.

실수

실수란 수직선 위에 나타낼 수 있는 수를 말합니다.

무리수

유리수가 아닌 실수를 무리수라고 합니다. 예를 들어, $\sqrt{2}$, π(원주율), e(네이피어 수) 등은 무리수입니다.

복소수

실수 a, b를 사용하여 $a+bi$로 나타낼 수 있는 수를 복소수라고 한다. 여기서 i는 허수 단위로, $i^2 = -1$을 만족합니다. 예를 들어, $2+i$, $-3i$, 12 등은 복소수입니다.

집합

　사물의 모임을 집합이라고 합니다. 물론 엄밀함을 중시하는 수학에서 이런 정의는 적절하지 않습니다. 그러나 일반적으로 수학을 배울 때(그리고 이 책을 읽을 때) 집합이 무엇인지가 문제가 되는 경우가 많지 않으므로, 여기서는 단순히「사물의 모임」으로 이해해도 상관없습니다(왜 적절하지 않은지는 24.2 에서 설명합니다).

　집합을 표현하는 방법은 크게 2가지가 있습니다. 하나는 $\{ 2, 4, 6, \cdots \}$ 와 같이 괄호 $\{\ \}$ 안에 그 집합에 속하는 원소를 나열하는 방법(외연적 기법)이고, 또 하나는 $\{ x \mid x$는 양의 짝수 $\}$와 같이 괄호 $\{\ \}$ 안에 세로줄을 그어 세로줄의 왼쪽에는 그 집합에 속하는 원소를 대표하는 문자, 오른쪽에는 원소가 만족해야 하는 조건을 쓰는 방법(내포적 기법)입니다. 예를 들어

$$\{ 2, 4, 6, \cdots \} = \{ x \mid x\text{는 양의 짝수} \}$$

가 성립합니다. 또한 특별한 기호를 사용하여 표현하는 집합도 있습니다.

- $\mathbb{N} = \{ 1, 2, 3, \cdots \}$: 자연수 전체의 집합
- $\mathbb{Z} = \{ \cdots, -2, -1, 0, 1, 2, \cdots \}$: 정수 전체의 집합
- $\mathbb{Q} = \left\{ x \mid x = \dfrac{q}{p}, \text{단 } p, q \text{는 정수이고, } p \neq 0 \right\}$: 유리수 전체의 집합
- $\mathbb{R}$: 실수 전체의 집합
- $\mathbb{C} = \{ x \mid x = a + bi \text{ 이고, } a, b \text{는 실수} \}$: 복소수 전체의 집합

사상 · 함수

　함수라는 용어는 중·고등학교 때 배워 익숙할 것입니다. 함수를 일반화한 개념이 사상입니다. 함수란 x와 y를 실수라 할 때 $y = x^2$ 등과 같이 x와 y의 대응 관계를 나타내는 것입니다. 이를 더 넓은 의미에서 수가 아닌 대상에 대해서도 같은 방식으로 정의한 것이 사상입니다.

정의 두 집합 A, B가 있다고 하자. 집합 A의 각 원소에 대해 B의 원소가 하나씩만 대응할 때, 이 대응 관계 f를 **사상**이라고 한다. A에서 B로의 대응 관계는 $f : A \rightarrow B$로 나타낸다. A의 원소 x에 대응하는 B의 원소를 $f(x)$로 쓰며, 이 원소들의 대응을 $f : x \rightarrow f(x)$로 나타낸다. 특히, B가 수의 집합일 경우 f를 **함수**라고 한다.

예

K 고등학교의 1학년 1반 학생 50명에게 각각 1부터 50까지의 출석번호가 할당되었다고 가정합시다. 두 집합 A, B를

$A = \{\, x \mid x$는 K고등학교 1학년 1반 학생(의 이름)$\}$, $B = \{\, 1, 2, 3, \cdots, 50 \,\}$

로 하고, 각 학생(이름)을 입력하면 해당 학생의 출석번호가 출력되는 함수(사상) $f : A \rightarrow B$를 생각할 수 있습니다. 또한, 출석번호를 입력하면 학생(의 이름)이 출력되는 함수 $g : B \rightarrow A$도 고려할 수 있습니다.

허수 단위, 원주율, 네이피어 수

정의 제곱하여 -1이 되는 수를 **허수 단위**라고 하고, 그중 하나를 i로 나타낸다.

정의 원의 지름에 대한 원주의 길이의 비는 원의 크기와 상관없이 일정하다. 이것을 **원주율**이라고 하고, π로 나타낸다.

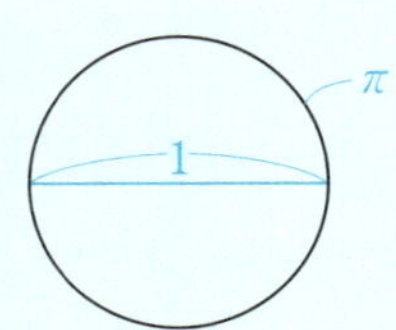

$$\pi = 3.14159\cdots$$

정의 a가 양의 정수일 때, 곡선 $y=a^x$의 $x=0$에서의 접선의 기울기가 1이 되는 a의 값이 단 하나 존재한다. 이를 네이피어 수라고 하고, e로 나타낸다.

$$e = 2.71828\cdots$$

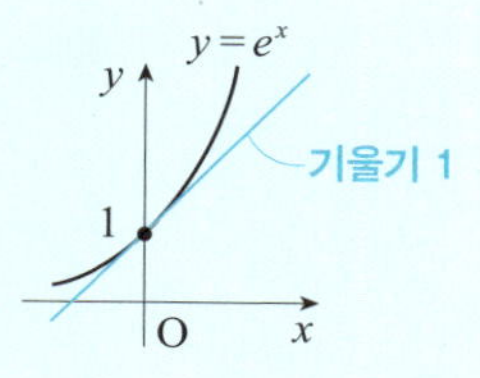

기타 용어

필즈상

필즈상은 국제수학연맹에서 수학 분야에서 뛰어난 성과를 거둔 40세 이하의 수학자에게 4년에 한 번씩 수여하는 상으로, 수학 분야에서 가장 권위 있는 상으로 알려져 있습니다. 한국인 수상자는 허준이2022년, 일본인 수상자는 고다이라 구니히코小平邦彦, 1954년, 히로나카 헤이스케広中平祐, 1970년, 모리 시게후미森重文, 1990년 등 입니다.

밀레니엄 문제

밀레니엄 문제란 2000년에 클레이 수학 연구소에서 상금 100만 달러를 내걸고 발표한 수학의 7가지 중요 미해결 문제를 말합니다. 양-밀스 질량 간극 가설, 리만 가설 추측 30, P≠NP 추측 추측 137, 나비에-스토크스 방정식의 해의 존재와 매끄러움 추측 92, 호지 추측. 푸앵카레 추측 정리 79. 버치-스위너턴다이어 추측 추측 46 등 7가지입니다. 이 가운데 푸앵카레 추측만 해결되었습니다2023년 4월 현재.

Let's go on a Journey!

제 2 장

여행을 떠나보자

대수학
Algebra

　대학에 들어와 가장 먼저 배우는 분야는 대수학의 선형대수입니다. 선형대수는 비례의 일반화인 「선형성」이라는 관계에 대해 다룹니다. 선형대수는 미적분과 마찬가지로 모든 이공계 학문의 기초가 되므로, 이공계 전공자라면 피할 수 없는 필수적인 분야입니다.

　대략 3학년 이후부터는 군, 환, 체 등 연산이 정의된 집합인 「대수계」에 관해 공부합니다. 군은 1개의 연산을 가지며, 대칭성을 기술하는 데 사용됩니다. 환은 덧셈과 곱셈이 정의되어 있는 대수계입니다. 체는 사칙연산이 정의되어 있는 대수계로, 대수학의 꽃이라 불리는 갈루아 이론에서 이 체 개념이 핵심적인 역할을 합니다.

　4학년 이후에는 세분화된 분야를 선택해 더 전문적인 공부를 하게 됩니다. 대수학은 정수론, 다항식으로 표현되는 도형을 다루는 대수 기하학, 이 두 분야를 통합한 산술기하학, 그리고 대수계가 갖는 대칭성에 대해 고찰하는 표현론 등 다양한 분야로 확장됩니다.

선형대수

Linear Algebra

선형대수는 「선형성」을 갖는 대상들을 연구하는 학문입니다. 이공계 학생이라면 대학에 들어가자마자 배우는 분야이자 거의 모든 이공계 학문에 빠짐없이 사용되는 수학의 한 분야입니다. 선형성은 수량 관계에서 가장 기본적인 성질이며, 선형적이지 않은 경우에도 이를 「선형」으로 변환하여 다루는 경우가 많기 때문입니다.

1.1. 벡터란

선형성을 구체적으로 살펴보기 전에 고등학교 수학 시간에 배우는 벡터를 간단히 복습해 봅시다. 방향과 크기를 갖는 양을 (기하) 벡터라고 합니다. 여기서는 따로 언급이 없는 한 실수를 성분으로 하는 벡터를 다룹니다.

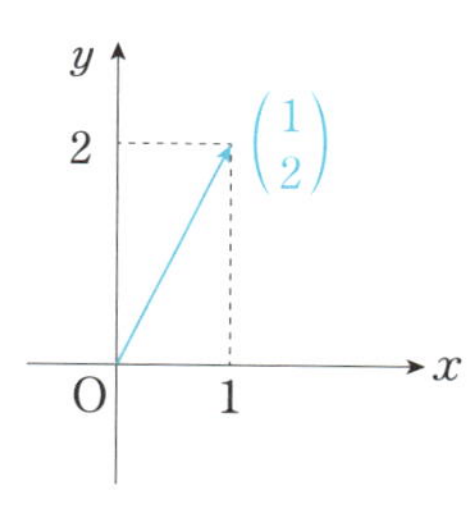

좌표평면에서는 x축 방향과 y축 방향으로 이동한 양을 나타내는 것으로 벡터를 표현할 수 있습니다. 예를 들어, x축 방향으로 1만큼, y축 방향으로 2만큼 이동한 벡터는 $\begin{pmatrix} 1 \\ 2 \end{pmatrix}$로 표현합니다. 참고로 이 책에서 벡터를 나타내는 일반적 기호로는 $\vec{a}, \vec{b}, \cdots$를 사용하겠습니다.

두 벡터 $\begin{pmatrix} p \\ q \end{pmatrix}$와 $\begin{pmatrix} r \\ s \end{pmatrix}$의 합은

$$\begin{pmatrix} p \\ q \end{pmatrix} + \begin{pmatrix} r \\ s \end{pmatrix} = \begin{pmatrix} p+r \\ q+s \end{pmatrix}$$

로 정의합니다. x축 방향으로 p만큼, y축 방향으로 q만큼 이동한 다음 그 끝에서 x축 방향으로 r만큼, y축 방향으로 s만큼 이동하는 것은 x축 방향으로 $p+r$만큼, y축 방향으로 $q+s$ 만큼 이동하는 것과 같습니다. 또 k가 실수일 때, 벡터 $\begin{pmatrix} p \\ q \end{pmatrix}$의 배는

$$k\begin{pmatrix} p \\ q \end{pmatrix} = \begin{pmatrix} kp \\ kq \end{pmatrix}$$

로 정의합니다. k가 자연수라면 x축 방향으로 p만큼, y축 방향으로 q만큼 k번 반복해서 이동하는 것은 x축 방향으로 kp만큼, y축 방향으로 kq만큼 이동하는 것과 같습니다.

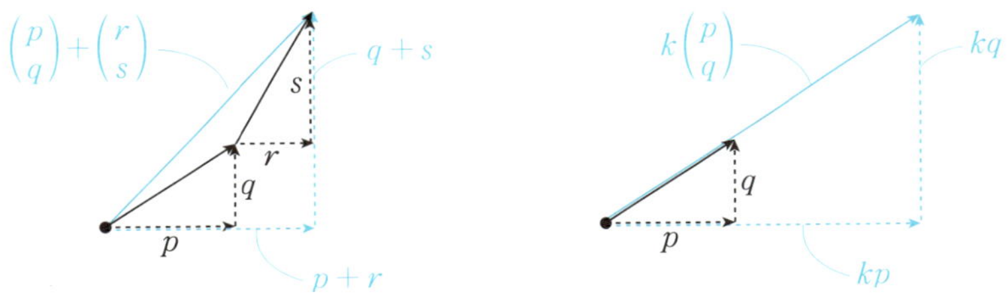

1.2. 선형성

먼저 쉬운 예를 하나 들어보겠습니다. 가게에서 천을 산다고 가정해 봅시다. 빨간 천은 1[m]에 600원입니다. 이 천을 x_1[m] 살 때 가격 $f(x_1)$은 얼마일까요? 그렇습니다. $f(x_1) = 600x_1$원입니다. 이 함수는 **비례** 함수이며, 구입하는 천의 길이를 k배만큼 늘리면 가격도 k배가 됩니다. 즉, kx_1[m]을 살 때의 가격은 x_1[m]를 살 때의 k배이며,

$$f(kx_1) = k \cdot f(x_1) \qquad \cdots\cdots ②$$

을 만족합니다. 또한, 「$(x_1 + x_1')$[m]의 가격」과 「x_1[m]의 가격과 x_1'[m]의 가격의 합」은 같습니다. 즉,

$$f(x_1 + x_1') = f(x_1) + f(x_1') \qquad \cdots\cdots ①$$

이 성립합니다.

이 ①, ②와 같은 성질을 **선형성**이라고 합니다.

1. 함수 $f(x)$가 **선형성**을 가지려면 다음 2가지 조건을 만족해야 한다.
   ① 임의의 x_1, x_1'에 대해 $f(x_1 + x_1') = f(x_1) + f(x_1')$
   ② 임의의 x_1, 실수 k에 대해 $f(kx_1) = k \cdot f(x_1)$

여기까지는 선형성과 「비례」에는 조금도 차이가 없습니다. 일반적으로 선형성이란 「비례」를 여러 개의 변수로 확장하는 것과 같습니다.

이제 빨간 천 외에 1[m]에 500원인 파란 천이 있다고 해봅시다.

빨간 천 x_1[m]과 파란 천 x_2[m]를 산다면 가격 $g\begin{pmatrix} x_1 \\ x_2 \end{pmatrix}$는 얼마일까요? 이 함수 g는 x_1, x_2 두 값을 정하면 가격이 정해지는 이변수 함수입니다. 괄호의 위쪽에 빨간 천의 길이, 아래쪽에는 파란 천의 길이를 넣으면 $g\begin{pmatrix} x_1 \\ x_2 \end{pmatrix} = 600x_1 + 500x_2$원이 됩니다. 이 함수 g는 다음과 같은 성질이 있습니다 :

- 빨간 천과 파란 천을 각각 $(x_1 + x_1')$[m], $(x_2 + x_2')$[m] 살 때의 가격은 「빨간 천을 x_1[m], 파란 천을 x_2[m] 살 때의 가격」과 「빨간 천을 x_1'[m], 파란 천을 x_2'[m] 살 때의 가격」의 합과 같다 :

$$g\begin{pmatrix} x_1 + x_1' \\ x_2 + x_2' \end{pmatrix} = g\begin{pmatrix} x_1 \\ x_2 \end{pmatrix} + g\begin{pmatrix} x_1' \\ x_2' \end{pmatrix} \qquad \cdots\cdots ③$$

- 빨간 천과 파란 천을 각각 kx_1[m], kx_2[m] 살 때의 가격은 「빨간 천을 x_1[m], 파란 천을 x_2[m] 살 때의 가격」의 k배와 같다 :

$$g\left(\begin{matrix} kx_1 \\ kx_2 \end{matrix}\right) = k \cdot g\left(\begin{matrix} x_1 \\ x_2 \end{matrix}\right) \qquad \cdots\cdots ④$$

③, ④의 성질은 x_1과 x_2 두 수의 쌍을 벡터처럼

$$\left(\begin{matrix} x_1 + x_1' \\ x_2 + x_2' \end{matrix}\right) = \left(\begin{matrix} x_1 \\ x_2 \end{matrix}\right) + \left(\begin{matrix} x_1' \\ x_2' \end{matrix}\right) \text{나} \left(\begin{matrix} kx_1 \\ kx_2 \end{matrix}\right) = k\left(\begin{matrix} x_1 \\ x_2 \end{matrix}\right)$$

로 나타내고, $\vec{x} = \left(\begin{matrix} x_1 \\ x_2 \end{matrix}\right),\ \vec{x'} = \left(\begin{matrix} x_1' \\ x_2' \end{matrix}\right)$이라 두면

$$g(\vec{x} + \vec{x'}) = g(\vec{x}) + g(\vec{x'}),\quad g(k\vec{x}) = k \cdot g(\vec{x})$$

로 나타낼 수 있습니다. 이는 정확히 선형성의 정의를 만족하므로, g는 선형 함수입니다.

여기까지 선형성을 갖는 함수에 대한 정의를 살펴보았습니다. 일반적으로 좀 더 넓게는 어떤 연산 $**$에 대해

- 더하고 나서 $**$를 하는 것과, $**$를 하고 나서 더하는 것은 같다
- k배하고 나서 $**$를 하는 것과, $**$를 하고 나서 k배를 하는 것은 같다

라는 관계를 만족하는 $**$를 선형이라고 합니다.

1.3. 선형성의 예

이제 선형성의 구체적인 예를 몇 가지 소개하겠습니다.

예 2

미분, 적분

선형성을 갖는 연산의 대표적 예로는 미분과 적분이 있습니다. 먼저 미분의 경우, 함수를 「더한 후 미분한 것은 각각 미분한 후 더한 것과 같다」와 「k배한 후 미분한 것은 미분한 후 k배한 것과 같다」가 성립합니다. 이것을 식으로 나타내면,

$$\{f(x)+g(x)\}' = f'(x)+g'(x), \quad \{k \cdot f(x)\}' = k \cdot f'(x)$$

가 성립합니다. 마찬가지로 적분에도 선형성이 있어

$$\int \{f(x)+g(x)\}dx = \int f(x)dx + \int g(x)dx,$$

$$\int k \cdot f(x)dx = k \int f(x)dx$$

가 성립합니다.

시그마(합의 기호)

예를 들어, 수열 $\{a_n\}$과 수열 $\{b_n\}$의 합에 대해

$$\sum_{n=1}^{N}(a_n+b_n) = \sum_{n=1}^{N}a_n + \sum_{n=1}^{N}b_n, \quad \sum_{n=1}^{N}(ka_n) = k\sum_{n=1}^{N}a_n$$

가 성립합니다.

그 밖에 극한 $\lim_{x \to a}f(x)$나 확률변수의 기댓값 $E[X]$ 등도 선형성을 가집니다.

반대로 선형이 아닌 함수의 예도 살펴보겠습니다.

예 3

$f(x)=x^2$은 선형이 아닙니다. 왜냐하면

$$f(x_1+x_2) = (x_1+x_2)^2 \ \text{과} \ f(x_1)+f(x_2) = x_1^2+x_2^2$$

은 같지 않기 때문입니다. 그 밖에 $g(x)=\sin x$도

$$g(x_1+x_2) = \sin(x_1+x_2) \ \text{와} \ g(x_1)+g(x_2) = \sin x_1 + \sin x_2$$

는 같지 않으므로 선형이 아닙니다. 이처럼 이 세상에는 비선형이 선형인 것보다 훨씬 더 많습니다.

그렇다고 해서 비선형인 것이 선형대수와 무관하다고는 할 수 없습니다.

오히려 비선형을 분석하기 위해 선형으로 변환·근사하는 경우가 많습니다. 예를 들어, 물리에서 자주 쓰이는 $\sin x \fallingdotseq x$라는 근사 역시 $g(x) = \sin x$라는 비선형 함수를 $h(x) = x$라는 선형 함수로 근사한 것입니다. 따라서 비선형을 다루는 경우에 선형성이 더 중요해집니다.

1.4. 기저

여기서 다시 고등학교 시절 수학 시간에 배운 벡터를 떠올려 봅시다. $\vec{e} = \begin{pmatrix} 1 \\ 0 \end{pmatrix}$, $\vec{f} = \begin{pmatrix} 0 \\ 1 \end{pmatrix}$이라고 할 때, 모든 평면벡터 $\vec{p} = \begin{pmatrix} s \\ t \end{pmatrix}$는 $\vec{e}$와 $\vec{f}$를 이용하여

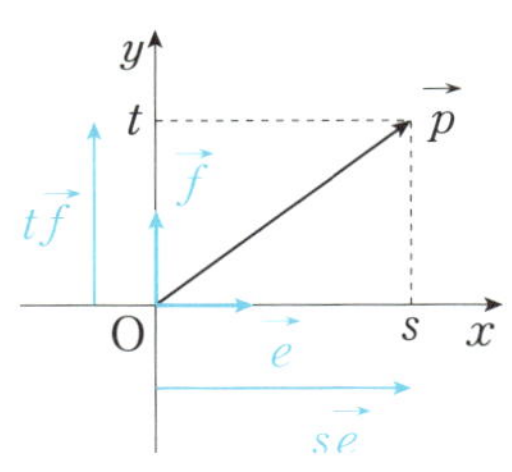

$$\vec{p} = s\vec{e} + t\vec{f} \qquad \cdots\cdots ⑤$$

로 나타낼 수 있습니다. 즉, $\vec{p}$는 x축 방향으로 1만큼 이동한 벡터 $\vec{e}$의 s배, y축 방향으로 1만큼 이동한 벡터 $\vec{f}$의 t배의 합입니다.

⑤와 같이 벡터의 실수배의 합으로 나타낼 수 있을 때, $\vec{p}$는, $\vec{e}$의 $\vec{f}$의 **일차결합**이라고 합니다.

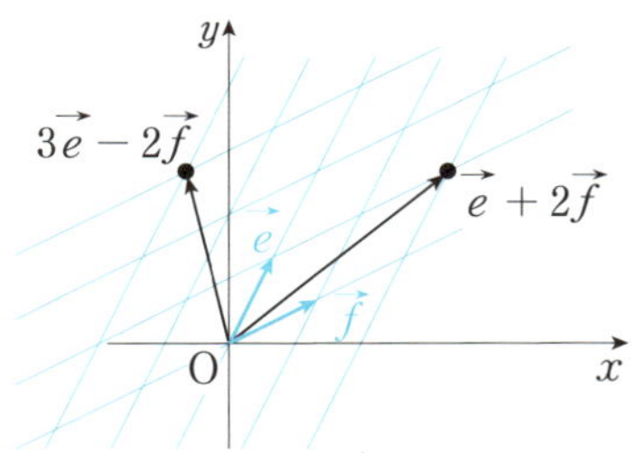

여기서 $\vec{e}$, $\vec{f}$를 바꾸어 봅시다. 예를 들어, $\vec{e} = \begin{pmatrix} 1 \\ 2 \end{pmatrix}$, $\vec{f} = \begin{pmatrix} 2 \\ 1 \end{pmatrix}$이라면

$$\begin{pmatrix} 5 \\ 4 \end{pmatrix} = \vec{e} + 2\vec{f} \ , \qquad \begin{pmatrix} -1 \\ 4 \end{pmatrix} = 3\vec{e} - 2\vec{f}$$

등으로 나타낼 수 있습니다. 이것을 일반화하면, 어떤 벡터 $\begin{pmatrix} s \\ t \end{pmatrix}$든

$$\begin{pmatrix} s \\ t \end{pmatrix} = \frac{-s + 2t}{3}\vec{e} + \frac{2s - t}{3}\vec{f}$$

과 같이 일차결합의 형태로 나타낼 수 있습니다.

다만, 임의의 두 평면벡터 $\vec{e}, \vec{f}$가 있을 때, 모든 평면벡터를 일차결합으로 나타낼 수 있는 것은 아닙니다.

예를 들어, $\vec{e} = \begin{pmatrix} 1 \\ 2 \end{pmatrix}, \vec{f} = \begin{pmatrix} 2 \\ 4 \end{pmatrix}$라고 해봅시다. 이때 $\begin{pmatrix} 3 \\ 1 \end{pmatrix}$은 이 $\vec{e}$와 $\vec{f}$의 일차결합으로는 나타낼 수 없습니다. 이는 기하학적으로는 다음과 같이 이해할 수 있습니다. $\vec{e}$와 $\vec{f}$는 방향이 같은 벡터이므로 실수배를 하거나 더하더라도, 그 벡터와 평행한 방향의 벡터만 나타낼 수 있습니다. 즉, $\vec{e}, \vec{f}$의 일차결합으로 나타낼 수 있는 것은 $\begin{pmatrix} k \\ 2k \end{pmatrix}$($k$는 실수)와 같은 형태의 벡터뿐입니다.

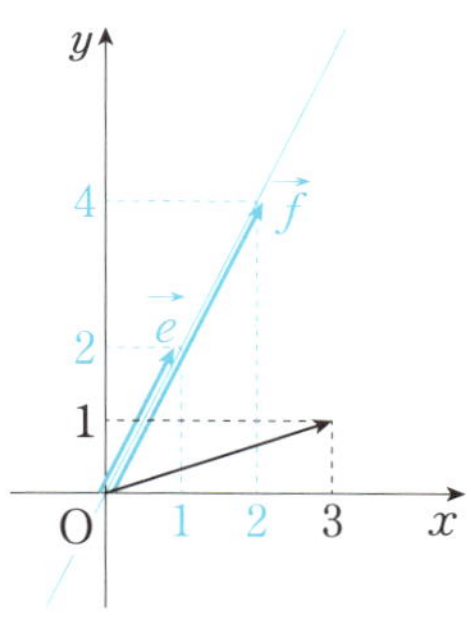

이를 정리하면 다음과 같습니다.

 평면벡터의 기저

$\vec{e}, \vec{f}$가 $\vec{0}$가 아닌 평면벡터라고 하자. 이때

① $\vec{e}$와 $\vec{f}$가 평행이 아닐 때, 모든 평면벡터는 $\vec{e}$와 $\vec{f}$의 일차결합으로 (단 한 가지 방법으로) 나타낼 수 있다.

② $\vec{e}$와 $\vec{f}$가 평형일 때(같은 방향 또는 정반대 방향일 때), $\vec{e}, \vec{f}$의 일차결합으로 나타낼 수 있는 평면벡터는 $\vec{e}, \vec{f}$와 평형한 벡터뿐이다.

정의 5

정리 4의 ①일 때, $\vec{e}$와 $\vec{f}$는 **기저**라고 한다.

여기서 중요한 점은 어떤 평면벡터든 2개의 벡터 $\vec{e}, \vec{f}$를 잘 선택하면, 이 벡터들의 일차결합으로 표현할 수 있다는 것입니다. 마찬가지로, 어떤 공간벡터든 3개의 벡터 $\vec{e}, \vec{f}, \vec{g}$(같은 평면에 포함되지 않는 $\vec{0}$가 아닌 3

개의 벡터)를 잘 선택하면, 이 벡터들의 일차결합 $s\vec{e}+t\vec{f}+u\vec{g}$로 나타낼 수 있습니다. 이 3개의 벡터 또한 **기저**라고 합니다.

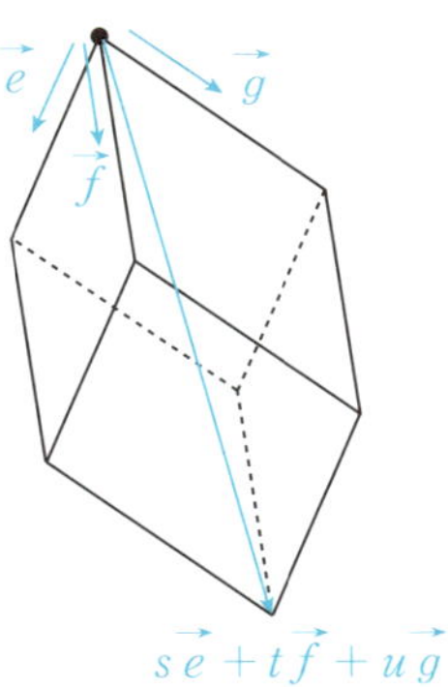

이 기저를 이루는 데 필요한 벡터의 개수가 바로 평면을 2**차원**, 공간을 3차원이라고 할 때의 차원을 의미합니다.

또한, 이 성질은 n차원 벡터로 확장됩니다.

숫자가 n개 나열된 $\begin{pmatrix} p_1 \\ p_2 \\ \vdots \\ p_n \end{pmatrix}$을 n차원 벡터라고 하며, 앞에서와 마찬가지로 각 성분에 대해 덧셈과 실수배를 생각할 수 있습니다. n개의 벡터를 잘 선택하면, n차원 벡터는 특정 n개의 벡터의 일차결합으로 나타낼 수 있습니다.

선형대수[2]에서는 이 「기저」의 개념이 매우 중요합니다. 선형 현상은 「기저에 의존」하기 때문입니다. 이와 관련해서는 앞으로 구체적인 예를 살펴볼 것입니다.

1.5. 벡터 공간

벡터 전체가 이루는 집합과 같이 덧셈과 실수배 2개의 연산을 가지며, 그에 대한 결합법칙, 교환법칙 등 기본적인 성질을 만족하는 집합을 **벡터 공간(선형 공간)**이라고 합니다.

수학에서는 「공간」이라는 용어가 자주 등장합니다. 일상에서 「공간」이라고 하면 도형 같은 것을 먼저 떠올리겠지만, 수학에서 「공간」이란 「어떤 구조

---

2. 선형대수 : 참고로 「선형대수」라는 과목에서는 보통 유한차원(n이 유한)인 경우를 다룹니다. 무한차원의 벡터는 함수해석학 제21장에서 다룹니다.

를 가지는 집합」을 말합니다. 이번에 살펴볼 벡터 공간도 「연산이라는 구조를 가지는 집합」입니다. 즉, 수학의 연구 목적 중 하나는 다양한 「공간」을 연구하는 데 있다고 할 수 있습니다.

이번에 다룰 벡터 공간의 대표적인 예는 지금까지 살펴본 평면벡터 전체의 집합이나 공간벡터 전체의 집합

$$\mathbb{R}^2 = \left\{ \begin{pmatrix} s \\ t \end{pmatrix} \middle| s,\ t \text{는 실수} \right\}, \quad \mathbb{R}^3 = \left\{ \begin{pmatrix} s \\ t \\ u \end{pmatrix} \middle| s,\ t,\ u \text{는 실수} \right\}$$

입니다(물론 일반적으로 n차원 벡터 전체의 집합도 벡터 공간입니다). 이러한 「벡터」 이외에도 덧셈과 실수배 2개의 연산을 가지며, 몇 가지 기본적인 성질을 만족하는 집합은 벡터 공간이 됩니다.

예를 들어, 3차 이하의 다항식 전체의 집합

$$P = \{ ax^3 + bx^2 + cx + d \mid a,\ b,\ c,\ d \text{는 실수} \}$$

는 벡터 공간입니다. 덧셈이나 실수배는 일반적인 다항식의 계산과 마찬가지로

$$(2x^3 + x^2 + 1) + (2x^2 - 2x) = 2x^3 + 3x^2 - 2x + 1$$
$$k(2x^3 + x^2 + 1) = 2kx^3 + kx^2 + k \quad (k \text{는 실수})$$

등으로 계산할 수 있습니다. P를 「벡터」 공간이라고 부르는 것이 처음에는 어색하게 느껴질 수 있습니다. 하지만, 다항식 $ax^3 + bx^2 + cx + d$에서 계수만 떼어내어 벡터 $\begin{pmatrix} a \\ b \\ c \\ d \end{pmatrix}$로 표현할 수 있으므로, 점차 자연스럽게 다항식도 벡터와 같은 것으로 인식하게 될 것입니다.

한편 $x^3,\ x^2,\ x,\ 1$ 역시 그 자체로 다항식(단항식)입니다. 그리고 P에 속하는 모든 다항식 $ax^3 + bx^2 + cx + d$는 $x^3,\ x^2,\ x,\ 1$의 일차결합

$$ax^3 + bx^2 + cx + d = a(x^3) + b(x^2) + c(x) + d \cdot 1$$

으로 표현될 수 있습니다. 즉, x^3, x^2, x, 1은 P의 기저가 됩니다. x^3, x^2, x, 1과 같은 4개의 특별한 다항식을 선택하면, 그 다항식들의 일차결합으로 P의 모든 다항식을 표현할 수 있습니다. 이것이 바로 「기저에 의존」하는 선형대수의 특징입니다. 이는 언뜻 당연한 사실처럼 보일 수 있지만, 선형대수에서는 매우 중요한 의미를 가집니다.

1.6. 선형사상

앞에서 나온 선형 함수, 조금 더 일반적으로 선형사상은 다음과 같이 정의합니다.

정의 6

벡터 공간에서 벡터 공간으로 가는 사상 g가

① $g(\vec{x} + \vec{x'}) = g(\vec{x}) + g(\vec{x'})$

② 실수 k에 대해 $g(k\vec{x}) = k \cdot g(\vec{x})$

를 만족하면, 이를 **선형사상**이라고 한다.

선형사상의 특징을 설명하기 위해 예를 3가지 소개하겠습니다.

먼저, 처음에 든 예로 돌아가 봅시다. 빨간 천과 파란 천을 살 때, 각각의 길이 $\begin{pmatrix} x_1 \\ x_2 \end{pmatrix}$에 대해 그 가격 $g\begin{pmatrix} x_1 \\ x_2 \end{pmatrix}$를 대응시키는 사상은 선형사상입니다. 빨간 천을 x_1[m], 파란 천을 x_2[m] 살 때, 가격은 빨간 천 1[m]의 가격 $g\begin{pmatrix} 1 \\ 0 \end{pmatrix}$과 파란 천 1[m]의 가격 $g\begin{pmatrix} 0 \\ 1 \end{pmatrix}$로 정해지며,

$$g\begin{pmatrix} x_1 \\ x_2 \end{pmatrix} = x_1 \cdot g\begin{pmatrix} 1 \\ 0 \end{pmatrix} + x_2 \cdot g\begin{pmatrix} 0 \\ 1 \end{pmatrix}$$

로 나타낼 수 있습니다. 앞의 예에서는

$$g\begin{pmatrix}1\\0\end{pmatrix}=600, \qquad g\begin{pmatrix}0\\1\end{pmatrix}=500$$

였습니다.

여기서, $\begin{pmatrix}1\\0\end{pmatrix}$과 $\begin{pmatrix}0\\1\end{pmatrix}$는 2차원 벡터 공간 $\mathbb{R}^2$의 기저입니다. 기저의 가격, 즉 빨간 천 1[m]의 가격과 파란 천 1[m]의 가격을 정하면, 모든 구매 방법에 대한 가격이 정해집니다. 이러한 점에서 선형사상 또한 「기저에 의존」한다는 사실을 알 수 있습니다.

다음으로, 고등학교 수학 시간에 배운 미분을 떠올려 봅시다. 예를 들어, $y = x^3 + 2x^2 - 4x$를 미분하면

$$y' = (x^3)' + 2(x^2)' - 4(x)' = 3x^2 + 4x - 4$$

가 됩니다. 각 x^n을 미분하여 $(x^n)' = nx^{n-1}$을 구한 다음, 이를 덧셈이나 실수배를 하는 방법으로 계산했을 것입니다. 이러한 계산이 가능한 이유도 바로 미분이라는 연산이 선형성을 가지기 때문입니다.

앞에서 살펴본 3차 이하의 다항식 전체가 이루는 벡터 공간 P는 x^3, x^2, x, 1을 기저로 가집니다. 그리고 이 기저들은 「미분」이라는 선형사상에 의해 각각 $3x^2$, $2x$, 1, 0으로 바뀝니다. 이러한 기저의 도착지를 먼저 생각하고, 그 뒤에 덧셈이나 실수배를 하면 된다는 것이 선형사상이며, 미분도 앞서 설명한 대로 계산할 수 있습니다. 이 또한 선형 사상에서 「기저에 의존」하는 것의 한 예입니다.

$$
\begin{aligned}
y &= \;\; x^3 \;\; + 2 \;\; x^2 \;\; - 4 \;\; x \\
y' &= \; 3x^2 \; + 2\cdot 2x \; - 4\cdot 1
\end{aligned}
$$

마지막으로 평면벡터를 다른 평면벡터로 보내는 선형사상 g를 생각해 봅시다.

원점을 중심으로 정해진 각도만큼 벡터를 회전시키는 사상은 선형사상입니다. 예를 들어, 평면벡터를 원점을 중심으로 반시계 반향으로 120° 회

전시키는 사상 g를 생각해 봅시다.

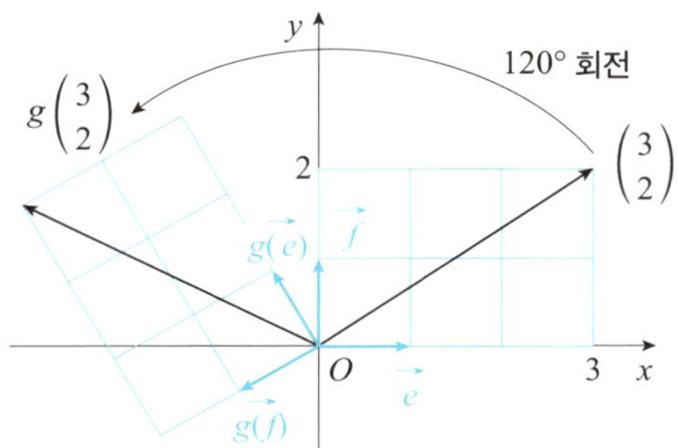

이에 따른 벡터 $\begin{pmatrix} 3 \\ 2 \end{pmatrix}$의 도착점 벡터는 무엇일까요? 직접 계산하는 것은 어렵지만, 「기저」를 이용하여 생각하면 비교적 쉽습니다. 평면벡터의 기저로 $\vec{e} = \begin{pmatrix} 1 \\ 0 \end{pmatrix}$, $\vec{f} = \begin{pmatrix} 0 \\ 1 \end{pmatrix}$를 둡니다. 그러면

$$\begin{pmatrix} 3 \\ 2 \end{pmatrix} = 3\vec{e} + 2\vec{f}$$

가 됩니다. $\vec{e}$를 120° 회전시키면 $g(\vec{e}) = \begin{pmatrix} -\dfrac{1}{2} \\ \dfrac{\sqrt{3}}{2} \end{pmatrix}$이며, $\vec{f}$를 120° 회전시키면 $g(\vec{f}) = \begin{pmatrix} -\dfrac{\sqrt{3}}{2} \\ -\dfrac{1}{2} \end{pmatrix}$가 된다는 것은 (도형으로 생각하면) 비교적 쉽게 알 수 있습니다. 따라서

$$\begin{aligned}
g\begin{pmatrix} 3 \\ 2 \end{pmatrix} &= g(3\vec{e} + 2\vec{f}) \\
&= g(3\vec{e}) + g(2\vec{f}) \ (\ \boxed{\text{정의 6}} \ \text{①에 의해}\ ) \\
&= 3g(\vec{e}) + 2g(\vec{f}) \ (\ \boxed{\text{정의 6}} \ \text{②에 의해}\ ) \\
&= 3\begin{pmatrix} -\dfrac{1}{2} \\ \dfrac{\sqrt{3}}{2} \end{pmatrix} + 2\begin{pmatrix} -\dfrac{\sqrt{3}}{2} \\ -\dfrac{1}{2} \end{pmatrix} \\
&= \begin{pmatrix} -\dfrac{3}{2} - \sqrt{3} \\ \dfrac{3\sqrt{3}}{2} - 1 \end{pmatrix}
\end{aligned}$$

로 구할 수 있습니다. 즉, 기저를 먼저 120° 회전시키고 그 뒤에 덧셈과 실수 배를 하는 선형사상의 「기저에 의존」하는 성질을 이용한 것입니다.

☑ **대수학** … 연산이 정의되어 있는 체계(대수계)에 대해 고찰하는 학문

• **선형대수** … 덧셈(및 뺄셈)과 실수배, 두 종류의 연산이 정의된 「벡터 공간」이라는 대수계를 다루는 분야

→ 그 외의 대수계는 군 **제2항**, 환 **제3항**, 체 **제4항** 등이 있다.

대수계	벡터 공간	군	환	체
연산	덧셈, 실수배	1개의 연산(덧셈)	덧셈, 곱셈	사칙연산
예	평면벡터 전체	대칭군	정수 전체	유리수 전체

☑ **선형성** … 「비례」를 일반화한 것. 선형성을 가진 사상(함수)을 「선형사상」이라고 한다.

벡터 공간과 그 사이를 연결하는 **선형사상**을 고찰하는 것이 선형대수.
→ 수학에서는 어떤 구조를 가진 「공간」과 그 구조를 보존하는 「사상」이라는 체계에 대해 고찰하는 경우가 많다!
(그리고 범주론 **제25항** 에서 이 체계가 일반화된다)

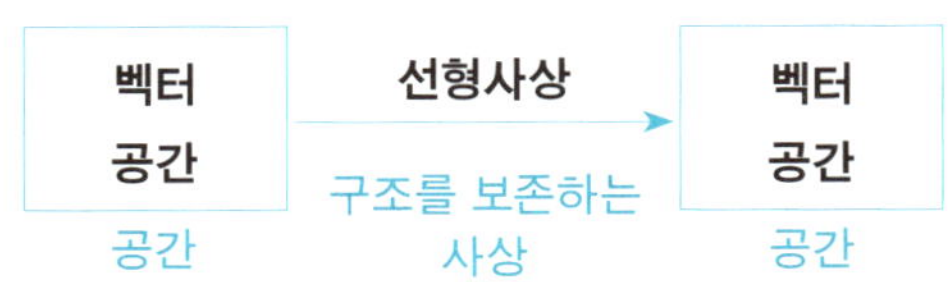

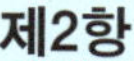

제2항

군론

Group Theory

2.1. 대칭성

정삼각형 ABC를 뒤집거나 회전시켜 꼭짓점과 변이 정확히 겹치도록 움직이는 방법은 몇 가지일까요? 예를 들어, 다음과 같은 반시계 반향으로 120° 회전시키는 변환이 있습니다.

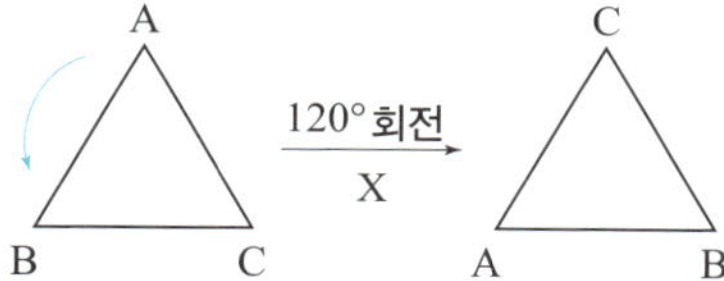

A였던 곳이 C, B였던 곳이 A, C였던 곳이 B로 바뀝니다. 이 변환을 X 라고 하겠습니다.

이 변환 X를 두 번 시행하면, 반시계 방향으로 240° 회전시키는 것이 됩니다. X를 두 번 시행했으므로 X^2으로 나타내기로 합시다.

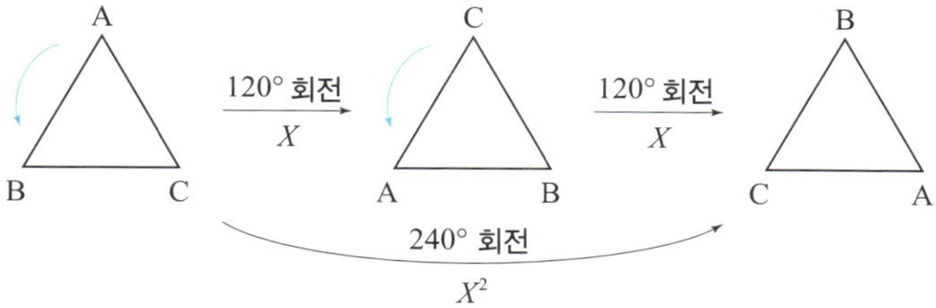

다음과 같이 수직 방향으로 선대칭시키는 변환도 있습니다. A는 변하지 않고, B와 C는 서로 바뀝니다(교환됩니다). 이 변환을 Y라고 합시다.

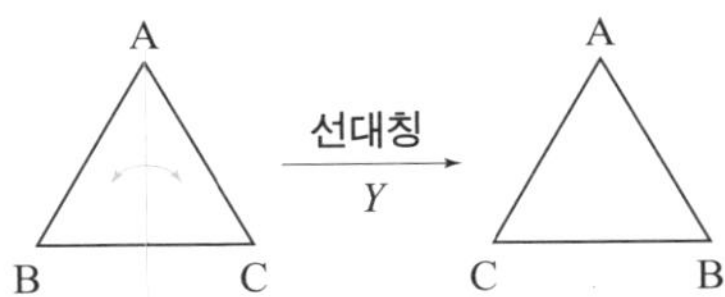

그 밖에는 어떤 변환이 있을까요? 예를 들어, B는 그대로 두고 A와 C를 교환하는 변환이 있는데, 이는 반시계 방향으로 120° 회전(X)한 뒤에 수직 방향의 선대칭 이동(Y)으로 실현됩니다. 이것은 X의 뒤에 Y를 시행하므로, XY로 표기합니다. 마찬가지로, C는 그대로 두고 A와 B를 교환하는 변환은 반시계 방향으로 240°회전(X^2)한 뒤에 수직 방향의 선대칭 이동(Y)으로 실현하므로, X^2Y로 표기합니다. 마지막으로, 아무것도 하지 않는(아무 변환도 하지 않는) 경우도 편의상 변환에 포함시키기로 하고, 이것은 1로 표기하기로 합니다.

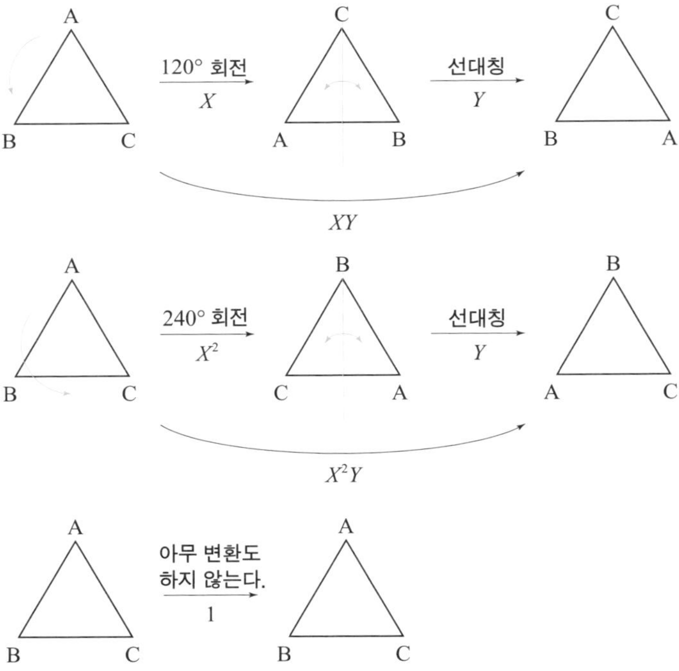

이것으로 모든 변환이 나왔습니다. 꼭짓점 A, B, C의 자리를 바꾸는 방법은 3! = 6가지인데, 이미 이 모든 경우가 등장했기 때문입니다. 이 6가지의 변환을 모은 집합을

$$S_3 = \{1, \, X, \, X^2, \, Y, \, XY, \, X^2Y\}$$

라고 하겠습니다.

이제 이 S_3에서는 「곱셈」을 생각할 수 있습니다. S_3의 6가지 중 어떤 두 변환 P, Q(같은 변환이라도 상관없습니다)에 대해 P를 시행한 뒤에 Q를 시행하는 것을 P와 Q의 곱셈 PQ라고 합시다. X를 두 번 시행하는 것을 X^2로 표기하거나, X 뒤에 Y를 시행하는 것을 XY로 표기하는 것도 이 「곱셈」을 사용한 것입니다. 그 밖에도 예를 들어 두 변환 Y와 X를 곱한 YX는 Y를 시행한 뒤에 X를 시행하는 것을 나타냅니다. 이는 다음과 같이 X^2Y와 같아지므로, $YX = X^2Y$라는 관계가 성립합니다.

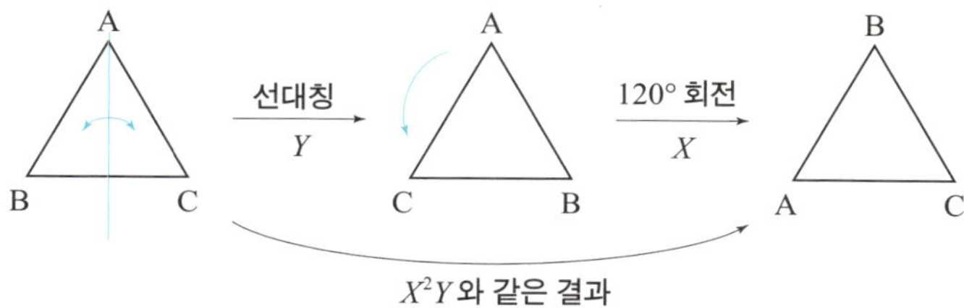

이처럼 1개의 연산(변환의 합성)이 주어지고, 그 연산이 몇 가지 성질을 만족하는 집합을 군이라고 합니다. 정확하게는 군은 다음과 같이 정의됩니다.

정의 7

공집합이 아닌 집합 G가 1개의 연산 $*$를 가지며, 다음 3가지 성질을 만족할 때 G는 군이라고 한다.

(1) 결합법칙 G의 모든 원소 P, Q, R에 대해

$$(P * Q) * R = P * (Q * R)$$

(2) **항등원의 존재** G에 1이라는 특별한 원소가 존재하며, 다음의 성질을 만족한다 :

G의 모든 원소 P에 대해 $P*1=1*P=P$

(3) **역원의 존재** G의 모든 원소 P에 대해 P^{-1}이라는 원소가 존재하며,

$$P*P^{-1}=P^{-1}*P=1$$

앞에서 설명했듯이 $*$를 「변환을 연속으로 시행한다」는 것이라 하면, S_3는 군이 됩니다(이후 $*$는 생략합니다). 이제 **정의 7**을 구체적으로 설명하며 확인해 보겠습니다.

(1) S_3의 세 변환 P, Q, R에 대해 「P 뒤에 Q를 시행하고, 그 후 R을 시행한다」는 것과 「Q 뒤에 R을 시행하는 것을 P 뒤에 시행한다」는 것은 같습니다. 이것이 **결합법칙**입니다.

(2) S_3의 아무것도 하지 않는 변환 1은 당연히 앞뒤로 어떤 변환을 하든 결과에 영향을 미치지 않습니다. 예를 들어, X를 한 뒤에 1을 시행하든, 1을 한 뒤에 X를 시행하든 결과는 그대로 X입니다. 이것을 곱셈으로 나타내면, $X1=1X=X$가 됩니다. 이는 곱셈에서 어떤 수에 1을 곱해도 원래 수가 그대로 나오는 것과 같은 역할을 합니다(그래서 1로 표기합니다). 이러한 것은 **항등원**이라고 하며, 군에는 항등원이 존재해야 합니다.

(3) S_3의 각 변환에는 그 변환을 반대로 시행하는 역변환이 존재합니다. 예를 들어, 반시계 방향으로 $120°$ 회전시키는 X의 역변환은 시계 방향으로 $120°$ 회전시키는 변환입니다. 이는 결국 반시계 방향으로 $240°$ 회전시키는 것이므로, X의 역변환은 X^2입니다. P의 역변환을 P^{-1}이라 하면, 이는 $X^{-1}=X^2$로 표기할 수 있습니다. P를 한

뒤에 P의 역변환을 시행하거나, P의 역변환 뒤에 P를 시행하면 아무것도 하지 않는 변환 1과 같으므로, $PP^{-1} = P^{-1}P = 1$이 됩니다. 이 역시 수의 계산과 비슷한 식이 됩니다. 이러한 역변환을 군에서는 일반적으로 **역원**이라고 하며, 군에는 각각의 원소에는 반드시 역원이 존재해야 합니다.

일반적으로 n개 문자의 자리를 바꾸는 변환을 **치환**이라고 하며, 이번에 다룬 S_3는 3개의 문자의 모든 치환을 모은 군입니다. 이 S_3를 (3차) **대칭군**이라고 합니다.

정삼각형은 높은 대칭성을 가진 도형이기 때문에 원래 모양을 그대로 유지하게 하는 변환이 6가지나 있습니다. 그 변환의 집합, 즉 S_3라는 군이 바로 정삼각형의 대칭성을 표현하고 있는 것입니다.

2.2. 군의 구조

수학에서 가장 기본적인 연구 대상 중 하나가 「집합」입니다. 집합 자체는 물론이고 집합에 어떤 「구조」를 부여하여 그 구조와 함께 연구합니다. 예를 들어, 군은 집합에 1개의 연산을 부여한 것입니다. 벡터 공간도 집합에 덧셈이나 실수배라는 연산을 구조로 부여한 것입니다. 이처럼 집합에 연산을 구조로 부여한 것을 연구하는 분야가 **대수학**입니다.

이제 군의 연산 구조에 대해 설명하기 위해 **클라인 4원군**이라는 군을 소개하겠습니다. 이것은 4개의 원소로 이루어진 집합 $\{1, a, b, c\}$에 다음 표와 같은 연산을 정의하여 얻는 군입니다(항등원은 1).

$*$	1	a	b	c
1	1	a	b	c
a	a	1	c	b
b	b	c	1	a
c	c	b	a	1

이 표는 예를 들어, $a * a = 1$, $a * b = c$, $a * c = b$ 같이 곱셈이 가능함을 나타냅니다.

$\{1, a, b, c\}$는 추상적인 형태이지만, 다음과 같은 표현으로 클라인 4원군을 이해할 수 있습니다. $(1, 1)$, $(-1, 1)$, $(1, -1)$, $(-1, -1)$과 같이 두 수 1, -1로 이루어진 4개의 쌍을 생각해 봅시다. 이러한 4개의 원소로 이루어진 집합

$$\{(1, 1), (-1, 1), (1, -1), (-1, -1)\}$$

에 대해 성분별로 곱함으로써 곱셈을 정의합니다. 예를 들어,

$$(-1, -1) * (1, -1) = (-1 \cdot 1, (-1) \cdot (-1)) = (-1, 1)$$

와 같은 방식입니다($\cdot$는 일반적인 수의 곱셈)

이 군의 연산은 다음 표와 같습니다.

$*$	$(1, 1)$	$(-1, 1)$	$(1, -1)$	$(-1, -1)$
$(1, 1)$	$(1, 1)$	$(-1, 1)$	$(1, -1)$	$(-1, -1)$
$(-1, 1)$	$(-1, 1)$	$(1, 1)$	$(-1, -1)$	$(1, -1)$
$(1, -1)$	$(1, -1)$	$(-1, -1)$	$(1, 1)$	$(-1, 1)$
$(-1, -1)$	$(-1, -1)$	$(1, -1)$	$(-1, 1)$	$(1, 1)$

눈치채셨나요? 이것은 클라인 4원군 $\{1, a, b, c\}$의 연산표와 비슷합니다. 즉,

1과 $(1, 1)$, a와 $(-1, 1)$, b와 $(1, -1)$, c와 $(-1, -1)$

이 대응한다고 생각하면, 연산의 패턴이 동일하게 나타납니다. 이런 경우 두

군은 **동형**이라고 합니다.

집합으로서는 $\{1,\, a,\, b,\, c\}$와 $\{(1, 1),\, (-1, 1),\, (1, -1),\, (-1, -1)\}$ 등과 같이 두 집합의 원소가 다르더라도, 그에 대한 연산의 패턴이 동일하므로 같은 군으로 간주할 수 있습니다.

이 두 군은 모두 4개의 원소로 이루어져 있습니다. 이처럼 원소의 개수가 n으로 정해져 있을 때, n개의 원소로 이루어진 집합에 대해 군의 연산 패턴으로 어떤 것이 가능한지를 생각하는 것이 군론의 기본적인 주제입니다.

예를 들어, 4개의 원소로 이루어진 집합에는 다음과 같은 연산 패턴도 생각할 수 있습니다. 이것은 i를 허수 단위로 하여, $\{1,\, i,\, -1,\, -i\}$라는 집합에 대해 일반적인 복소수의 곱셈 「·」을 생각한 것입니다.

·	1	i	-1	$-i$
1	1	i	-1	$-i$
i	i	-1	$-i$	1
-1	-1	$-i$	1	i
$-i$	$-i$	1	i	-1

이는 클라인 4원군의 연산 패턴과는 명백히 다릅니다. 클라인 4원군의 연산에서는 같은 것을 두 번 곱하면 반드시 항등원 1이 됩니다. 하지만 이 집합의 곱셈에서는 같은 수를 두 번 곱해도 $i \cdot i = -1$처럼 항등원 1이 되지 않을 수도 있습니다. i는 네 번 곱해야만 1이 되는 수이며, 그러한 원소는 클라인 4원군에는 존재하지 않습니다. 이는 두 군의 연산 패턴 구조의 차이를 보여줍니다. 따라서 이 두 군은 서로 다른 군으로 간주됩니다. 실제로 원소가 4개인 군은 이 2가지 패턴밖에 없는 것으로 알려져 있습니다.

이처럼 다양한 개수의 원소를 가진 군의 연산 패턴을 연구하는 것, 즉 군을 「분류하는」 것은 군론의 주요 연구 주제입니다. 그중에서도 「유한단순

군[3]」이라는 유형의 군의 분류는 특히 20세기 후반에 많은 수학자에 의해 집중적으로 연구되었습니다. 이 분류의 증명과 관련된 논문은 총 1만 쪽에 이른다고 하며, 오랜 수학의 역사에서 매우 중요한 결과의 하나로 평가됩니다.

2.3. 군의 작용

앞서 언급했듯이, 대수학은 집합에 부여된 연산에 대해 연구하는 분야이므로, 군 자체가 어떤 연산 구조를 가지고 있는지에 자연히 관심을 갖게 됩니다. 한편, 앞에서 S_3라는 군이 정삼각형을 자기 자신으로 보내는 변환의 종류를 기술했던 것처럼, 군은 종종 어떤 대상에 작용하는 것으로 사용됩니다. 이것을 군의 **작용**이라고 합니다. S_3는 정삼각형(의 세 꼭짓점)에 작용하여 정삼각형의 꼭짓점의 자리를 바꿈으로써 정삼각형의 대칭성을 표현한다고 볼 수 있습니다.

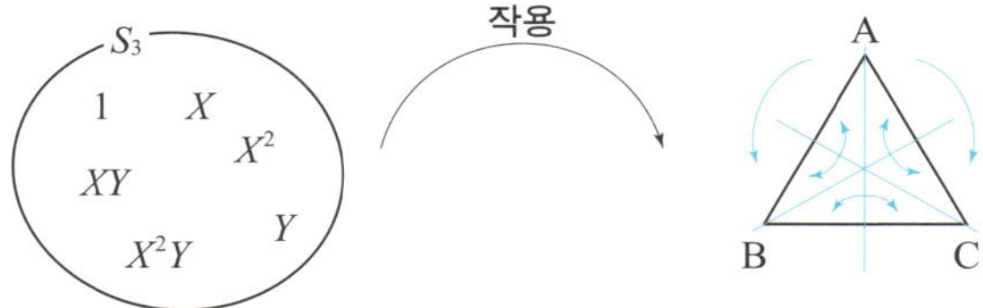

이 외에도 $x^3 - 2 = 0$과 같은 방정식의 해에 대해 작용하는 군을 생각할 수 있습니다. 갈루아Galois, 1811-1832는 이러한 군(**갈루아 군**)을 이용해 5차 이상의 방정식에는 근의 공식이 존재하지 않는다는 정리 **정리 20**를 증명했습니다. 이에 대해서는 체론 **제4항**에서 조금 더 상세하게 설명하겠습니다.

---

3. 「단순」이란 「간단한 구조를 가지고 있다」는 의미가 아니라 「더 이상 분해되지 않는다」라는 뜻에 가깝습니다.

2.4. 군의 응용 사례

군은 화학에서도 등장합니다. 예를 들어, 삼불화붕소 (BF₃)라는 물질의 분자는 3개의 불소 원자가 정삼각형의 꼭짓점에 있고 붕소 원자가 중심에 있는 구조를 가집니다.

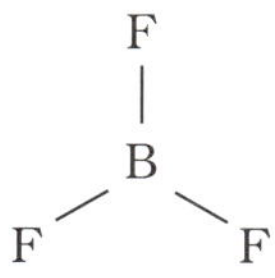

이는 정확히 정삼각형의 형태를 이루며, 이 분자의 대칭성은 S_3로 기술됩니다. 이러한 분자 구조의 대칭성은 극성 등 화학적 성질에 영향을 미칩니다. 그러한 성질들을 연구하는 데도 군론이 필요합니다.

또한 사회인류학에서도 군론을 응용한 사례가 있습니다. 구조주의를 창시한 레비 스트로스Claude Lévi-Strauss, 1908-2009는 수학자 베유Weil, 1906-1998와 협력해 오스트레일리아의 어떤 부족의 혼인 규칙에 대해 연구했습니다. 그 혼인 규칙속에는 놀랍게도 군의 구조가 숨어 있었습니다. 물론 부족 사람들이 군론을 알고, 그것을 자신들의 혼인 규칙에 적용한 것은 아닙니다. 다만, 현대 수학적 관점에서 그렇게 해석될 수 있음이 밝혀진 것일 뿐입니다. 이는 수학적 「구조」의 연구가 사회과학에까지도 파급된 사례라고 할 수 있습니다.

선형대수 제1항 에서 소개한 벡터 공간은 덧셈과 실수배 2개의 연산을 가지며, 이번에 소개한 군은 1개의 연산만 가집니다. 따라서 그 정의는 매우 단순해 보이지만, 제약이 적은 만큼 오히려 풍부한 구조를 지니고 있어 그 구조의 패턴이 오랫동안 연구되어 왔습니다. 그리고 군은 다양한 대상에 「작용」하여 그 대상의 대칭성을 기술합니다.

이 책에서도 갈루아 군 4.2 이나 기본군 11.4 등 다른 분야에서 등장하는 여러 종류의 군을 소개하게 될 것입니다.

제3항

환론

Ring Theory

군이란 1개의 연산을 가지며, 결합법칙 등 몇 가지 기본적인 성질을 만족하는 것이라고 했습니다. 이에 반해, 환은 2개의 연산을 가지며, 몇 가지 성질을 만족하는 것을 말합니다.

3.1. 환의 정의

정의 8

공집합이 아닌 집합 R이 2개의 연산 +, ×를 가지고, 다음 5가지 성질을 만족할 때, R은 **환**이라고 한다. 단, 아래에서 a, b, c는 모두 R의 원소로 한다.

(1) **결합법칙** +, ×에 대해 각각 결합법칙이 성립한다 : 모든 a, b, c에 대해

$$(a+b)+c=a+(b+c),\ (a\times b)\times c=a\times(b\times c)$$

(2) **교환법칙** +에 대해 교환법칙이 성립한다 : 모든 a, b에 대해

$$a+b=b+a$$

(3) **분배법칙** +, ×에 대해 분배법칙이 성립한다 : 모든 a, b, c에 대해

$$a\times(b+c)=a\times b+a\times c,\ (a+b)\times c=a\times c+b\times c$$

(4) **항등원** +, ×에 대해 각각 항등원이 존재한다 :

좀 더 세세한 조건들이 있지만, 중요한 것은 ×에 대해서는 역원이 존재하지 않아도 된다는 점입니다. 이는 덧셈, 뺄셈, 곱셈은 가능하지만, 나눗셈은 불가능해도 괜찮다는 것을 의미합니다.

예 9

- 정수 전체의 집합 $\mathbb{Z}$는 덧셈·뺄셈·곱셈이 가능하며, 앞에서 언급한 성질을 만족하므로 환입니다.
- 유리수 전체의 집합 $\mathbb{Q}$나 실수 전체의 집합 $\mathbb{R}$ 등도 환입니다. 이들은 나눗셈도 가능하기 때문에, 앞으로 소개할 체가 되기도 합니다.
- 그 밖에 중요한 환으로는 다항식 전체가 이루는 환이 있습니다.

$$a_n x^n + a_{n-1} x^{n-1} + a_{n-2} x^{n-2} + \cdots + a_1 x + a_0 \qquad \cdots\cdots ①$$

$$(n은\ 0\ 이상의\ 정수,\ a_n,\ a_{n-1},\ \cdots,\ a_0는\ 실수)$$

와 같은 형태를 가진 것을 (x에 관한 실수 계수의) **다항식**이라고 합니다. 이것들은

$$(2x+1) + (x^2 - 3x + 2) = x^2 - x + 3,$$

$$(2x+1) - (x^2 - 3x + 2) = -x^2 + 5x - 1,$$

$$(2x+1) \times (x^2 - 3x + 2) = 2x^3 - 5x^2 + x + 2$$

등과 같이 덧셈·뺄셈·곱셈이 가능합니다. 하지만 나눗셈은 불가능합니

다. 예를 들어, $2x+1$을 x^2-3x+2로 나눈 $\dfrac{2x+1}{x^2-3x+2}$은 ①의 형태로는 나타낼 수 없기 때문입니다. 이러한 x에 관한 실수 계수의 일변수 다항식이 이루는 환을 $\mathbb{R}[x]$로 나타내며, 이를 **다항식환**이라고 합니다.

그런데 환의 정의에서는 ×에 대해서는 교환법칙을 조건으로 부여하지 않았습니다. 정수 전체의 집합 $\mathbb{Z}$나 다항식 전체는 ×에 대해서도 교환법칙이 성립합니다. 예를 들어

$$(2x+1) \times (x^2-3x+2) = (x^2-3x+2) \times (2x+1)$$
$$= 2x^3 - 5x^2 + x + 2$$

가 성립하며, 이러한 환은 **가환환**이라고 합니다. 반면, ×의 교환법칙이 성립하지 않는 환을 **비가환환**이라고 합니다. 가환환과 비가환환 모두 매우 중요하지만, 이 둘은 역사적으로 서로 다른 기원을 가지며 독립적으로 발전해 왔습니다. 이제 각각의 역사에 대해 살펴보겠습니다.

3.2. 가환환론

가환환은 대수적 정수를 다루는 대수적 정수론, 다항식을 다루는 대수기하학, 불변식론 등에서 유래합니다.

3.2.1. 대수적 정수론

정수 전체의 집합 $\mathbb{Z}$는 환을 이룹니다 예 9. 마찬가지로 정수의 확장 체계인 가우스 정수 5.1.1 전체도 환을 이룹니다. 이처럼 정수의 확장을 생각할 때는 환으로 확장하여 고려하는 것이 됩니다. 대수적 정수 정의 21 에 대한 연구가 진행되면서 「소인수 분해」의 일반화 개념을 고찰하거나, 「아이디얼」이라고 부르는 개념을 도입하기 위해 환이라는 개념이 정립되었습니다.

대수적 정수론에 대해서는 5.1에서 상세하게 다룹니다.

3.2.2. 대수기하학

대수기하학은 포물선 $x^2 - y = 0$(즉, $y = x^2$)과 같이 좌표평면 위(공간 내)의 「(다항식)=0」의 형태로 표현되는 도형을 다루는 기하학입니다. 이러한 도형의 기하학적 성질은 환의 대수적 성질과 밀접하게 연관되어 있어, 대수기하학과 가환환론은 떼려야 뗄 수 없는 관계라고 할 수 있습니다. 대수기하학에 대해서는 제6항에서 자세하게 다룹니다.

3.2.3. 불변식론

역사적으로 불변식론은 방정식의 판별식에 대한 논의에서 시작되었지만, 여기서는 대칭식과 관련된 불변식에 관해 이야기해 보겠습니다.

x, y의 다항식에서 x와 y를 교환해도 식의 값이 변하지 않는 식을 x, y의 **대칭식**이라고 합니다.

예 10

- $x^3 + xy + y^3$은 x와 y를 교환하면 $y^3 + yx + x^3$이며, 이는 원래의 식 $x^3 + xy + y^3$과 같으므로 $x^3 + xy + y^3$은 대칭식입니다.
- $x^3 + xy - y^3$은 x와 y를 교환하면 $y^3 + yx - x^3$이며, 이는 원래의 식 $x^3 + xy - y^3$과 같지 않으므로 $x^3 + xy - y^3$은 대칭식이 아닙니다.

그러면 대칭식인 다항식에는 어떤 것들이 있을까요? 이에 대해에서는 고등학교 수학에서도 소개되는 다음과 같은 유명한 정리가 있습니다 :

 (2원) 대칭식의 기본 정리

$s = x + y$, $t = xy$라고 하자. x, y의 대칭식은 반드시 s, t의 다항식으로 표현이 가능하다.

- $x^3 + xy + y^3$은 대칭식이며, 이것은

$$x^3 + xy + y^3 = (x + y)^3 - 3xy(x + y) + xy = s^3 - 3st + t$$

로 표현됩니다.

- $x^3 y + xy^3 - 2$도 대칭식이며, 이것은

$$x^3 y + xy^3 - 2 = xy(x + y)^2 - 2(xy)^2 - 2 = s^2 t - 2t^2 - 2$$

로 표현됩니다.

마찬가지로 3개의 문자를 사용하는 다항식을 생각해 봅시다. x, y, z의 다항식에서 x, y, z 중 어떤 2개를 교환해도 원래의 식과 같은 것을 x, y, z의 대칭식이라고 합니다. 이에 대해서도 2개의 문자를 사용하는 경우와 유사한 정리가 있습니다 :

 (3원) 대칭식의 기본 정리

$u = x + y + z$, $v = xy + yz + zx$, $w = xyz$라고 하자. x, y, z의 대칭식은 반드시 u, v, w의 다항식으로 표현이 가능하다.

$x^3 + y^3 + z^3$은 x, y, z의 대칭식입니다. 이것은

$$x^3 + y^3 + z^3 = (x + y + z)^3 - 3(x + y + z)(xy + yz + zx) + 3xyz$$
$$= u^3 - 3uv + 3w$$

와 같이 u, v, w의 다항식으로 표현됩니다.

그렇다면 x, y, z의 3개의 문자를 서로 교환하는 것은, 바꿔 말해 S_3 2.1을 작용시키는 것이라고 할 수 있습니다. 2.1에서 사용한 A, B, C를 x, y, z로 바꾸면 A, B, C의 꼭짓점의 이동이 바로 x, y, z의 치환을 나타내기 때문입니다.

예 15

예를 들어, 2.1의 X 치환은 A였던 곳이 C, B였던 곳이 A, C였던 곳이 B로 바뀌는 치환이었습니다. A, B, C를 각각 x, y, z에 대응시키면 $x \mapsto z$, $y \mapsto x$, $z \mapsto y$라는 치환이 됩니다. 이 치환에서는 예를 들어,

$$2x^3 + y^2 - xz \mapsto 2z^3 + x^2 - zy$$

가 됩니다.($\mapsto$는 변환을 나타냅니다).

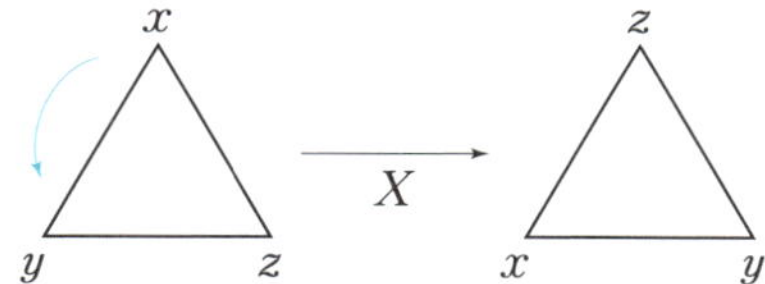

x, y, z 중 어떤 2개의 문자를 교환해도 식의 값이 변하지 않는 다항식이라는 대칭식의 정의는, S_3의 모든 치환에 대해 불변인 x, y, z의 다항식으로 바꿔 말할 수 있습니다. 이처럼 다항식에 (어떤 종류의) 군이 작용할 때, 그 군의 작용에 대해 변하지 않는 다항식을 **불변식**이라고 합니다. 불변식끼리 덧셈, 곱셈을 한 결과도 불변식이 되며, 어떤 군의 작용에 대한 불변식 전체는 환을 이룹니다.

x, y의 대칭식을 $s = x + y$와 $t = xy$의 다항식으로 나타낼 수 있듯이 또는 x, y, z의 대칭식을 $u = x + y + z$, $v = xy + yz + zx$, $w = xyz$의 다항식으로 나타낼 수 있듯이, 이 성질은 「대칭식은 몇 개의 정해진 원소의 다항식

으로 표현이 가능하다」라고 말할 수 있습니다.

일반적으로 「군의 불변식은 반드시 몇 개의 정해진 f_1, f_2, $\cdots$, f_n만으로 이루어진 다항식으로 나타낼 수 있는가」라는 질문이 불변식의 기본적인 문제가 됩니다. 이 문제는 **힐베르트의 14번째 문제**[4]와 밀접한 관계가 있으며, 환론에서 많은 업적을 남긴 나가타 마사요시永田雅宜, 1927-2008가 반례를 찾아내면서 일반적으로는 성립하지 않음이 증명되었습니다.

3.3. 비가환환

다음으로 비가환환의 유래를 살펴보겠습니다.

복소수는 두 실수 a, b를 사용해 $a+bi$로 표현되는 수입니다. 여기서 허수 단위 i는 $i^2 = -1$을 만족합니다. 복소수의 덧셈이나 곱셈은 결합법칙이나 분배법칙 등을 이용하여

$$(a+bi)+(c+di) = (a+c)+(b+d)i \, ,$$

$$(a+bi)(c+di) = (ac-bd)+(ad+bc)i$$

로 정의합니다. 복소수 전체의 집합 $\mathbb{C}$는 이와 같은 환의 성질을 가지고 있으며, 나아가 실수배가 성립하는 벡터 공간의 성질도 가집니다[5].

마찬가지로 해밀턴hamilton, 1805-1865은 3개의 실수 a, b, c를 사용해 $a+bi+cj$(i는 허수 단위, j는 새로 추가한 수)로 표현할 수 있는 수의 집합이 결합법칙이나 분배법칙 등 수가 가져야 할 성질을 만족하는지에 대해 고찰했습니다. 이때 문제는 $j \times j$나 $i \times j$ 등이 어떤 값을 가지느냐 하는 것이었습니다. 이러한 값들을 모순 없이 정할 수 있다면 원하는 수의 집합을 만들

---

4. 힐베르트(Hilbert, 1862-1943)는 1900년 파리에서 열린 세계 수학자 대회에서 20세기에 해결해야 할 중요한 문제 23가지를 제안했습니다. 이 문제는 그중 하나입니다.
5. $\mathbb{C}$는 p.54부터 다룰 「체」이기도 합니다.

수 있지만, 결합법칙이나 분배법칙 등을 유지하면서는 아쉽게도 그러한 집합을 잘 정의할 수 없었습니다.

이처럼 3개의 실수로는 잘 되지 않았지만, 해밀턴은 4개의 실수로 이루어진 수를 고려하는 데 성공했습니다. 그것이 **사원수**입니다. 사원수란 4개의 실수 a, b, c, d를 사용해 $a+bi+cj+dk$로 표현되는 수를 말합니다. 여기서 i, j, k는 (일반적인 허수 단위와 마찬가지로) $i^2 = j^2 = k^2 = -1$을 만족하고, 이 중 2개의 곱이 다음과 같이 정의되는 형식적인 수입니다.

$\cdot$	i	j	k
i	-1	k	$-j$
j	$-k$	-1	i
k	j	$-i$	-1

일반적으로 두 사원수의 곱은 결합법칙과 분배법칙을 이용해 계산할 수 있습니다. 예를 들어,

$$(1 + 2i)(3j + 4k) = 3j + 4k + 6ij + 8ik$$
$$= 3j + 4k + 6k - 8j = 10k - 5j$$

가 됩니다. 다만, 주의해야 할 점은

$$ij = k \neq -k = ji$$

이므로, 사원수에서는 곱셈의 교환법칙이 성립하지 않는다는 것입니다.

$c = d = 0$인 경우에는 $a + bi$로 표현되는 수가 되며, 이는 일반적인 복소수를 의미합니다. 따라서 사원수는 복소수를 확장한 수라고 할 수 있는데, 이 확장으로 곱셈의 교환법칙이 성립하지 않게 되었습니다.

해밀턴이 사원수를 발견한 이후, 그때까지 알려진 수 체계와 유사한 성질을 가진 다양한 새로운 대수계(연산을 갖는 집합)가 발견되었습니다. 예를 들어, 선형대수 **제1항**에서 중요한 **행렬**(이 책에서는 설명하지 않습니다) 등이 그러한 사례입니다. 이러한 중요한 성질에 주목하게 되면서 이들 대수계

가 점차 분류되어 마침내 비가환환과 같은 추상적인 개념이 생겨났습니다.

덧셈과 곱셈의 연산이 정의되어 있는「환」은 대수적 정수, 대수기하학, 불변식이나 사원수, 행렬 등 각각의 구체적인 연구 대상이 있으며, 20세기 초에 정의 8 의 형태로 정의되었습니다. 그 이후로 환은 추상적인 형태로 연구되어 왔습니다. 환의 중요한 개념인「아이디얼」이 도입되는 계기가 된 대수적 정리론 5.1 과 환을 이용해 정의되는 도형을 다루는 대수기하학 제6항 에 대해서는 이 책에서도 앞으로 소개할 것입니다.

Essential Points on the Map

☑ **군** ⋯ 1개의 연산(덧셈)을 갖는 대수계.

다양한 「대칭성」에 대해 기술한다.

예) n개 문자의 치환이 이루는 군(대칭군) S_n `2.1`, `8.2`,

갈루아군 `4.2`, 기본군 `11.4` 등.

→ · 원소의 개수가 정해진 군에 어떤 연산 패턴이 존재하는지를 연구하는 것이 군론의 연구 주제이다.

· 군은 삼각형의 꼭짓점의 교환 `2.1` 이나 방정식의 해의 교환 `4.2` 등 다양한 대상에 작용한다.

☑ **환** ⋯ 2개의 연산(덧셈, 곱셈)을 갖는 대수계.

예) 정수 전체의 집합 $\mathbb{Z}$, 실수 계수의 일변수 다항식 전체 $\mathbb{R}[x]$ 등.

역사적인 흐름은 다음과 같습니다!

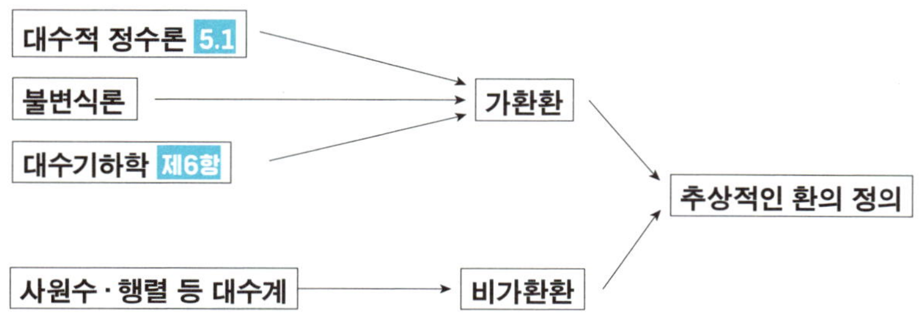

제4항

체론

Field Theory

4.1. 체의 정의

사칙연산이 가능한 집합을 체라고 합니다. 엄밀하게는 다음과 같이 정의됩니다.

> **정의 16**
>
> (2개 이상의 원소를 가진) 가환환에 ×의 역원의 존재 조건
>
> 0 이외의 모든 a에 대해 어떤 원소 a^{-1}가 존재하며,
>
> $$a \times a^{-1} = a^{-1} \times a = 1$$
>
> 을 추가한 것을 체라고 한다.

> **예 17**
>
> 유리수 전체의 집합 $\mathbb{Q}$, 실수 전체의 집합 $\mathbb{R}$, 복소수 전체의 집합 $\mathbb{C}$는 모두 체입니다.

4.2. 갈루아 이론

체의 이론에서 빼놓을 수 없는 것이 바로 갈루아 이론입니다. 갈루아 이론이란 갈루아Galois, 1811-1832가 n차 방정식의 해를 연구하기 위해 만든 이

론으로, 체와 군의 대응에 관해 기술한 것입니다. 이번에는 이 이론을 간단히 소개해 보겠습니다.

$x^3 - 2 = 0$이라는 3차 방정식은 $x = \sqrt[3]{2}$, $\sqrt[3]{2}\,\omega$, $\sqrt[3]{2}\,\omega^2$과 같은 3개의 복소수해를 가집니다. 여기서 $\sqrt[3]{2}$는 세제곱하여 2가 되는 양의 실수, $\omega = \dfrac{-1+\sqrt{3}\,i}{2}$는 세제곱하여 1이 되는 복소수의 하나입니다.

이러한 수를 추가하여 유리수에서 조금 더 수의 범위를 늘려봅시다. 먼저,

- 유리수와 $\sqrt[3]{2}$, ω를 원하는 만큼 사칙연산을 반복하여 만들어진 수 전체의 집합 $\mathbb{Q}(\sqrt[3]{2}\,,\,\omega)$라고 쓰겠습니다. 예를 들어,

$$(\sqrt[3]{2})^2 - \frac{4}{\omega}, \ \frac{\sqrt[3]{2}\,\omega^2 + \omega}{\sqrt[3]{2}-3}, \ \frac{2}{3}\omega, \ 2\sqrt[3]{2} \qquad\qquad \cdots\cdots①$$

등은 모두 $\mathbb{Q}(\sqrt[3]{2}\,,\,\omega)$에 속합니다. 마찬가지로

- 유리수와 $\sqrt[3]{2}$를 원하는 만큼 사칙연산을 반복하여 만들어진 수 전체의 집합을 $\mathbb{Q}(\sqrt[3]{2})$ (예를 들어, $(\sqrt[3]{2})^2 + \sqrt[3]{2}$, $4\sqrt[3]{2}$ 등이 속합니다),

- 유리수와 ω를 원하는 만큼 사칙연산을 반복하여 만들어진 수 전체의 집합을 $\mathbb{Q}(\omega)$ (예를 들어, $\omega^2 - \omega$, 2ω 등이 속합니다),

- 유리수와 $\sqrt[3]{2}\,\omega$를 원하는 만큼 사칙연산을 반복하여 만들어진 수 전체의 집합을 $\mathbb{Q}(\sqrt[3]{2}\,\omega)$ (예를 들어, $(\sqrt[3]{2}\,\omega)^2 - 3\sqrt[3]{2}\,\omega$ 등이 속합니다),

- 유리수와 $\sqrt[3]{2}\,\omega^2$을 원하는 만큼 사칙연산을 반복하여 만들어진 수 전체의 집합을 $\mathbb{Q}(\sqrt[3]{2}\,\omega^2)$ (예를 들어 $2(\sqrt[3]{2}\,\omega^2)^2 + \sqrt[3]{2}\,\omega^2$ 등이 속합니다)

로 쓰기로 합니다. $\mathbb{Q}$는 유리수 전체의 집합을 의미하고, 그 뒤의 괄호 안에는 새로 추가해서 사칙연산할 수(새로운 수를 **첨가한다**고 표현합니다)를 넣어 나타낸 것입니다. 이것들은 모두 체입니다.

여기서 $\mathbb{Q}(\sqrt[3]{2}\,,\,\omega)$와 $\mathbb{Q}(\sqrt[3]{2}\,\omega)$는 서로 다른 집합이라는 점에 유의해야 합니다. 전자는 $\sqrt[3]{2}$와 ω를 각각 원하는 만큼 사칙연산을 해도 되지만, 후자는 $\sqrt[3]{2}\,\omega$를 한 덩어리로 취급해야 합니다. 예를 들어 $\sqrt[3]{2}$는 $\mathbb{Q}(\sqrt[3]{2}\,,\,\omega)$에 속

하지만, $\mathbb{Q}(\sqrt[3]{2}\,\omega)$에는 속하지 않습니다.

유리수 전체의 집합 $\mathbb{Q}$는 다른 5개의 체 모두에 포함됩니다. 또한, $\mathbb{Q}(\sqrt[3]{2}, \omega)$는 다른 5개의 체를 모두 포함합니다. 이 각각의 체의 포함관계를 그림으로 나타내면 다음과 같습니다(연결한 선 위에 있는 체가 아래에 있는 체를 포함합니다).

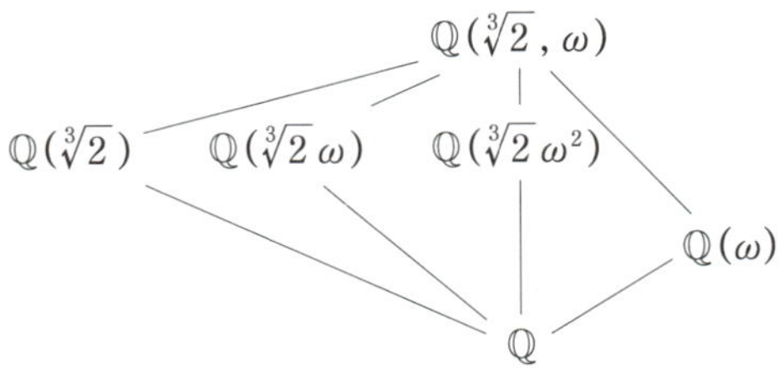

그러면 여기서 수의 변환을 생각해 봅시다. 예를 들어, $\mathbb{Q}(\sqrt[3]{2}, \omega)$에 속하는 수는 유리수와 $\sqrt[3]{2}$, ω를 조합해서 얻을 수 있는데, 유리수와 ω는 그대로 두고, $\sqrt[3]{2}$를 $\sqrt[3]{2}\,\omega$로 바꾸는 경우를 생각해 봅시다. ①의 수는 각각

$$(\sqrt[3]{2})^2 - \frac{4}{\omega} \mapsto (\sqrt[3]{2}\,\omega)^2 - \frac{4}{\omega}, \qquad \frac{\sqrt[3]{2}\,\omega^2 + \omega}{\sqrt[3]{2} - 3} \mapsto \frac{(\sqrt[3]{2}\,\omega)\omega^2 + \omega}{\sqrt[3]{2}\,\omega - 3},$$

$$\frac{2}{3}\omega \mapsto \frac{2}{3}\omega, \qquad 2\sqrt[3]{2} \mapsto 2\sqrt[3]{2}\,\omega$$

로 변환됩니다($\mapsto$는 수의 변환을 나타냅니다). 이 변환에 의해 $x^3 - 2 = 0$의 3개의 해는

$$\sqrt[3]{2} \mapsto \sqrt[3]{2}\,\omega, \qquad \sqrt[3]{2}\,\omega \mapsto (\sqrt[3]{2}\,\omega)\omega = \sqrt[3]{2}\,\omega^2,$$

$$\sqrt[3]{2}\,\omega^2 \mapsto (\sqrt[3]{2}\,\omega)\omega^2 = \sqrt[3]{2}\,\omega^3 = \sqrt[3]{2}$$

와 같이 서로 바뀝니다(교환). 여기서 $A = \sqrt[3]{2}$, $B = \sqrt[3]{2}\,\omega$, $C = \sqrt[3]{2}\,\omega^2$이라 두면, A는 B, B는 C, C는 A로 바뀝니다. 이를 그림으로 나타내면, **2.1**에서 다뤘던 X^2의 변환에 대응한다는 것을 알 수 있습니다.

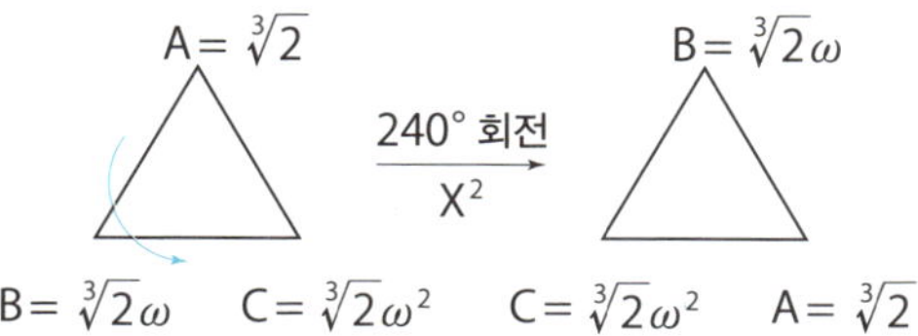

이제 이러한 변환에 대해 변하지 않는 수(**불변**인 수)를 생각할 수 있습니다. 예를 들어, 이 변환에서 $\dfrac{2}{3}\omega$는 변하지 않습니다. 이 변환에서 ω가 불변이기 때문입니다. 이처럼 유리수와 ω만을 사칙연산하여 얻은 수, 즉 $\mathbb{Q}(\omega)$에 속하는 수는 이 변환에서 불변입니다.

그렇다면 그 밖에 $\mathbb{Q}(\omega)$에 속하는 수를 불변으로 만드는 변환이 있을까요? 「아무것도 하지 않는」1이라는 변환이나 X라는 변환($\sqrt[3]{2}$를 $\sqrt[3]{2}\,\omega^2$로 바꾼다)도 $\mathbb{Q}(\omega)$에 속하는 수를 불변으로 만듭니다. 체 $\mathbb{Q}(\omega)$에 속하는 수를 불변으로 만드는 변환은 이 3가지뿐이며, 사실 이 3가지 변환의 집합 $\{1,\ X,\ X^2\}$은 군을 이룹니다. 체 $\mathbb{Q}(\omega)$와 군 $\{1,\ X,\ X^2\}$은 불변으로 만든다·불변이 된다는 관계로 서로 대응합니다.

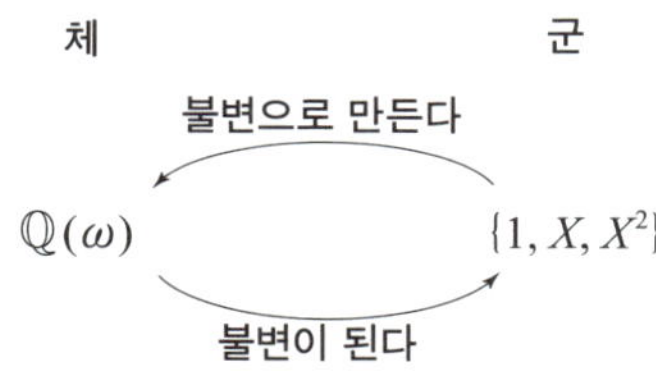

또 다른 변환을 생각해 봅시다. $\mathbb{Q}(\sqrt[3]{2},\ \omega)$에 포함된 수에서 $\sqrt[3]{2}$는 그대로 두고, ω를 ω^2로 바꾸는 변환이라면 어떨까요? $x^3 - 2 = 0$의 3개의 해는

$$\sqrt[3]{2} \mapsto \sqrt[3]{2},\ \ \sqrt[3]{2}\,\omega \mapsto \sqrt[3]{2}\,\omega^2,\ \ \sqrt[3]{2}\,\omega^2 \mapsto \sqrt[3]{2}\,(\omega^2)^2 = \sqrt[3]{2}\,\omega$$

가 되므로, $A = \sqrt[3]{2}$는 그대로이고, $B = \sqrt[3]{2}\,\omega$와 $C = \sqrt[3]{2}\,\omega^2$이 서로 바뀝니다. 이것은 앞에서 나온 Y의 변환에 대응합니다. 이 변환은 $\sqrt[3]{2}$를 불변으로 만들기 때문에, $\mathbb{Q}(\sqrt[3]{2})$에 속하는 수는 이 Y의 변환에서 불변입니다.

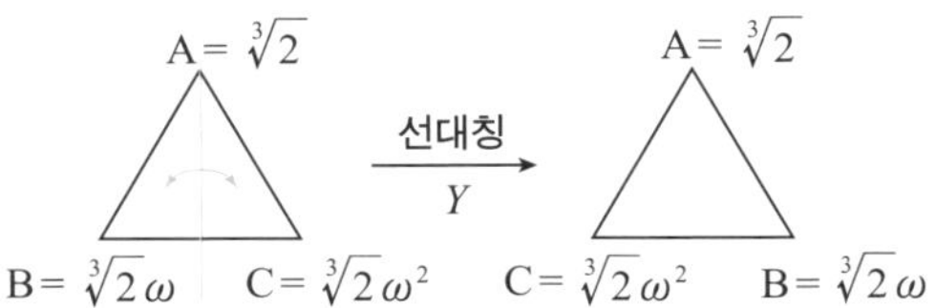

그 밖에 역시 변환 1도 $\mathbb{Q}(\sqrt[3]{2})$에 속하는 수를 불변으로 만듭니다. $\mathbb{Q}(\sqrt[3]{2})$에 속하는 수를 불변으로 만드는 변환은 이것이 전부이며, 이 경우 체 $\mathbb{Q}(\sqrt[3]{2})$와 군 $\{1,\,Y\}$는 불변으로 만든다·불변이 된다는 관계로 서로 대응합니다.

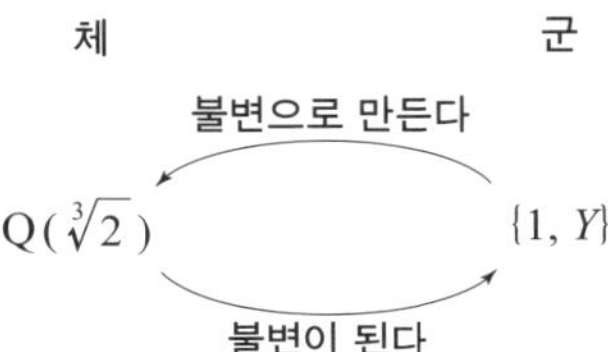

더 나아가, 또 다른 예도 살펴보겠습니다. $\mathbb{Q}(\sqrt[3]{2},\,\omega)$를 불변으로 만드는 변환은 「아무것도 하지 않는」 변환 1뿐입니다. 또한, 유리수($\mathbb{Q}$의 원소)를 불변으로 만드는 변환은 S_3의 모든 변환입니다. 이 2가지 사실에서 다음 두 군과 체의 대응을 알 수 있습니다.

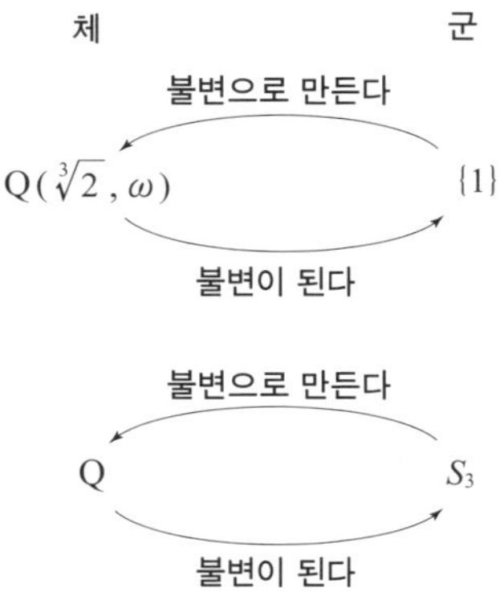

갈루아 이론의 핵심이 되는 다음의 갈루아의 기본 정리는 체와 군이 불변으로 만든다·불변이 된다의 관계에 의해 서로 하나씩 대응한다는 것을

주장합니다. 두 용어를 소개한 후, 갈루아의 기본 정리를 소개하겠습니다.

- $\mathbb{Q}(\sqrt[3]{2}, \omega)$에 포함되고, $\mathbb{Q}$를 포함하는 체(즉, $\mathbb{Q}(\sqrt[3]{2}, \omega) \supset M \supset \mathbb{Q}$를 만족하는 체 M)에서 연산이 $\mathbb{Q}(\sqrt[3]{2}, \omega)$와 동일한 체를 $\mathbb{Q}(\sqrt[3]{2}, \omega)$와 $\mathbb{Q}$의 **중간체**라고 합니다.

- S_3에 포함되는 군(즉, $S_3 \supset H$를 만족하는 군 H)에서 연산이 S_3와 동일한 군을 S_3의 **부분군**이라고 합니다.

정리 18 **갈루아의 기본 정리(이번 예에서의 설명)**

두 체 $\mathbb{Q}(\sqrt[3]{2}, \omega) \supset \mathbb{Q}$가 있고, 여기에 군 S_3가 작용한다고 하자. 이때

- 「중간체 M」에 대해 「그 체를 불변으로 만드는 부분군 H」를 대응시킨다

- 「부분군 H」에 대해 「H의 작용으로 불변이 되는 중간체 M」을 대응시킨다

라는 관계에 의해 $\mathbb{Q}(\sqrt[3]{2}, \omega)$와 $\mathbb{Q}$의 중간체와, S_3의 부분군이 서로 하나씩 대응한다.

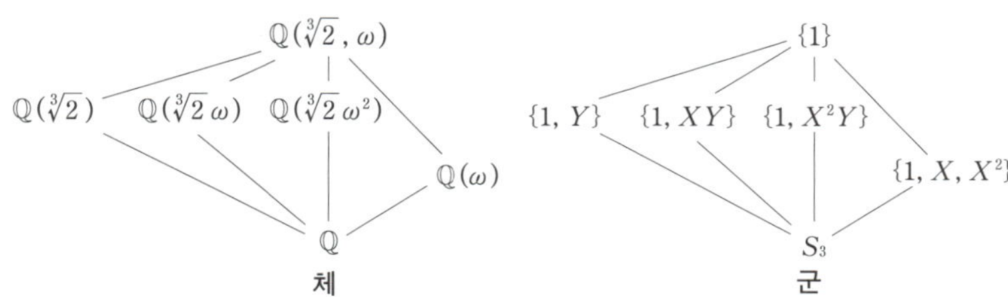

이런 일이 일어나는 것은 **갈루아 확장**이라는 특수한 체의 관계(이번에는 $\mathbb{Q}(\sqrt[3]{2}, \omega)$와 $\mathbb{Q}$)가 존재하고, 여기에 **갈루아 군**이라고 불리는 군(이번에는 S_3)이 작용하는 경우에만 해당되는데, 갈루아의 기본 정리는 군과 체가 연결되는 매우 획기적인 정리입니다.

4.3. 작도 문제

체의 개념이 중요한 구체적 문제를 하나 소개하겠습니다. 바로 「자와 컴퍼스를 이용해 각의 삼등분선을 작도할 수 있는가?」하는 문제로, 이는 고대 그리스 시대부터 전해져 내려오는 유명한 문제 중 하나입니다. 이 문제는 체 이론을 이용하여 해결할 수 있으며, 결론은 「아니오」입니다.

> **정리 19** **각의 삼등분선 작도 불가능성**
>
> 자와 컴퍼스를 이용해 삼등분선을 작도할 수 없는 각이 존재한다. 예를 들어, 60°를 삼등분하는 작도는 불가능하다.

선분 하나를 고정하고 그 길이를 1로 정합니다. 여기서 자와 컴퍼스를 이용해 작도할 수 있는 길이, 그리고 그 -1배의 수와 0을 **작도 가능 수**라고 부르기로 합니다.

컴퍼스를 이용해 반지름이 1인 원을 반복해서 그리고, 직선 위에 길이 1을 차례로 옮기면 자연수 1, 2, 3, …는 모두 작도 가능 수가 됩니다.

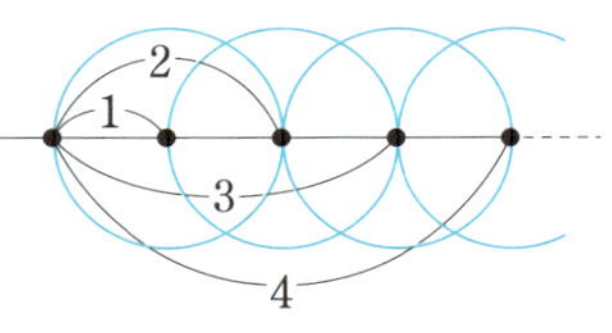

예를 들어, 유리수 $\dfrac{a}{b}$ (a, b는 자연수)도 다음과 같이 작도할 수 있으므로, 작도 가능 수입니다.

① 길이 1인 선분 AB와 점 A에서 만나는 직선 ℓ을 그린다.

② ℓ 위에 AC $= a$, AD $= b$가 되는 점 C, D를 점 A와 같은 쪽에 위치시킨다(자연수 길이의 선분은 위의 방법으로 작도할 수 있습니다).

③ 직선 BD와 평행하고 C를 지나는 직선을 그리고, 그 직선과 직선 AB의 교점을 E로 한다. AE : AB = AC : AD로부터 AE $= \dfrac{a}{b}$가 된다.

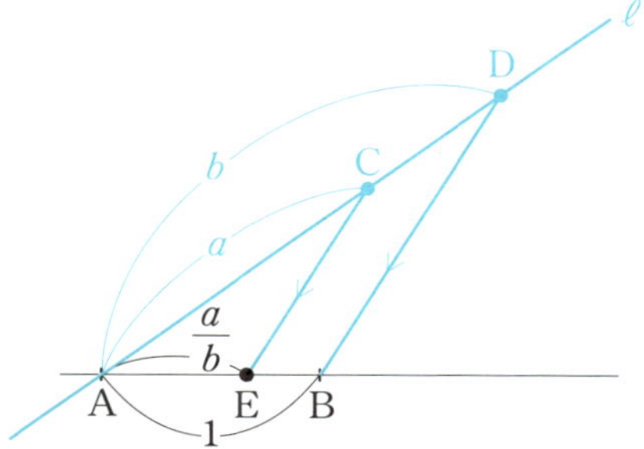

그러면 다시 앞의 문제로 돌아가 봅시다. 60°를 삼등분하는 작도는 곧 20°를 작도하는 것입니다. 빗변의 길이가 1인 직각삼각형을 생각해 봅시다. 여기서 20°를 작도할 수 있다는 것은 $\cos 20°$가 작도 가능 수라는 것과 같습니다. 따라서 $\cos 20°$가 작도 가능 수인지 아닌지를 알아보면 됩니다.

사실, 작도 가능 수의 합, 차, 곱, 몫은 모두 작도 가능 수가 된다는 것이 증명되어 있습니다. 즉, 작도 가능 수 전체는 체를 이룹니다. 이 체의 성질을 갈루아 이론을 이용해 연구하면 $\cos 20°$가 작도 가능 수인지 여부를 판정할 수 있는데, 답은 「아니오」입니다.

4.4. 5차 방정식의 근의 공식

2차 방정식 $ax^2 + bx + c = 0$의 해법으로는 근의 공식

$$x = \frac{-b \pm \sqrt{b^2 - 4ac}}{2a}$$

가 유명합니다. 3차 방정식의 해법은 「카르다노Cardano, 1501-1576의 공식」으로 알려져 있지만, 실제로는 델 페로del Ferro, 1465-1526와 타르탈리아Tartaglia, 1499-1557가 각각 독립적으로 발견했습니다. 이후 카르다노와 타르탈리아 사이에 해법을 누가 먼저 발견했느냐를 두고 격렬한 논쟁이 있었다고 전해집

니다. 4차 방정식의 해법은 같은 시기에 페라리Ferrari, 1522-1565가 발견했습니다. 자연스럽게, 5차 방정식의 해법, 즉 5차 방정식의 근의 공식이 존재하는지에 대한 의문이 제기되었는데, 이에 대한 답은 「아니오」입니다.

정리 20 아벨-루피니 정리

5차 이상의 방정식에는 근의 공식이 존재하지 않는다.

「근의 공식이 없다」는 것은 「해가 존재하지 않는다」는 의미가 아닙니다. 5차 방정식

$$ax^5 + bx^4 + cx^3 + dx^2 + ex + f = 0$$

의 해는 일반적으로 a, b, c, d, e, f와 유리수의 사칙연산이나 m제곱근 $\sqrt[m]{\ }$ 을 취하는 연산을 반복하는 방식으로는 표현할 수 없다는 의미입니다. 해가 존재하지 않는다는 것은 잘못된 말이며, 대수학의 기본 정리 정리 99 에 따라 복소수의 해는 반드시 존재합니다.

어떤 n차 방정식에 대해 그 방정식의 해를 사칙연산과 m제곱근의 연산으로 나타낼 수 있는지 여부는 그 방정식과 관련된 갈루아 군의 성질이 「가해성」이라는 특정 조건을 만족하는지와 연관되어 있습니다. 이 가해성이라는 특정 조건을 만족하는 군을 가해군이라고 합니다. 갈루아 군이 가해군이라면, 그 n차 방정식의 해는 사칙연산과 m곱근을 이용해 표현할 수 있습니다. 4차 방정식까지 모든 방정식은 갈루아 군이 가해군입니다. 하지만 5차 이상의 방정식부터는 갈루아 군이 가해군이 아닌 경우가 있을 수 있습니다. 이것이 5차 이상의 방정식에는 근의 공식이 존재하지 않는 이유입니다.

5차 방정식에는 근의 공식이 존재하지 않는다는 사실을 최초로 증명한 사람은 아벨Abel, 1802-1829입니다. 그 후 갈루아가 오늘날 갈루아 군으로 불리는 군을 도입하여 「방정식의 해는 사칙연산과 m제곱근으로 표현된다」라

는 사실과 「갈루아 군이 가해군이다」라는 조건을 연결 지었습니다.

갈루아가 만들어낸 이 거대한 이론은 현대 정수론과 산술 기하학을 비롯한 다양한 분야에서 필수적인 존재가 되었습니다. 이러한 폭넓은 응용성과 함께 「군과 체가 서로 대응한다」는 이론 자체의 아름다움이 갈루아 이론이 여전히 수학의 꽃으로 자리 잡고 있는 이유일 것입니다.

제5항

정수론

Number Theory

정수론은 정수의 성질을 연구하는 분야입니다. 그러나 정수만을 다루는 것이 아니라 정수와 관련된 일반적인 「수」에 대해 연구하는 분야라고 할 수 있습니다.

연구 방법 역시 대수학, 기하학, 해석학 등과 관련되어 있어 매우 다양합니다. 여기서는 「대수적 정수론 **5.1** 」과 「해석적 정수론 **5.2** 」을 소개하고, 「산술기하학」에 대해서는 이후 **제7항**에서 소개합니다.

5.1. 대수적 정수론

5.1.1. 가우스 정수

대수적 정수론은 「대수적 정수」를 연구하는 분야로, 「대수」를 이용하여 「정수론」을 다루는 분야라는 뜻은 아닙니다. 그러면 대수적 정수란 어떤 것일까요?

정의 21 **최고차항의 계수가 1인 정수 계수 방정식**

$$x^n + a_{n-1}x^{n-1} + \cdots + a_1 x + a_0 = 0 \ (a_0, \cdots, a_{n-1}\text{은 정수})$$

의 해가 되는 복소수를 **대수적 정수**라고 한다.

- 정수 a는 1차 방정식 $x-a=0$의 해, $\sqrt{2}$는 $x^2-2=0$의 해, i는 $x^2+1=0$의 해이므로, 모두 대수적 정수입니다. 또한, $\sqrt{2}+\sqrt{3}$도 $x^4-10x^2+1=0$의 해이므로, 대수적 정수입니다.

- π는 대수적 정수가 아닌 것으로 알려져 있습니다.

- $a+bi$(a, b는 정수) 형태의 복소수는 대수적 정수입니다. 이는 2차 방정식

$$x^2-2ax+(a^2+b^2)=0$$

의 해이기 때문입니다. 이러한 복소수를 가우스 정수라고 합니다. 정수는 모두 $b=0$인 경우의 가우스 정수이므로, 가우스 정수는 정수의 확장이라고 할 수 있습니다.

대수적 정수로 확장하여 생각하면, 정수에 관한 다양한 성질을 이해할 수 있습니다. 가우스 정수를 응용한 예로는 다음과 같은 정리가 유명합니다.

정리 23 페르마의 두 제곱수 정리

소수 p에 대해 p를 4로 나눈 나머지가 1 또는 $p=2$인 경우와, p가 두 제곱수의 합으로 표현되는 경우는 동치이다.

- 4로 나눈 나머지가 1인 소수와 2는

$$2=1^2+1^2,$$
$$5=1^2+2^2,$$
$$13=2^2+3^2,$$
$$17=4^2+1^2$$

등과 같이 두 제곱수의 합으로 표현할 수 있습니다.

- 반면 4로 나눈 나머지가 3인 3, 7, 11, 19와 같은 소수는 두 제곱수의
  합으로 표현할 수 없습니다.

제곱수의 합으로 표현할 수 있는지 여부는 가우스 정수의 세계에서는 다음과 같은 큰 차이를 가져옵니다.

정수의 세계에서 소수는 1과 자기 자신 이외에 양의 약수가 없는, 즉 더 이상 소인수 분해할 수 없는 2 이상의 정수를 말합니다. 그런데 4로 나눈 나머지가 1인 소수와 2는 가우스 정수까지 고려하면(제곱수의 합으로 표현되는 것을 이용해서),

$$2 = 1^2 + 1^2 = (1 + i)(1 - i),$$
$$5 = 1^2 + 2^2 = (1 + 2i)(1 - 2i),$$
$$13 = 2^2 + 3^2 = (2 + 3i)(2 - 3i)$$

와 같이 더 분해할 수 있습니다. 이는 **4로 나누어 1이 남는 소수와 2는 가우스 정수의 세계에서는 더 이상 「소수(와 같은 역할을 하는 것)」가 아니라는 것**을 의미합니다. 반면 3, 7, 11, 19 등 4로 나눈 나머지가 3인 소수는 더 이상 분해할 수 없으며, 가우스 정수의 세계에서도 여전히 「소수(와 같은 역할을 하는 것)」입니다.

이로써 정리 23 은 「소수 p에 대해 p를 4로 나눈 나머지가 3인 경우와 p가 가우스 정수의 세계에서도 「소수(와 같은 역할을 하는 것)」인 경우는 동치이다」라고 바꿔 말할 수 있습니다.

5.1.2. 페르마의 마지막 정리

대수적 정수론이 더욱 발전하는 계기가 된 것이 다음의 최대 난제입니다.

 페르마의 마지막 정리

n이 3 이상인 자연수일 때

$$x^n + y^n = z^n$$

을 만족하는 자연수 (x, y, z)는 존재하지 않는다.

이 명제는 17세기에 페르마Fermat, 1601-1665가 자신이 읽던 책 귀퉁이에 "나는 놀라운 방법으로 이 정리를 증명했다. 그러나 책의 여백이 부족해 여기에 적지 않겠다"는 말과 함께 남긴 것입니다. 그러나 페르마가 남긴 기록에 이에 대한 증명이 남아 있지 않아, 후대의 수많은 수학자가 이를 증명하려고 노력했지만 오랫동안 해결되지 않았습니다. 1995년 와일스Wiles, 1953-가 증명하기까지 약 300년 동안 수많은 수학자를 괴롭혀온 난제였습니다.

이 문제와 관련해 대수적 정수론을 이용한 접근법을 소개하겠습니다. $n=2$일 때(이 경우 정수해가 매우 많이 존재합니다), 가우스 정수의 세계에서 좌변은

$$x^2 + y^2 = (x + iy)(x - iy)$$

로 인수분해 됩니다. 이는 앞에서 소개한 바와 같습니다. 이에 따라 예를 들어 $n=3$일 때, 1의 세제곱근 $\omega = \dfrac{-1 + \sqrt{3}\,i}{2}$를 이용하여 좌변은

$$x^3 + y^3 = (x + y)(x + \omega y)(x + \omega^2 y)$$

로 인수분해 됩니다. 이것은

$$\mathbb{Z}[\omega] = \{a + b\omega + c\omega^2 \mid a,\ b,\ c \text{ 는 정수}\}$$

라는 **아이젠슈타인 정수**가 이루는 환에서의 인수분해를 생각한 것입니다. 마찬가지로 일반적인 홀수 소수 p에 대해서도 1의 p제곱근 $\zeta_p \neq 1$을 이용하여, 좌변은

$$x^p + y^p = (x + y)(x + \zeta_p y)(x + \zeta_p^2 y)\cdots(x + \zeta_p^{p-1} y)$$

로 인수분해 됩니다. 이는

$$\mathbb{Z}[\zeta_p] = \{a_0 + a_1\zeta_p + a_2\zeta_p^2 + \cdots + a_{p-1}\zeta_p^{p-1} \mid a_0, a_1, \cdots, a_{p-1}\text{은 정수}\}$$

라는 환에서의 인수분해를 생각한 것입니다. 이와 같이 다양한 유형의 대수적 정수가 이루는 환에서 $x^n + y^n = z^n$이라는 식을 고찰한 것이 페르마의 마지막 정리에 대한 대표적 접근법입니다.

19세기에 라메Lamé, 1795-1870는 이러한 좌변의 소인수분해를 생각하여, 페르마의 마지막 정리를 증명했다고 발표했습니다. 그런데 라메의 방법은 $\mathbb{Z}[\zeta_p]$에서 소인수분해의 유일성(어떤 수든 소인수분해하는 방법은 단 하나뿐이다)이 성립함을 이용한 것이었습니다(따라서 잘못된 증명이었습니다). 물론, 가우스 정수가 이루는 환 $\mathbb{Z}[i]$나 아이젠슈타인 정수가 이루는 환 $\mathbb{Z}[\omega]$에서는 소인수분해의 유일성이 성립합니다. 하지만 일반적인 $\mathbb{Z}[\zeta_p]$에서는 소인수분해의 유일성이 항상 성립하는 것은 아닙니다! $\mathbb{Z}[\zeta_p]$에서 소인수분해의 유일성이 성립하지 않는 가장 작은 소수 p는 $p = 23$입니다. 소인수분해의 유일성이 무엇인지에 대해, 일반적인 $\mathbb{Z}[\zeta_p]$에서는 다소 복잡하므로 조금 더 단순한 환으로 설명해 보겠습니다.

예 26

- 정수 전체가 이루는 환 Z에서 75는 $3 \cdot 5^2$와 같이 단 한 가지 방법으로 소인수분해 할 수 있습니다.

- 앞서 설명했듯이, 가우스 정수환 $\mathbb{Z}[i]$에서 5는 다시 $(1 + 2i)(1 - 2i)$로 소인수분해 됩니다. 따라서 75는 $3 \cdot (1 + 2i)^2 \cdot (1 - 2i)^2$과 같이 단 한 가지 방법으로 소인수분해 할 수 있습니다.

- 정수 a, b를 이용하여 $a + b\sqrt{-5} = a + b\sqrt{5}i$ 형태의 수 전체의 환

$$\mathbb{Z}[\sqrt{-5}] = \{a + b\sqrt{-5} \mid a, b \text{ 는 정수}\}$$

를 생각해 봅시다. 여기서 21이라는 수는

$$21 = 3 \times 7 = (1 + 2\sqrt{-5})(1 - 2\sqrt{-5})$$

와 같이 2가지 방법으로 소인수분해 되어(단, 3, 7, $1 \pm 2\sqrt{-5}$는 모두 더 이상 소인수분해가 불가능), 소인수분해의 유일성이 성립하지 않습니다.

$\mathbb{Z}[\sqrt{-5}]$와 같이 소인수분해의 유일성이 성립하지 않는 환이 존재한다는 사실은 매우 심각한 문제였습니다. 쿠머Kummer, 1810-1893는 이 소인수분해의 유일성 문제를 **이상수(ideal number)**라는 개념을 이용하여 해결하고자 했습니다.

쿠머의 아이디어는 $\mathbb{Z}[\sqrt{-5}]$보다 더 넓은 범위에서 생각하면 더 많은 분해가 이루어져 소인수분해의 유일성이 성립할 수 있다는 것이었습니다. 즉, $\mathbb{Z}[\sqrt{-5}]$보다 더 넓은 「이상수」의 범위에서는

$$3 = p_1 p_2, \; 7 = p_3 p_4, \; 1 + 2\sqrt{-5} = p_1 p_3, \; 1 - 2\sqrt{-5} = p_2 p_4$$

와 같이 이상수 p_1, p_2, p_3, p_4를 이용하여 분해할 수 있으며, 이것이 $\mathbb{Z}[\sqrt{-5}]$의 범위에서는

$$21 = (p_1 p_2) \cdot (p_3 p_4) = (p_1 p_3) \cdot (p_2 p_4)$$

와 같이 두 가지로 분해되어 나타나는 것에 불과하다고 생각했습니다. 이러한 p_1, p_2, p_3, p_4는 아쉽게도 우리가 익숙한 수의 범위에서는 실현 불가능했기 때문에 이는 「이상수」라는 이름이 붙여졌습니다.

데데킨트Dedekind, 1831-1916는 이상수를 「수」가 아닌 「수의 집합」으로 간주함으로써 더욱 일반적이고 명료한 이론을 구성했습니다. 즉, p_1, p_2, p_3, p_4를 **아이디얼(ideal)**이라는 특정 성질을 만족하는 $\mathbb{Z}[\sqrt{-5}]$의 부분집합으로 간주하여, 그 아이디얼에 대해 소인수분해 대신 「소 아이디얼 분해」의 유일성이 성립함을 보였습니다.

이처럼 덧셈과 곱셈이 정의된 정수 전체의 집합 $\mathbb{Z}$를 더 넓은 범위로 일

반화하기 위한 무대로서 덧셈과 곱셈이 정의된 환이 도입되었습니다. 그리고 그 안에 아이디얼이라는 환에서 매우 중요한 대상이 도입되었습니다. 대수적 정수론을 계기로 환론 **제3항** 은 발전하기 시작했습니다.

5.2. 해석적 정수론

5.2.1. 소수 정리

해석적 정수론이란 복소해석이나 푸리에 해석과 같은 해석적 방법을 사용하여 정수론을 연구하는 분야를 말합니다. 「대수적 정수론」과 달리 「해석적 정수」라는 것이 따로 존재하는 것은 아닙니다.

해석적 정수론의 대표적인 정리로는 다음의 소수 정리를 들 수 있습니다.

> **정리 27** **소수 정리**
>
> 양의 실수 x에 대해 $\pi(x)$를 x 이하의 소수의 개수라고 하자. 이때
> $$\lim_{x \to \infty} \frac{\pi(x)}{\left(\dfrac{x}{\log x}\right)} = 1$$
> 이다.

x 이하의 소수의 개수 $\pi(x)$는 x가 클수록 그 값이 $\dfrac{x}{\log x}$에 가까워진다는 정리입니다. 다음 표는 $x = 10^1, 10^2, \cdots$ 일 때의 각각의 값을 나타낸 것입니다. 수렴 속도는 느리지만, 이 경향은 확인할 수 있습니다.

x	$\pi(x)$	$\dfrac{x}{\log x}$	$\dfrac{\pi(x)}{x/\log x}$
10^1	4	4.343	0.921
10^2	25	21.715	1.151

10^3	168	144.76	1.161
10^4	1229	1085.7	1.132
10^5	9592	8685.9	1.104
10^6	78498	72382.4	1.084
10^7	664579	620420.7	1.071
10^8	5761455	5428681.0	1.061
10^9	50847534	48254942.4	1.054

이 소수와 함께 연구되어 온 것이 제타 함수입니다.

 실수부가 1보다 큰 복소수 s에 대해 정의된 **제타 함수**는

$$\zeta(s) = \frac{1}{1^s} + \frac{1}{2^s} + \frac{1}{3^s} + \cdots \qquad \cdots\cdots ②$$

로 표현되는 함수를 말한다.

예 29

$s=2$일 때 제타 함수의 값은

$$\zeta(2) = \frac{1}{1^2} + \frac{1}{2^2} + \frac{1}{3^2} + \cdots = \frac{\pi^2}{6}$$

로 계산할 수 있습니다. 이 무한합을 구하는 문제는 **바젤 문제**로 오래전부터 알려져 있으며, 오일러Euler, 1707-1783에 의해 증명되었습니다. 또한, $s=4$일 때 제타 함수의 값은

$$\zeta(4) = \frac{1}{1^4} + \frac{1}{2^4} + \frac{1}{3^4} + \cdots = \frac{\pi^4}{90}$$

으로 계산할 수 있습니다. 이처럼 $\zeta(짝수)$의 값은 비교적 간단한 형태로 표현할 수 있으며, 그것이 무리수라는 사실도 알려져 있습니다. 다만, 일반적으로 $\zeta(홀수)$가 무리수인지 아닌지는 알려져 있지 않습니다. $\zeta(3)$이

무리수라는 사실은 1978년 아페리Apéry, 1916-1994에 의해 최초로 증명되었습니다.

　제타 함수는 식 ②의 형태로는 실수부가 1보다 큰 복소수에 대해서만 고려할 수 있습니다. 예를 들어, 식 ②에서 $s=-1$이라 하면

$$\frac{1}{1^{-1}}+\frac{1}{2^{-1}}+\frac{1}{3^{-1}}+\cdots=1+2+3+\cdots$$

는 수렴하지 않고 명백히 ∞로 발산합니다. 그러나 복소함수의「해석적 확장」이라는 기법을 통해 제타 함수의 정의역을 확장하면, $s=1$ 이외의 모든 복소수 s에 대해 제타 함수의 값을 고려할 수 있게 됩니다. 해석적으로 확장된 제타 함수에서는 $\zeta(-1)=-\frac{1}{12}$가 되는 것으로 알려져 있습니다.

　일반적으로 함수가 주어졌을 때 가장 먼저 문제가 되는 것은 그 함숫값이 어떤 경우에 0이 되는가 입니다. $\zeta(s)=0$이 되는 s를 제타 함수의 영점이라고 합니다. 예를 들어, 음의 짝수 $s=-2,\ -4,\ -6,\ \cdots$이 제타 함수의 영점이라는 사실은 오래전부터 잘 알려져 있었습니다(이를 자명한 영점이라고 합니다). 이들 이외의 영점(자명하지 않은 영점)에는 어떤 것들이 있는가 하는 질문은 수백 년 동안 수학자들을 괴롭혀온 문제였습니다. 자명하지 않은 영점을 연구한 결과, 발견된 것은 모두 실수부가 $\frac{1}{2}$(즉, $s=\frac{1}{2}+bi$(b는 실수)의 형태)이었습니다. 이것이 현재까지도 미해결로 남아 있는 수학계의 최대 난제인 리만 가설입니다.

추측 30 **리만 가설**

제타 함수 $\zeta(s)$의 자명하지 않은 영점은 모두 실수부가 $\frac{1}{2}$일 것이다.

　사실 처음에 소개한 x 이하의 소수의 개수를 나타내는 함수 $\pi(x)$는 이 제타 함수의 영점의 정보로 나타낼 수 있습니다. 소수 정리는 어디까지

나 $\pi(x)$가 $\dfrac{x}{\log x}$에 근사한다는 것이었는데, 제타 함수의 영점을 이용하면 $\pi(x)$는 오차가 없는 등식으로 나타낼 수 있습니다. 이것이 제타 함수와 소수가 밀접하게 관련되어 있는 중요한 이유입니다. 제타 함수의 영점에 대해 더 많이 알게 되면, 소수에 대한 이해도 더욱 깊어질 것입니다.

5.2.2. 쌍둥이 소수

연속한 두 수의 차가 2인 소수의 쌍을 쌍둥이 소수라고 합니다. 예를 들어,

$$(3,\ 5),\ (5,\ 7),\ (11,\ 13),\ (17,\ 19),\ \cdots$$

가 쌍둥이 소수입니다. 이 쌍둥이 소수에 관해서는 오래전부터 다음과 같은 추측이 있었습니다.

> **추측 31** 쌍둥이 소수 추측
>
> 쌍둥이 소수는 무한히 많을 것이다.

이 **추측 31**은 2010년대에 들어 급격한 진전을 이루었습니다. 「연속한 두 수의 차가 2인 소수의 쌍은 무한히 많을 것이다」라는 형태로는 증명하기 어렵기 때문에, 소수의 차를 더 키워보기로 했습니다. 예를 들어, 「두 수의 차가 1억 이하인 소수의 쌍은 무한히 많다」고 가정하고, 이 「1억」이라는 간격을 얼마나 줄일 수 있는지를 생각하는 것입니다. 즉, 「두 수의 차가 N 이하인 소수의 쌍은 무한히 많다」라는 주장이 맞으려면 N을 얼마나 줄여야 하는가를 연구한 것입니다. 쌍둥이 소수 추측은 $N=2$인 경우에 해당합니다. 이 문제는 2013년 이탕 장Yitang Zhang, 1955-이 $N=70,000,000$일 때 이 추측이 성립함을 보였습니다. 이어 몇 달 후 메이너드James Maynard, 1987-는 $N=600$에서도 이 주장이 성립함을 증명했고, 이 업적으로 2022년 수학계에서 가장 권위 있는 필즈상을 받았습니다.

Essential Points on the Map

☑ **체** ··· 사칙연산이 가능한 대수계.

예) 유리수 전체의 집합 $\mathbb{Q}$, 실수 전체의 집합 $\mathbb{R}$ 등.

☑ **갈루아 이론** ··· n차 방정식과 관련된 「군」과 「체」가 서로 대응함을 설명한 이론.

　→ 갈루아는 갈루아 이론을 통해 5차 이상의 방정식에는 근의 공식이 존재하지 않음을 증명했다. 그 외에 작도 관련 문제에도 응용된다.

☑ **정수론** ··· 정수의 성질을 연구하는 분야.

・ **대수적 정수론** ··· 「대수적 정수」를 연구하는 분야.

　→ 가우스 정수, 아이디얼, 유일 인수분해 등 환의 중요한 개념과 연결된다.

・ **해석적 정수론** ··· 복소해석 `제17항`과 푸리에 해석 `제18항` 등 다양한 해석학적 방법을 이용하여 정수론을 연구하는 분야.

　→ 소수 정리 `정리 27`, 리만 가설 `추측 30`,
　　쌍둥이 소수 추측 `추측 31`, 모듈러 형식 `7.3` 등.

・ **산술기하학** `제7항` ··· 대수기하학 `제6항`을 이용해 정수론을 연구하는 분야.

　→ 타원곡선 `7.1`, 페르마의 마지막 정리 `정리 25` 등.

대수기하학

Algebraic Geometry

실수를 성분으로 하는 좌표평면 위의 $x^2 - y = 0$(즉, $y = x^2$)을 만족하는 점(x, y) 전체는 포물선을 이룹니다. $x^2 - y$는 x, y의 다항식입니다. 이처럼 「(다항식)=0」과 같은 형태로 표현할 수 있는 도형을 연구하는 분야가 대수기하학입니다.

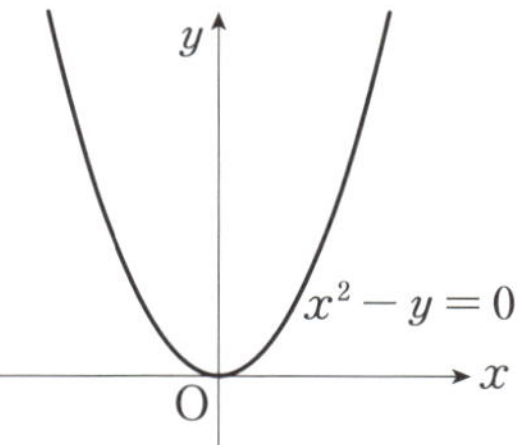

6.1. 해석기하와 사영기하

대수기하학의 기원에 대해 간단히 살펴보겠습니다.

데카르트Descartes, 1596-1650는 좌표 개념을 도입하여 대수적으로 도형을 다루기 시작했습니다. 이것이 바로 **해석기하**입니다. 여기서 말하는 「해석」은 「해석학」의 의미가 아니라 좌표를 이용해 대수적으로 분석한다는 의미입니다. 고등학교 수학에서 배우는 좌표평면 위의 기하가 여기서 탄생하여 대수기하로 이어집니다.

그 무렵, 데자르그Desargues, 1591-1661가 **사영기하(투영기하)**의 기초적인 개념을 확립했습니다. 이름에서 알 수 있듯이 「사영(투영)」에 의해 변하지 않는

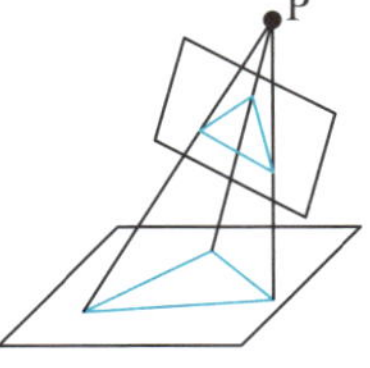

P가 광원이며, 위쪽 평면 내의 삼각형은 아래쪽 평면에 「사영」되어 있다.

성질을 연구하는 기하학인데, 그중에서도 중요한 것이 **무한원점**이라는 개념입니다. 이것은 현대의 대수기하학에서도 중요한 개념이므로 간단히 설명하겠습니다.

평면 위에서 직선 ℓ과 만나지 않으면서 이 직선 ℓ 밖의 한 점 A를 지나는 직선은 하나뿐이라는 「평행선 공리」는 유클리드 기하에서 중요한 공리입니다. 사영기하는 이 공리를 뒤집는 것입니다.

아래 그림과 같이 점 A를 지나는 직선 m이 직선 ℓ과 만난다고 가정하고, 그 교점을 B라고 합시다. 점 B를 무한히 멀리 가져가면(좌우 어느 쪽이든 상관없습니다), 점차 직선 m은 ℓ과 평행에 가까운 상태가 됩니다. 여기서 직선 ℓ의 무한히 먼 곳에 **무한원점**이라 불리는 점을 하나 추가하고, 직선 ℓ과 m이 평행하다는 것은 「무한원점에서 만난다」는 상황으로 가정합니다. 그러면 평면 위의 모든 서로 다른 두 직선은 한 점에서 만나게 되며, 이는 평행선 공리를 부정하는 것이 됩니다. 사영기하에서는 이러한 가정을 허용합니다.

무한원점을 하나 추가한 이 직선[6]을 **사영직선**이라고 합니다.

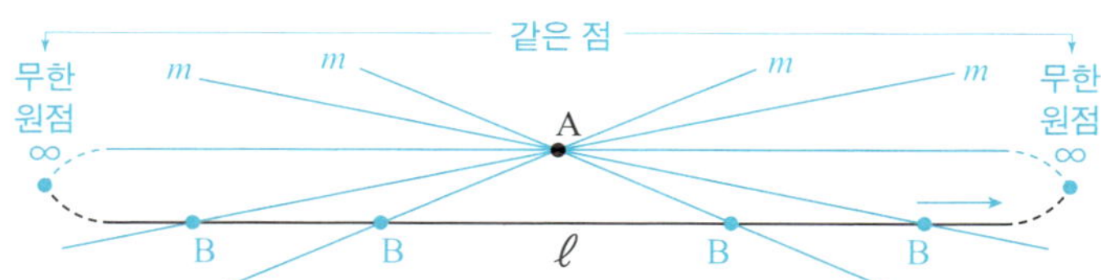

마찬가지로 2차원의 좌표평면을 생각해 봅시다. 원점을 지나는 직선 ℓ에 무한원점을 추가합니다. 직선 ℓ을 모든 방향으로 움직이면, 평면의 모든 방향에 각각 무한원점이 추가됩니다. 단, 북

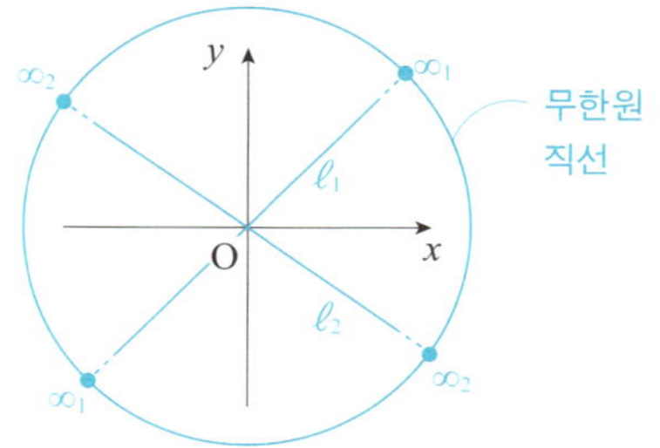

---

6. 오른쪽으로든 왼쪽으로든 무한히 멀리 가면 같은 무한원점에 도달합니다. 즉, 사영직선은 직선의 양쪽 끝이 하나의 무한원점에서 만나는 「원」에 가깝습니다.

동쪽과 남서쪽과 같이 180° 반대 방향에는 동일한 무한원점이 대응합니다. 이로써 평면을 둘러싸는 형태로 무한원점이 추가되었습니다. 이 무한원점 전체가 또 하나의 사영 직선을 이루는 것으로 간주하며, 이것을 무한원직선이라고 합니다. 이 **무한원직선**이 추가된 좌표평면이 바로 **사영평면**입니다.

무한원점을 추가한 사영직선이나 사영평면(일반적으로 **사영 공간**이라고 합니다)을 사용하면 유클리드 기하의 「평행」과 같은 예외적인 개념도 통일적으로 다룰 수 있다는 점이 사영 기하의 장점입니다(앞서 말한 「평면 위의 모든 서로 다른 두 직선은 한 점에서 만난다」가 바로 그 예입니다). 대수기하학에서도 무한원점을 추가한 사영 공간 내에서 도형을 생각하는 것이 더 편리합니다.

6.2. 베주의 정리

지금부터는 대수기하학의 몇 가지 연구 주제를 소개하겠습니다.

d를 1 이상의 정수라고 하고, $f(x, y)$를 실수 계수의 d차 다항식이라고 합시다. 이때, 좌표평면 $\mathbb{R}^2$ 내의 $f(x, y)$의 **영점**의 집합, 즉 $f(a, b) = 0$이 되는 $(a, b) \in \mathbb{R}^2$ 전체의 집합

$$V(f) = \{(a, b) \in \mathbb{R}^2 \mid f(a, b) = 0\}$$

을 생각할 수 있습니다. 이를 d**차 평면곡선**이라고 합니다. 이 책에서는 주로 곡선을 고려하겠지만, 곡면 등 더 차원이 높은 경우도 포함해서 (몇 개의) 다항식의 영점으로 정의되는 도형을 **대수 다양체**라고 합니다(단, 엄밀한 정의는 아닙니다). 일반적으로 대수기하학에서는 다항식 이외의 함수로 표현되는 그래프는 고려하지 않습니다.

- $f(x, y) = x^2 - y$일 때 $V(f)$는 $a^2 - b = 0$을 만족하는 점 (a, b) 전체의 집합이며, 이는 2차 평면곡선입니다. 예를 들어, $(1, 1)$, $(-2, 4)$ 등의 점이 $V(f)$에 속합니다.

- 예를 들어, $\sin x$는 다항식이 아니므로 사인 곡선 $f(x, y) = \sin x - y$의 영점의 집합

$$\{(a, b) \mid \sin a - b = 0\}$$

은 대수기하학에서는 고려하지 않습니다.

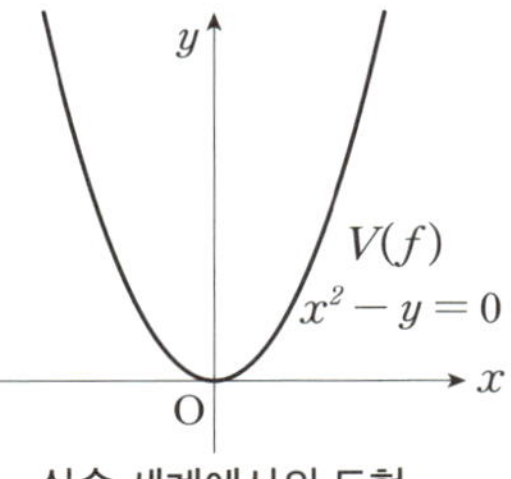

무한영점을 추가한 사영평면 내에서 평면곡선을 생각하는 것을 **사영평면곡선**이라고 합니다. 앞에서 말한 대로 평면곡선은 좌표평면에서 사영평면으로 확장하여 생각하는 것이 더 편리합니다.

포물선을 사영 평면으로 확장하면, 포물선의 양방향에서 무한히 먼 곳에 동일한 무한원점이 하나 추가됩니다. 즉, 포물선의 양 끝이 무한원점에서 「연결」됩니다. 이처럼 사영 평면에서 생각하면, 포물선과 타원 등 2차 곡선은 동일한 것으로 간주하여 통일적으로 다룰 수 있습니다.

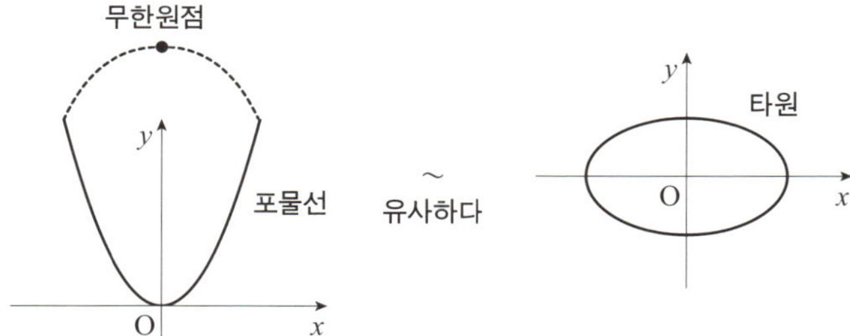

　이러한 사영평면 곡선에 대한 기본적인 문제는 두 사영평면곡선의 교점을 구하는 것입니다.

　이때 복소수의 범위에서 곡선을 생각하면 편리합니다. 예를 들어, 포물선 $x^2 - y = 0$의 경우 $(i, -1)$, $(1+i, 2i)$ 등과 같이 $a^2 - b = 0$을 만족하는 복소수의 쌍 (a, b)도 점으로 인정합니다. 그러나 복소수가 $p+qi(p, q$는 실수)와 같이 두 실수로 표현된다는 점을 고려하면 복소수의 쌍은 실수계수로는 4차원입니다. 3차원 공간까지만 인식할 수 있는 우리는 그런 도형을 그림으로 표현할 수 없습니다[7].

　복소수의 범위에서 지금까지와 마찬가지로 사영평면곡선을 생각하면(복소사영평면곡선), 이들의 교점의 개수에 대해서는 다음과 같은 정리가 알려져 있습니다.

정리 34　베주의 정리

　d차와 e차의 서로 다른 (공통 성분을 갖지 않는) 두 복소사영평면곡선은 (중복도를 포함하여) de개의 교점을 갖는다.

예 35

- 2차 복소사영평면곡선인 원 $x^2 + y^2 - 1 = 0$과 1차 복소사영평면곡선인 직선 $x - y = 0$은 베주의 정리에 따라 $2 \times 1 = 2$점에서 만납니다. 실제로 교점은 $\left(\dfrac{1}{\sqrt{2}}, \dfrac{1}{\sqrt{2}}\right)$, $\left(-\dfrac{1}{\sqrt{2}}, -\dfrac{1}{\sqrt{2}}\right)$로 계산됩니다.

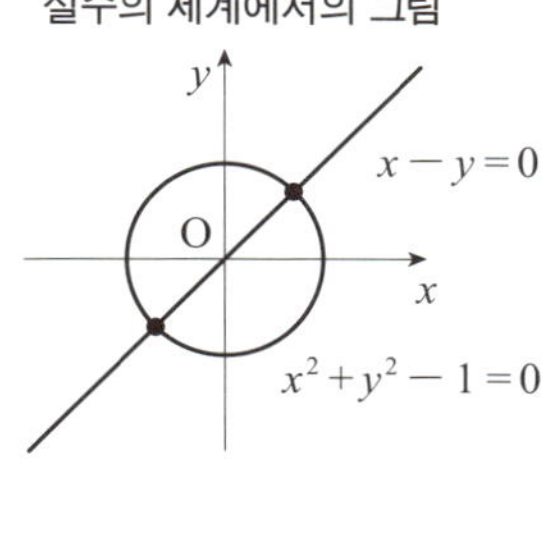

---

7. 그림으로 나타낼 수 없어 이해하기 매우 어렵기 때문에, 앞으로는 (고등학교 수학과 마찬가지로) 실수 계수의 좌표평면에 그림을 그릴 것입니다. 그러나 실제로는 도형이 복소수의 범위까지 확장되어 있다는 점을 기억하길 바랍니다.

- 2차 복소사영평면곡선인 원 $x^2 + y^2 - 1 = 0$과 2차 복소사영평면곡선인 포물선 $x^2 + 1 - y = 0$은 $2 \times 2 = 4$점에서 만납니다. 이것을 확인해 봅시다. 포물선의 방정식에서 얻은 $y = x^2 + 1$을 원의 방정식에 대입한 x의 방정식

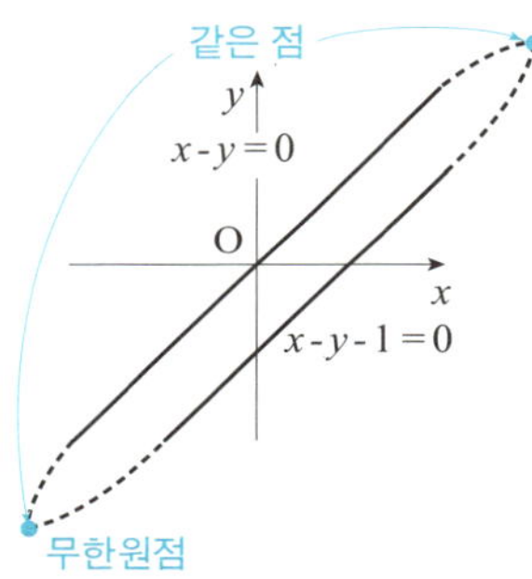

$$x^2 + (x^2 + 1)^2 - 1 = 0 \ \ \text{즉} \ \ x^4 + 3x^2 = 0$$

의 복소수해는 $x = 0$(중근), $\pm\sqrt{3}\,i$입니다. 따라서 복소수의 범위에서의 교점은 $((0, 1)$(중복), $(\sqrt{3}\,i, -2)$, $(-\sqrt{3}\,i, -2)$로 총 4점입니다[8].

- 2개의 1차 복소사영평면곡선 $x - y = 0$과 $x - y - 1 = 0$은 좌표평면 내에서는 만나지 않습니다(평행합니다). 그러나 사영평면에서는 이 두 곡선이 무한원점에서 만나는 것으로 간주합니다. 실제로 베주의 정리에 따라 $1 \times 1 = 1$점에서 만납니다.

여기서는 곡선 간의 교점만을 고려했지만, 현대에는 더 높은 차원의 도형의 교차(곡면의 교차 등)에 대해서도 교차 이론으로 연구되고 있습니다.

6.3. 특이점 해소

도형을 연구할 때 가장 까다로운 문제로는 특이점을 꼽을 수 있습니다. 특이점이란 자기교차하거나, 뾰족하거나 매끄럽지 않은 곡선 위의 점을 말

---

8. 여기에 실수가 아닌 복소수의 범위에서 도형을 생각하는 큰 의미가 있습니다. 해(교점)의 개수를 세는 점에서는 대수학의 기본 정리 정리 99 가 매우 중요합니다.

합니다.

정의 36 다항식 $f(x, y) = 0$으로 정의된 평면곡선에 대해

$$\frac{\partial f}{\partial x}(a, b) = \frac{\partial f}{\partial y}(a, b) = 0$$

이 되는 곡선 위의 점 (a, b)를 **특이점**이라고 한다(편미분에 대해서는 **14.5**를 참조)

예 37

- $f(x, y) = x^3 + x^2 - y^2$이라 할 때,

$$\frac{\partial f}{\partial x} = 3x^2 + 2x, \quad \frac{\partial f}{\partial y} = -2y$$

이므로, 곡선 위의 자기교차하는 점 $(0, 0)$은 특이점입니다. 이를 **결절점**이라고 합니다.

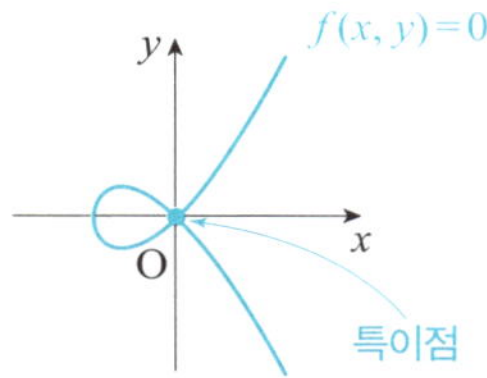

- $g(x, y) = x^2 - y^3$이라 놓으면,

$$\frac{\partial g}{\partial x} = 2x, \quad \frac{\partial g}{\partial y} = -3y^2$$

이므로, 곡선 위의 뾰족한 점 $(0, 0)$이 특이점입니다. 이를 **첨점**이라고 합니다.

앞에서도 말했듯이, 도형을 연구할 때 특이점은 다소 불편하고 까다로운 존재입니다. 이를 해결하기 위해 **부풀리기(blowup)**라는 기법을 사용하여 특이점을 「제거」합니다. 앞서 등장한 곡선 $x^3 + x^2 - y^2 = 0$을 예로 들어 설명해 보겠습니다. 이 곡선이 놓인 원래의 xy 평면을 부풀리기를 통해 아래 그림과 같이 공간 내에서 입체적으로 늘립니다(곡면 $xz = y$가 됩니다). 그러면 평면 위의 곡선은 공간 내의 곡선이 됩니다. 바로 위쪽(z축 방향)에서 내

려다보면 원래 곡선과 동일하게 보이지만, 입체적인 곡선으로 바뀌면서 원점에서의 자기교차가 사라지고 입체적으로 교차하는 곡선이 됩니다. 이처럼 원점을 z축 방향으로 부풀린 것을 원점을 중심으로 한 부풀리기라고 합니다. 원래의 곡선의 성질을 연구할 때는 부풀리기를 통해 특이점이 제거된 곡선을 연구하는 경우가 종종 있습니다.

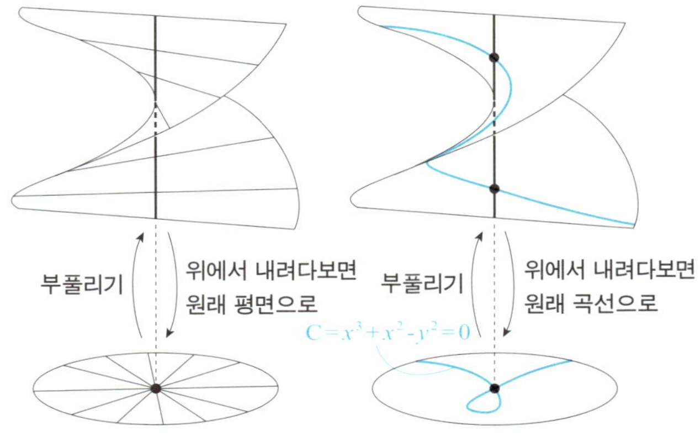

곡선만이 아니라 일반적으로 (특이점이 있는) 대수 다양체 C가 주어졌다고 합시다. 이 C와 「고유한 쌍유리사상」(직관적으로는 「거의 어디서나 같은 구조를 가진 관계」라는 의미)에 의해 연결된 특이점이 없는 대수 다양체 C'이 있을 때, 이 C'을 C의 **특이점 해소**라고 합니다. 임의의 대수 다양체에 대해 특이점 해소가 존재하는지 여부는 중요한 문제였습니다. 히로나카 헤이스케広中平祐, 1931-는 부풀리기를 반복하면 특이점 해소가 가능하다는 것을 증명하여 1970년에 필즈상을 받았습니다.

정리 38 **히로나카의 특이점 해소 정리**

표수 0^9인 체 위의 대수 다양체는 항상 특이점 해소를 가진다.

---

9. 1을 반복해서 더해도 0이 되지 않는 체를 말합니다. 이에 반해, 소수 p로 나눈 나머지가 이루는 체 $\mathbb{Z}/p\mathbb{Z} = \{0, 1, 2, \cdots, p-1\}$은 1을 p번 더하면 0이 되는 체로, '표수 p'인 체라고 합니다.

6.4. 스킴 이론

대수기하학은 수학자 그로텐디크Grothendieck, 1928-2014에 의해 새로운 토대가 마련된 분야입니다.

그로텐디크의 근본적인 아이디어는 「점」의 개념을 새롭게 정의하는 것이었습니다. 포물선 $x^2 - y = 0$을 예로 들어 설명해 보겠습니다. 지금까지 살펴본 것처럼 고전적 대수 기하학에서는 복소수의 쌍을 「점」으로 취급합니다. 이때 이 포물선은 점의 집합 $\{(a, b) \in \mathbb{C}^2 \mid a^2 - b = 0\}$으로 취급됩니다. 이에 반해 그로텐디크가 창시한 현대적 대수기하학의 관점에서는 환의 극대 아이디얼[10]을 점으로 취급합니다. 이 경우, 포물선은 「$\mathbb{C}[x, y]/(x^2 - y)$」라는 환에 대응하며, 이 환의 극대 아이디얼이 점이고, 그 집합을 포물선으로 간주합니다. 이에 따라 「포물선 $x^2 - y = 0$의 성질을 연구하는」 기하학적 문제를 「환 $\mathbb{C}[x, y]/(x^2 - y)$의 성질을 연구하는」 대수적 문제로 바꿀 수 있게 되면서, 대수기하학을 실질적으로 환론과 동등하게 다룰 수 있게 되었습니다. 이와 같이 환의 소(극대) 아이디얼을 점으로 취급하는 공간을 스킴이라고 하며, 그로텐디크는 1950년대 후반 이후 수천 페이지에 달하는 논문을 통해 이 이론을 구축했습니다.

<table>
<tr><td align="center">고전적 해석</td><td align="center">스킴에 의한 해석</td></tr>
<tr><td align="center">$\{(a, b) \in \mathbb{C}^2 \mid a^2 - b = 0\}$</td><td align="center">$\{\mathbb{C}[x, y]/(x^2 - y)$의 극대 아이디얼$\}$</td></tr>
<tr><td align="center">점(a, b)</td><td align="center">$(x - a, y - b)$</td></tr>
</table>

$$\text{대응} \atop \longleftrightarrow$$

오늘날 대수기하학은 이러한 스킴 이론의 관점에서 연구됩니다. 스킴 이론을 이해하기 위해서는 먼저 환론에 대한 깊은 이해가 필요합니다. 더 자

---

10. 아이디얼은 5.1.2에서 이름만 등장했는데, 이는 환의 특수한 「부분집합」을 말합니다. 그중에서도 가장 큰 것을 극대 아이디얼이라고 합니다. 이후 등장하는 소 아이디얼도 일종의 아이디얼입니다.

세히 설명하지는 않겠지만, 그로텐디크가 창안한 스킴 이론이 현대 수학에 미친 영향은 헤아릴 수 없을 정도로 큽니다.[11]

---

11. 그로텐디크와 관련된 일화 중에, 한 강연에서 소수의 예로 무심코 57을 언급했다는 유명한 이야기가 있습니다. 이는 그로텐디크와 관련해 자주 언급되는 이야기이지만, 이 같은 실수는 그의 대단한 업적에 비하면 눈곱만큼도 문제가 되지 않는 사소한 일입니다!

Essential Points on the Map

☑ **대수기하학** ⋯ 포물선 $y = x^2$ 등의 다항식으로 표현된 좌표평면 위의 도형에 대해 연구하는 분야.

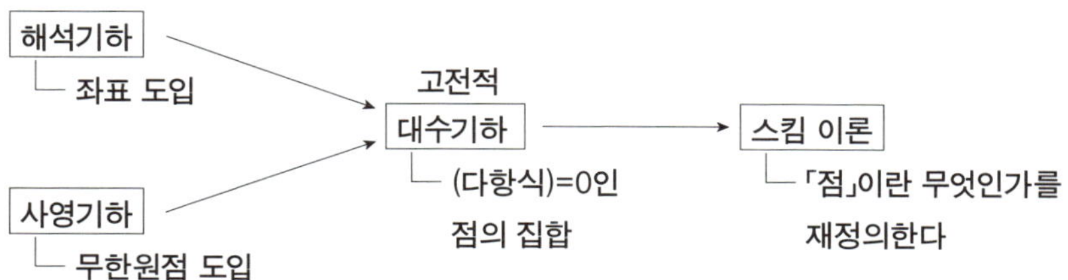

→ 특이점 해소 **6.3**, 교차 이론 **6.2**,
대수 다양체의 분류, 정수론 **제5항** 등에 응용

제7항

산술기하학
Arithmetic Geometry

산술기하학은 대수기하학적 방법을 사용하여 정수론을 연구하는 분야로, 정수론의 일부로 간주됩니다. 여기서는 타원곡선에 관한 주제를 중심으로 설명하겠습니다.

7.1. 타원곡선

타원곡선이라는 특수한 곡선은 정수론에서 매우 다양한 문제와 관련이 있습니다.

> **정의 39** a, b는 $4a^3 + 27b^2 \neq 0$[12]을 만족하는 정수라고 하자.
>
> $$E : y^2 = x^3 + ax + b$$
>
> 의 형태로 정의된 평면곡선을 (사영평면으로 확장하여 생각한 것을), (유리수체 위의) **타원곡선**이라고 한다.

사영평면곡선 **6.2** 으로서 타원곡선은 $y^2 = x^3 + ax + b$를 만족하는 점 (x, y) 외에 무한원점이 하나 추가된 것입니다.

---

12. 이 조건은 특이점 **정의 36** 이 없음을 의미합니다.

일반적인 좌표평면에서 타원곡선을 생각해 봅시다.

$$E_1 : y^2 = x^3 - x, \qquad E_2 : y^2 = x^3 + 17$$

은 각각 다음과 같은 형태를 가집니다.

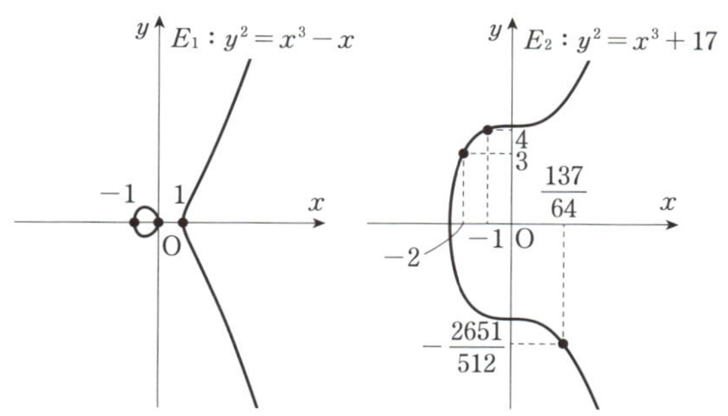

 타원곡선 $E : y^2 = x^3 + ax + b$에 대해 좌표가 유리수인 타원곡선 위의 점, 즉 $q^2 = p^3 + ap + b$를 만족하는 유리수 $p,\ q$를 이용하여 점 $(p,\ q)$로 표시되는 점을 E의 **유리점**이라고 한다. 단, 편의상 무한원점도 유리점으로 간주한다.

다항식 형태의 방정식이 주어졌을 때 정수해 또는 유리수해를 모두 구하는 문제를 **디오판토스 문제**라고 하며, 고대부터 다뤄져 온 문제입니다. 타원곡선의 방정식에 대해서도 마찬가지입니다. 타원곡선의 유리점을 모두 구하는 문제에는 아직 밝혀지지 않은 점이 많이 남아 있습니다.

- $E_1 : y^2 = x^3 - x$ 위의 유리점은 $(0,\ 0),\ (1,\ 0),\ (-1,\ 0)$의 세 점과 무

한원점밖에 없습니다(앞쪽의 그림 참조).

- $E_2 : y^2 = x^3 + 17$ 위에는 $(-2, 3)$, $(-1, 4)$, $(2, 5)$,
  $\left(\dfrac{137}{64}, -\dfrac{2651}{512}\right)$, $\left(-\dfrac{8}{9}, -\dfrac{109}{27}\right)$ 등 유리점이 있습니다(앞쪽의 그림 참조).

7.2. 타원곡선 위에서의 연산

타원곡선 E 위의 점들끼리는 덧셈 연산이 가능합니다. 즉, E 위의 두 점 P, Q에 대해 $P+Q$에 대응하는 E 위의 점을 생각할 수 있습니다. 물론 P, Q의 좌표를 이용한 식으로 $P+Q$를 정의할 수도 있지만, 이는 매우 복잡하기 때문에 여기서는 도형적으로 정의하겠습니다.

먼저, P, Q가 서로 다른 점일 때, 그 합 $P+Q$는 다음과 같이 정의합니다.

- 두 점 P, Q를 잇는 직선과 E는 또 다른 한 점에서 만난다. 그 점을 R이라 한다.
- 이어서 R과 x축 대칭인 점(즉, y좌표의 부호가 반대인 점)을 $P+Q$로 정의한다.

다음으로 P, Q가 같은 점일 때, 그 합 $P+Q$, 즉 $P+P=2P$는 다음과 같이 정의합니다.

- 점 P에서의 접선과 E는 또 다른 한 점에서 만난다. 그 점을 R이라 한다.
- 이어서 R과 x축 대칭인 점(즉, y좌표의 부호가 반대인 점)을 $2P(=P+P)$로 정의한다.

때에 따라서는 P와 Q를 잇는 직선이 y축과 평행이 되어, xy 평면 내에 E와의 교점 R이 없는 경우도 있습니다. 이러한 경우 R과 $P+Q$는 모두 무한원점으로 간주합니다.

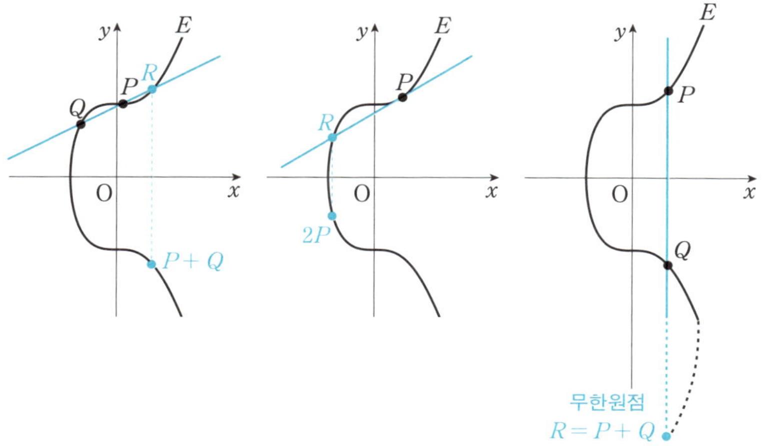

타원곡선 $y^2 = x^3 + 17$ 위에서 $P = (-1, 4)$, $Q = (2, 5)$라 할 때,

$$P + Q = \left(-\frac{8}{9}, \ -\frac{109}{27} \right)$$

$$2P = \left(\frac{137}{64}, \ -\frac{2651}{512} \right)$$

이 됩니다. 기하학적으로는 간단하지만, 실제로 합을 계산하는 것은 매우 어렵습니다.

　타원곡선 E의 두 유리점에 대해, 그 합도 유리점이 됩니다. 따라서 유리점 전체를 $E(\mathbb{Q})$라 하면, 그 덧셈은 결합법칙을 만족합니다. 또한, 덧셈에 대한 항등원(무한원점)이 존재하고, 각각의 점에 대해 역원(x축 대칭인 점)이 존재하므로, $E(\mathbb{Q})$는 군 정의 7 을 이루는 것으로 알려져 있습니다. 이 군에 대해 연구하는 것이 타원곡선 연구의 주요 주제 중 하나입니다.

7.3. 페르마의 마지막 정리

페르마의 마지막 정리는 20세기까지 산술기하학의 최고 난제였습니다.

> **정리 25** **페르마의 마지막 정리(재게재)**
>
> n이 3 이상인 자연수일 때,
>
> $$x^n + y^n = z^n$$
>
> 을 만족하는 자연수 (x, y, z)는 존재하지 않는다.

19세기에 이 문제에 대한 (대수적 정수론에 의한) 접근 방식은 **5.1.2**에서 살펴보았습니다. 여기서는 페르마의 마지막 정리가 산술 기하학에 의해 어떻게 증명되었는지 간략하게 설명하겠습니다. 이때 다니야마 유타카谷山豊, 1927-1958, 시무라 고로志村五郎, 1930-2019의 이름을 딴 다음의 추측(해결됨)이 매우 중요한 역할을 했습니다.

> **정리 44** **다니야마 - 시무라 추측(모듈러성 정리)**
>
> 계수가 유리수인 모든 타원곡선은 모듈러이다.

이 정리를 설명하기 위해서는 먼저 모듈러가 무엇인지 이야기해야 합니다.

모듈러 형식이란 복소수 평면의 상반 평면(복소수 평면의 위 절반)에서 정의된 정칙함수 **17.2** $f(z)$로,

$$f(z + 1) = f(z), \quad f\left(-\frac{1}{z}\right) = z^k f(z)$$

라는 일종의 변수 변환에 대해 대칭성을 갖는 함수를 말합니다(k는 음이 아닌 정수). 점 z와 점 $z+1$, 점 z와 점 $-\frac{1}{z}$의 값 사이에는 대칭성이 있습니다(후자는 z^k를 곱했기 때문에 정확히 같은 값은 아닙니다). 이 대칭성을

그림으로 나타내면 다음과 같습니다. 바둑판식 배열처럼 교대로 각 영역에 색을 칠했는데, 각 영역은 이 변환에 의해 서로 대응되며 대칭적인 값을 가집니다. 특히 $f(z+1)=f(z)$는 모듈러 형식이 주기를 가진다는 것을 나타냅니다. 따라서 모듈러 형식은 푸리에 급수 18.1 로 나타낼 수 있습니다.

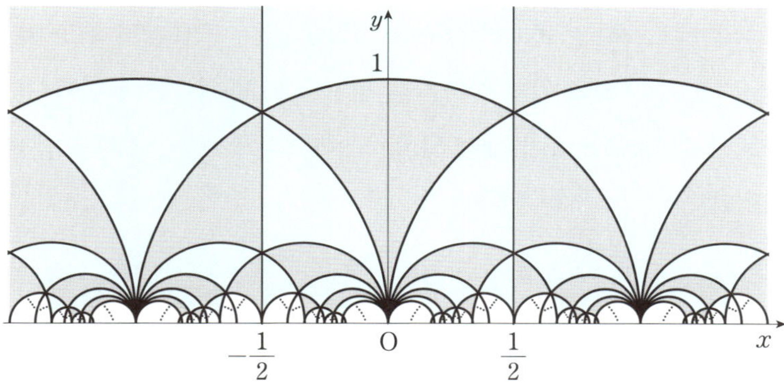

다음으로 타원곡선에 대해 알아보겠습니다. p를 소수라고 가정합시다. 앞에서는 타원곡선의 유리점을 생각했는데, 그 외에 타원곡선의 법 p에서의 해의 개수를 생각하는 것도 중요합니다. 법 p에서의 해는 합동식의 형태로 표현하면

$$y^2 \equiv x^3 + ax + b, \ (\mathrm{mod}\ p)$$

즉, y^2과 $x^3 + ax + b$를 p로 나눈 나머지가 같아지는 정수의 쌍 (x, y) $(0 \leq x \leq p-1,\ 0 \leq y \leq p-1)$입니다.

타원곡선 $E : y^2 = x^3 + 17$을 생각해 봅시다. 법 2에서는

$$(x, y) \equiv (0, 1), (1, 0)$$

의 2개의 해가 있습니다(즉, (x, y)를 2로 나눈 나머지는 $(0, 1)$, $(1, 0)$ 중 하나입니다. 해의 나머지가 같다는 것만을 나타내므로, $=$ 대신 $\equiv$ 로

연결합니다). 법 3에서는

$$(x,\, y) \equiv (1,\, 0),\ (2,\, 1),\ (2,\, 2)$$

의 3개의 해가 있습니다.

법 p의 세계에서는 $0 \leq x \leq p-1$, $0 \leq y \leq p-1$만 생각하면 되므로, $y^2 \equiv x^3 + ax + b \pmod{p}$를 만족하는 쌍 $(x,\, y)$의 개수는 유한합니다. 일반적으로 해의 개수는 p에 따라 달라지는데, 그 개수를 N_p라고 하겠습니다. 그리고

$$a_p = p - N_p$$

로 정의합니다. 타원곡선이 모듈러라는 것은 어떤 모듈러 형식의 푸리에 급수 전개

$$f(q) = b_1 q + b_2 q^2 + b_3 q^3 + \cdots \quad (q = e^{2\pi i z})$$

가 존재하고, 예외를 제외한 유한개의 소수 p에 대해 $a_p = b_p$가 성립함을 말합니다. 즉, 타원곡선의 법 p에서의 해의 개수가 계수로 표현되는 어떤 모듈러 형식이 존재한다는 의미입니다.

리벳Ribet, 1948-은 프라이Frey, 1944-와 세르Serre, 1926-의 아이디어를 바탕으로 다니야먀-시무라 추측이 참이라면 페르마의 마지막 정리가 성립함을 보였습니다. 그 과정은 다음과 같습니다.

페르마의 마지막 정리는 거짓이라고 가정해보자. 즉 $a^n + b^n = c^n$을 만족하는 정수 $(a,\, b,\, c)$가 존재한다고 가정하자.

이때, $y^2 = x(x-a^n)(x+b^n)$으로 정의되는 타원곡선, 즉 프라이 곡선이라 불리는 타원곡선은 모듈러가 아니게 된다(여기까지가 어렵다!). 그러나 다니야먀-시무라 추측이 참이라면 모든 타원곡선은 모듈러이다. 이는 모순된다. 따라서 페르마의 마지막 정리는 참이다.

이러한 리벳의 결과에 따라, 페르마의 마지막 정리를 해결하기 위해 남은 것은 다니야마-시무라 추측을 증명하는 일뿐이었습니다. 마침내 1995년 와일스Wiles, 1953-가 다니야마-시무라 추측을 「반안정」이라는 유형의 타원곡선에 대해 증명했습니다. 프라이 곡선은 반안정이라는 성질을 가지므로, 다니야마-시무라 추측이 반안정 타원곡선에 대해 성립함을 보이면 페르마의 마지막 정리도 자동으로 증명되는 결과를 얻을 수 있었습니다. 한편, 다니야마-시무라 추측은 이후 모든 경우에 대해 완전히 증명되었습니다.

7.4. BSD 추측

타원곡선에 관한 21세기의 중요 미해결 문제 중 하나는 버치-스위너턴다이어 추측(이하 BSD 추측)입니다.

버치Birch, 1931-와 스위너턴다이어Swinnerton-Dyer, 1927-2018 두 사람이 공동으로 제안한 이 추측은 클레이 수학연구소에서 상금을 내건 밀레니엄 문제 중 하나입니다.

먼저, 타원곡선 E에 대응하는 L 함수를

$$L_E(s) = \prod_{p\,:\,\text{소수}} (1 - a_p p^{-s} + p^{1-2s})^{-1}$$

로 정의합니다. 우변은 p를 소수 2, 3, 5, 7, …로 했을 때 $(1 - a_p p^{-s} + p^{1-2s})^{-1}$의 값을 모두 곱한다는 의미입니다. a_p는 앞에서 설명한 것과 같습니다. 사실, 일부 p에 대해서는 $(1 - a_p p^{-s} + p^{1-2s})^{-1}$에서 미세 조정이 필요하지만, 이에 대한 설명은 여기서는 생략하겠습니다. 이 L 함수는 복소수 s에 대한 정칙함수로 확장됩니다. 이때, 다음 내용이 성립한다는 것이 BSD 추측의 일부입니다(원래의 BSD 추측은 이보다 더 일반적인 내용을 주장합니다).

추측 46 **BSD 추측(의 일부)**

타원곡선 E가 무한히 많은 유리점을 갖는 것과 $L_E(1) = 0$인 것은 동치일 것이다.

표현론
Representation Theory

군론 **제2항**에서도 설명했듯이, 군은 어떤 대상에 「작용」하는 것입니다. 여기서는 특히 군이 벡터 공간에 작용하는 경우를 생각해 보겠습니다. 즉, 군의 원소를 벡터 공간 사이의 선형사상으로 간주합니다. 이처럼 군의 원소를 선형사상으로 「표현」하고, 그 「표현」 방법을 연구하는 분야를 **표현론**이라고 합니다.

8.1. 표현의 예

군론 **제2항**에서는 3차 대칭군 $S_3 = \{1, X, X^2, Y, XY, X^2Y\}$가 정삼각형에 작용하는 상황에 관해 설명했습니다. X는 반시계 방향으로 120° 회전시키는 이동, Y는 수직 방향의 선대칭 이동과 같이, 군의 원소는 정삼각형의 변환을 나타냈습니다.

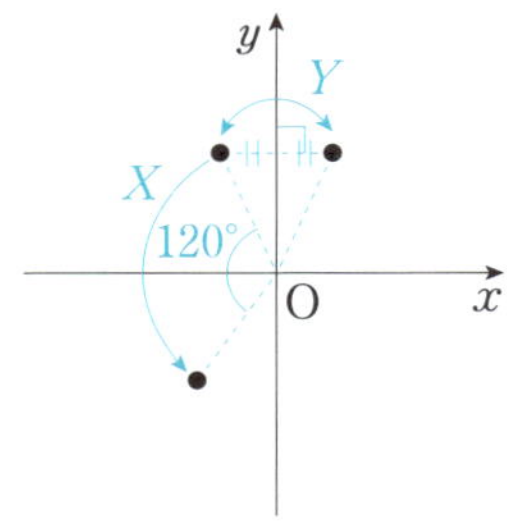

이 S_3를 정삼각형 대신 좌표평면에 작용시켜 봅시다. 즉, X는 좌표평면

위의 점이나 도형을 원점을 중심으로 반시계 방향으로 120° 회전시키는 변환, Y는 y축에 대해 대칭 이동시키는 변환을 나타냅니다. 회전이나 직선에 대한 대칭 이동은 선형사상 **정의 6**입니다. 이와 마찬가지로 S_3의 각 원소를 좌표평면의 회전·선대칭 이동이라는 선형사상에 대응시킵니다.

1 : 아무것도 하지 않는 변환

X : 원점을 중심으로 하는 120° 회전 이동

X^2 : 원점을 중심으로 하는 240° 회전 이동

Y : y축 대칭 이동

XY : 원점을 중심으로 하는 120° 회전 이동을 시킨 뒤 y축 대칭 이동

X^2Y : 원점을 중심으로 하는 240° 회전 이동을 시킨 뒤 y축 대칭 이동

이와 같이 군의 각 원소를 선형사상으로 나타낸 것을 **표현**이라고 합니다. 좀 더 엄밀하게는 다음과 같이 정의됩니다.

> **정의 47** 군 G와 벡터 공간 V에 대해, 군 준동형[13] $G \to \mathbf{GL}(V)$을 군 G의 (V로의) **표현**이라고 한다. $\mathbf{GL}(V)$은 V의 선형 사상 중 역사상을 가지는 선형 사상 전체가 이루는 군을 나타낸다.

즉, 군 G의 정보를 선형사상(벡터 공간의 변환)에 관한 정보로 바꿀 수 있을 때, 그 바꾸는 방법을 표현이라고 합니다[14]. 그리고 이러한 선형사상에 의한 「표현」을 통해 군 등 대수 구조를 연구하는 분야가 바로 표현론입니다.

---

13. G, H를 군이라고 할 때, 임의의 x, $y \in G$에 대해 $f(xy) = f(x)f(y)$를 만족하는 사상 $f : G \to H$를 군 준동형이라 합니다.

14. 앞에서 정의한 「준동형」이라는 부분이 핵심입니다. 이는 군의 각 원소를 아무 선형 사상에 무작정 대응시키면 된다는 뜻이 아닙니다. 군의 연산과 서로 대응되어야만 합니다. 예를 들어, X를 원점을 중심으로 하는 120° 회전 이동이라 하면, X^2은 자동으로 이 변환을 두 번 시행한 240° 회전 이동으로 결정됩니다. 즉, 군의 연산과 잘 맞는 선형 사상을 선택해야 합니다. 따라서 표현의 개수는 상당히 제한적입니다.

이제 S_3의 표현에 관해 생각해 봅시다. 첫 번째 표현은 앞에서 설명했듯이

표현 A : 좌표평면 위에서 X를 원점을 중심으로 하는 120° 회전 이동, Y를 y축 대칭 이동으로 표현한 것

이 있습니다. 이뿐만이 아닙니다. 다른 표현도 생각해 봅시다.

이번에는 좌표 공간의 변환으로 표현해 보겠습니다. S_3를 정삼각형에 작용시키는 상황에서 꼭짓점 A, B, C가 각각 x, y, z 좌표를 나타낸다고 가정합니다. 예를 들어, X를 시행하면 x였던 곳이 z로, y였던 곳이 x로, z였던 곳이 y로 바뀌므로, X는 점 (x, y, z)를 (z, x, y)로 바꾸는 것으로 이해할 수 있습니다(다음 그림). 이렇게 해석하면

표현 B : 좌표 공간 내에서 X는 점 (x, y, z)를 (z, x, y)로 바꾸고,
Y는 점 (x, y, z)를 (x, z, y)로 바꾼다.

라는 것을 생각할 수 있습니다. 예를 들어, 점 $(-3, 1, 2)$는 X에 의해 $(2, -3, 1)$로, Y에 의해 $(-3, 2, 1)$로 바뀝니다. 그러면 S_3의 6개의 원소는 모든 x, y, z 좌표의 교환 방법을 나타냅니다. 구체적으로 점 (x, y, z)를

$$1 \;:\; (x, y, z)\text{로 바꾼다} \qquad Y \;:\; (x, z, y)\text{로 바꾼다}$$

$$X \;:\; (z, x, y)\text{로 바꾼다} \qquad XY \;:\; (z, y, x)\text{로 바꾼다}$$

$$X^2 \;:\; (y, z, x)\text{로 바꾼다} \qquad X^2Y \;:\; (y, x, z)\text{로 바꾼다}$$

에 대응시킵니다. 이처럼 군의 원소를 좌표평면이나 공간의 점의 변환(이동)에 대응시키는 것이 바로 「표현」입니다.

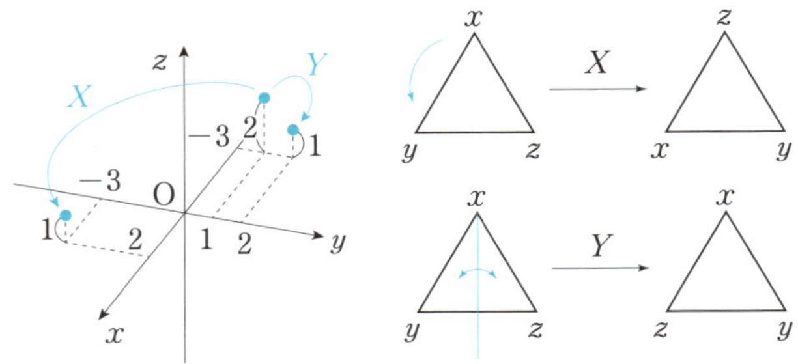

그런데 갈루아 이론 **4.2** 에서도 「작용(변환)에 대해 불변인 수」가 핵심이었듯이, 어떤 작용을 고려할 때 그 작용에 대해 불변하는 것이 무엇인지 생각하는 것은 매우 자연스러운 문제입니다. 여기서 다음과 같은 문제를 생각해 봅시다.

> 좌표 공간 내에서 표현 B(즉, 모든 좌표의 교환)에 대해 불변인 직선이나 평면에는 어떤 것이 있을까?

예를 들어, 평면 $x+2y+z=0$은 x와 y를 교환하는 작용(X^2Y)을 생각하면 평면 $y+2x+z=0$이 되어 다른 평면으로 변하게 됩니다. 또한, 평면 $x=0$도 y와 z를 교환하는 작용(Y)에 의해서는 불변이지만, x와 y를 교환하는 작용(X^2Y)에서는 평면 $y=0$이 되어 변하게 됩니다. 그렇다면 모든 좌표의 교환에 대해 불변인 것은 무엇일까요?

먼저, ①직선 $x=y=z$를 들 수 있습니다. 이는 x, y, z가 모두 같은 점의 집합으로, 직선입니다. x, y, z를 어떻게 교환하든 $x=y=z$라는 식은 변하지 않기 때문에 직선 $x=y=z$는 S_3를 작용시켜도 불변입니다.

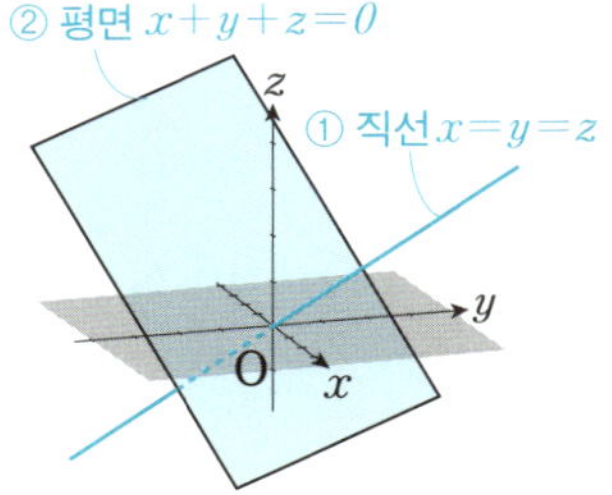

다음으로 또 하나 ②평면 $x+y+z=0$을 들 수 있습니다. 이것은 x,

y, z 좌표를 더해서 0이 되는 점의 집합입니다. x, y, z를 어떻게 교환하든 $x+y+z=0$이라는 식은 변하지 않기 때문에 평면 $x+y+z=0$은 S_3를 작용시켜도 불변입니다.

이처럼 S_3의 표현 B에 대해 불변인 직선이나 평면을 표현 B의 **불변 부분 공간**이라고 합니다. 실제로, S_3의 표현 B에 의한 불변 부분 공간은 ①, ②밖에 없습니다[15].

그러면 각 도형의 내부에서 작용이 어떻게 이루어지는지 자세히 살펴보겠습니다.

① 직선 $x=y=z$ 위에는 (a, a, a)(a는 실수)라는 점들이 모여 있는데, 각각의 점은 S_3의 모든 변환에 대해 불변입니다. 즉, S_3의 작용을 직선 $x=y=z$에 한정하여 살펴보면, 「아무것도 바꾸지 않는」 변환임을 알 수 있습니다. 이를 자명한 표현이라 부르겠습니다. 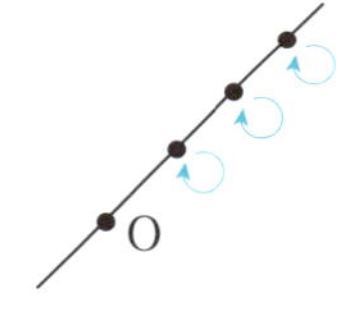

② 평면 $x+y+z=0$ 위에는 $(a, b, -a-b)$(a, b는 실수)라는 점들이 모여 있습니다. 예를 들어, 이 평면 위의 $(-3, 1, 2)$가 x, y 좌표의 교환에 의해 $(1, -3, 2)$로 바뀌는 것처럼, 평면 내의 점은 S_3의 작용에 의해 다른 점으로 바뀔 수 있습니다. 그러나 바뀐 후의 점도 평면 $x+y+z=0$ 위에 있다는 사실은 변하지 않으므로, 평면 전체를 보면 이 평면은 S_3의 작용에 대해 불변입니다.

이 작용도 평면에 한정하여 내부에서 어떻게 되는지 살펴봅시다. 오른쪽 그림처럼 「(p, q, r)을 (r, p, q)로 바꾸는 변환」은 이 평면 내부에서는 평면 위에서 원점을 중심으로 반시계 방향으로 120°

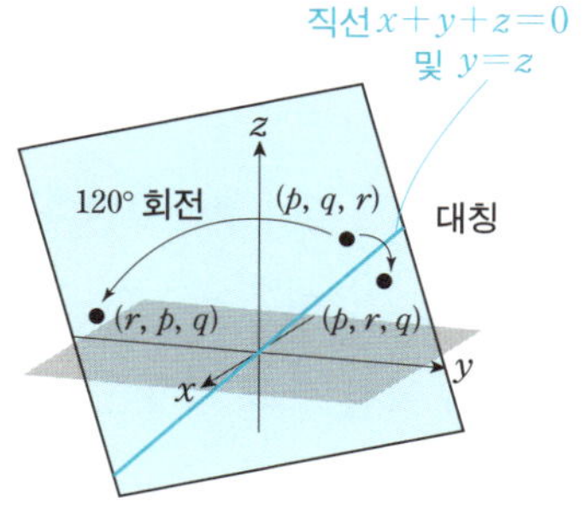

15. 여기서는 원점 한 점만 있는 $\{O\}$이나 공간 전체는 제외하고 생각합니다.

회전시키는 변환이 됩니다. 또한, 「(p, q, r)을 (p, r, q)로 바꾸는 변환」은 이 평면 내부에서는 평면 $x+y+z=0$과 평면 $y=z$의 교선(그림의 녹색 굵은 선)에 대해 대칭 이동시키는 변환입니다.

이와 같이 120° 회전과 선대칭 이동, 2가지 변환이 나타나며, 표현 A와 같은 상황이 이 평면 위에서 일어나고 있는 것입니다.

이 상황을 정리해 봅시다. 이번 예는 S_3의 3차원 공간에 대한 표현 B가 불변 부분 공간인 직선 $x=y=z$와 평면 $x+y+z=0$에 대한 표현으로 분해된다는 것을 의미합니다. 더 나아가 각 부분에 한정하여 보자면, 전자는 자명한 표현, 후자는 처음에 소개한 표현 A가 나타난다는 것을 확인할 수 있습니다 :

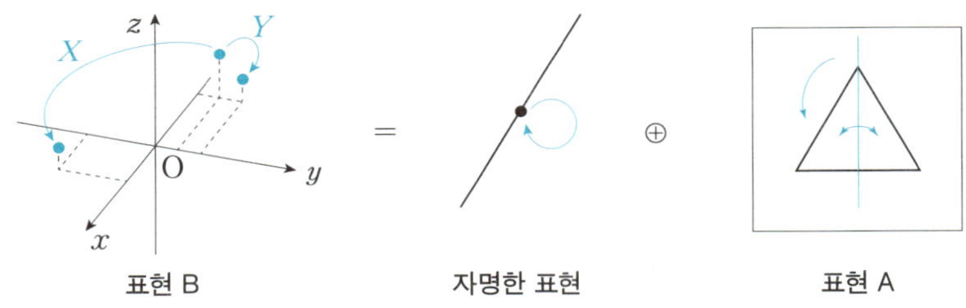

이처럼 S_3의 n차원 공간에 대한 표현은 일반적으로 더 낮은 차원의 표현으로 분해됩니다. 그리고 더 이상 분해되지 않는 표현을 **기약표현**이라고 합니다. 앞의 예에서 자명한 표현과 표현 A는 모두 기약표현으로 알려져 있습니다.

정수와 관련해서는 소인수분해가 중요했던 것처럼, 표현은 기약표현으로 분해하는 것이 중요합니다. 표현론에서는 다음과 같은 문제가 중요한 주제로 다뤄집니다.

● 주어진 군의 기약표현을 모두 구하라.
● 주어진 표현을 기약표현으로 분해하라.

그렇다면 또 다른 S_3의 기약표현이 있을까요? 이러한 질문 뒤에 숨은 심

오한 이론에 대해서는 이어서 자세히 설명하겠습니다.

8.2. 대칭군

지금까지 여러 차례 등장한 3차 대칭군 S_3는 정삼각형의 꼭짓점을 이동시키는 것으로 설명할 수 있었습니다. 본질적으로는 A, B, C 3개의 문자의 자리를 바꾸는 6가지 변환으로 이루어진 군이었습니다.

이와 마찬가지로, 한 줄로 늘어선 n개 문자(편의상 1, 2, 3, …, n이라 합니다)의 자리를 바꾸는 변환을 n차 치환이라고 합니다. 여러분도 잘 아는 「사다리타기」도 1~n의 자리를 바꾸는 「치환」을 하기 위한 도구입니다. 예를 들어, 「1, 2, 3, 4」를 「4, 2, 1, 3」로 바꾸는 것은 4차 치환이며, 오른쪽 그림과 같습니다.

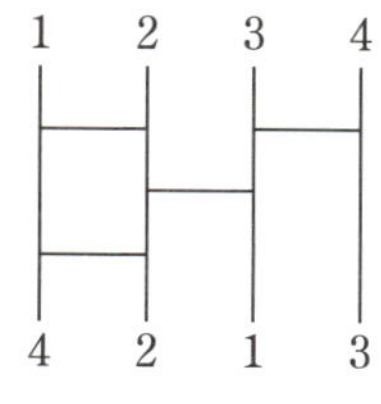

n차 치환은 n개의 문자의 자리를 바꾸는 변환으로, $n!$가지가 있습니다. 이것들은 치환을 연속해서 시행하는 (사다리타기를 연결하는) 연산을 생각할 수 있고, 이에 따라 군을 이룹니다. 이 n개 문자의 치환을 모두 모은 군을 n차 대칭군이라고 하며, S_n으로 표기합니다.

예 48

「1, 2, 3, 4」를 「4, 2, 1, 3」으로 바꾸는 치환을 Z라고 합시다. 이 치환 Z를 두 번 시행하면 (「1, 2, 3, 4」를 「4, 2, 1, 3」으로 자리를 바꾸는 사다리타기를 두 번 하면) 오른쪽 그림과 같이 「1, 2, 3, 4」를 「3, 2, 4, 1」로 바꾸는 치환이 됩니다. 이것이 Z를 두 번 곱한 Z^2입니다. 이런 식으로 치환의 연산

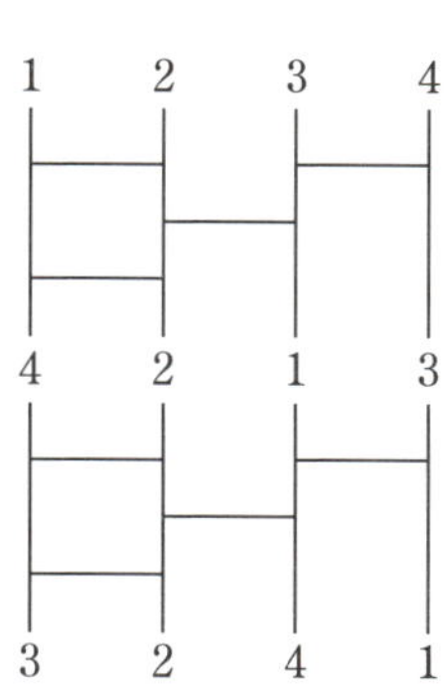

을 생각할 수 있습니다.

앞에서는 3차 대칭군 S_3의 표현의 예를 소개했는데, 일반적으로 n차 대칭군 S_n의 표현에 대해서는 흥미로운 연관성이 알려져 있습니다. 이와 관련해서는 다음에 결과만 간단히 소개하겠습니다.

8.3. 대칭군의 표현론과 영 다이어그램

영 다이어그램이란 수학자 영William Henry Young, 1873-1940이 군론 연구를 위해 도입한 도형으로, 이후 대칭군의 표현론 연구에서 유용하게 사용되었습니다.

n을 자연수라고 합시다. n개의 상자(칸)를 그림과 같이 왼쪽 위로 붙이듯 배열합니다. 이때, '위쪽 행일수록 더 많은 상자를 배열한다(이어지는 행에서는 상자의 개수가 같아도 된다)'는 것을 규칙으로 합니다.

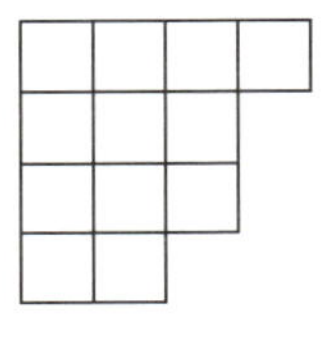

i번째 행의 상자의 개수를 r_i개라고 할 때, 예를 들어 이 도형은

$$r_1 = 4, \quad r_2 = 3, \quad r_3 = 3, \quad r_4 = 2$$

로 표현할 수 있습니다. 또한, 행이 위로 올라갈수록 상자의 개수가 많다는 규칙은

$$r_1 \geqq r_2 \geqq r_3 \geqq \cdots$$

로 표현됩니다.

그러면 n개의 상자로 만들 수 있는 영 다이어그램은 몇 개나 될까요? 아래 그림은 $n=2, 3, 4, 5$일 때의 영 다이어그램을 모두 그린 것입니다. 그 아래는 각 n에 대한 영 다이어그램의 개수 Y_n을 구한 표입니다.

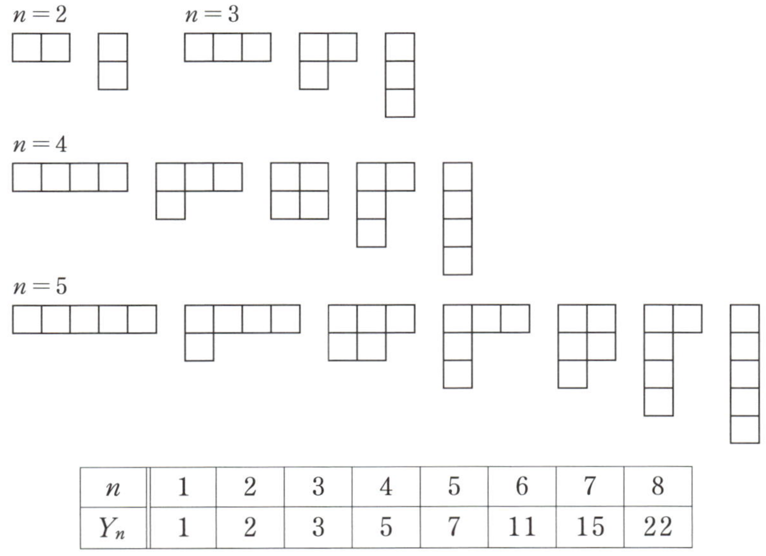

n	1	2	3	4	5	6	7	8
Y_n	1	2	3	5	7	11	15	22

이어서 영 다이어그램의 각 상자에 자연수를 채워 넣는 **(표준) 영 타블로**에 대해 살펴보겠습니다. 먼저, 영 다이어그램을 하나 고정하여 D라고 하겠습니다. D의 n개 상자에 1에서 n까지 자연수를 하나씩 써넣습니다. 단, 각 행에서는 왼쪽에서 오른쪽으로 갈수록, 각 열에서는 위에서 아래로 갈수록 숫자가 커지도록 합니다. 이와 같이 숫자가 채워진 영 다이어그램을 D형의 **영 타블로**라 부르기로 합시다. 예를 들어, 오른쪽 그림은 영 타블로의 한 예입니다.

그러면 각 영 다이어그램 D에 대해 D형의 영 타블로는 몇 개나 있을까요? 예를 들어 아래는 $r_1 = 3$, $r_2 = 2$, $r_3 = 1$인 영 다이어그램 형태의 타블로 16개를 그린 것입니다.

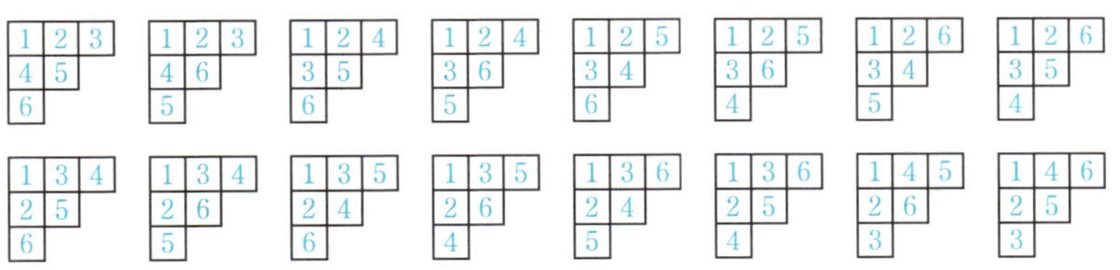

사실 영 다이어그램·영 타블로는 S_n의 표현과 밀접한 관계가 있는 것으로 알려져 있습니다. 이와 관련된 내용이 다음 정리입니다.

> **정리 49** S_n**의 기약표현**
>
> S_n의 (복소수 위에서의)·기약표현은 영 다이어그램의 개수만큼 존재한다. 구체적으로는 각각의 영 다이어그램 D에 대응하는 기약표현 V_D가 주어진다. 나아가 기약표현 V_D의 차원은 D형 영 타블로의 개수와 같다.

이 정리는 복소수 계수의 벡터 공간이나 표현에 관해 설명한 것입니다. 여기서 말하는「표현의 차원」이란 그 표현이 몇 차원의 벡터 공간에 작용하는지를 나타냅니다. 예를 들어, 표현 A는 평면에 작용했으므로 2차원, 표현 B는 공간에 작용했으므로 3차원입니다.

예 50

$n=3$인 경우를 생각해 봅시다. 먼저, $n=3$의 영 다이어그램은 ①~③의 3개가 있습니다. 각 형태에 대한 영 타블로의 개수는 1, 2, 1입니다. 위의 정리에 따르면 ①~③의 3개에 각각 기약표현이 1개씩 대응합니다. 구체적으로는 다음과 같습니다.

- ①에는 자명한 표현이 대응합니다.
- ②에는 표현 A가 대응합니다.
- ③에는 여기서는 소개하지 않았지만, 부호 표현이라는 것이 대응합니다.

그리고 각 표현의 차원은 해당 형태의 영 타블로의 개수와 같으며, 순서대로 1, 2, 1입니다. 물론 ①은 직선에 작용하고, ②의 표현 A는 평면에 작용합니다. 그리고 ③의 표현은 직선에 작용합니다.

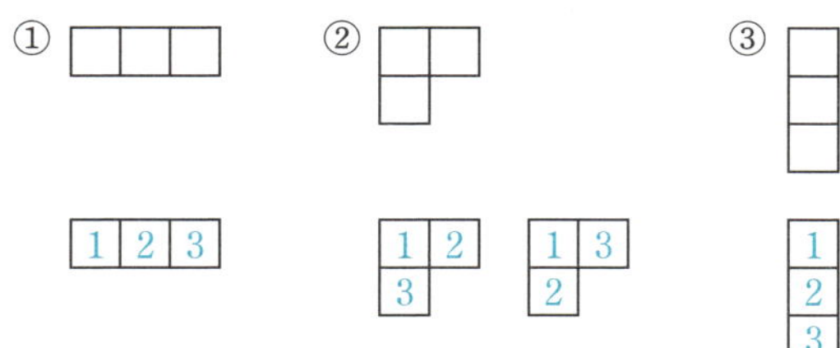

이처럼 군의 표현과 조합론적 도형이 대응한다는 점이 흥미로운 부분입니다. 표현론은 다양한 대수계(연산을 갖춘 집합)의 대칭성을 연구하는 분야로, 정수론이나 양자역학 등 다양한 이론에서 나타나는 현상과 연결됩니다.

Essential Points on the Map

☑ **표현론** ⋯ 군이 벡터 공간에 작용하고, 군의 연산 구조가 벡터 공간 (평면이나 공간)의 변환으로 표현될 때, 그 표현에 대해 연구하는 분야.

예) x, y, z의 치환이 이루는 대칭군 S_3가 x, y, z 좌표의 교환으로서 공간에 작용한다.

→ · 대칭군의 표현은 영 다이어그램을 이용해 분류할 수 있다.

· 그 밖의 다양한 대수계에 대해서도 표현을 생각할 수 있다.

기하학
Geometry

　기하학의 기초이자 현대 수학의 기초로서 위상 공간론은 선형 대수나 미분적분학만큼이나 중요한 분야입니다. 「위상」이라는 구조는 연속성을 다루기 위한 것이며, 위상 공간은 다양한 분야에서 중요한 개념으로 자리 잡고 있습니다.

　대략 3학년쯤에는 현대 기하학에서 중심적으로 연구되는 「다양체」의 기초 이론을 배우게 됩니다.

　그 이후로는 다양한 관점에서 위상 공간과 다양체를 고찰하고 연구합니다. 연속성을 통해 공간의 대략적인 형태를 고찰하는 (대수) 토폴로지, 공간의 휘어진 정도를 고찰하는 미분 기하학, 매끄러운 공간을 고찰하는 미분 토폴로지 등이 있으며, 저차원 특유의 문제를 고찰하는 저차원 토폴로지라는 분야도 있습니다.

제9항

위상공간론

General Topology

위상 공간이란 집합에 「위상[16]」이라는 구조를 부여한 것입니다. 위상 공간은 대수학, 기하학, 해석학 등 수학의 거의 모든 분야에서 도구로 사용되는 수학의 기초 개념입니다. 연속성의 개념을 일반화하기 위한 것이지만, 매우 추상적으로 정의되어 있어 수학을 전문적으로 공부하기 시작할 때 마주치는 큰 고비 중 하나라고도 할 수 있습니다.

이번 항에서는 다양한 분야의 기초가 되는 위상 공간론(「집합과 위상」이라는 과목에서 다루어지기도 합니다)을 소개합니다. 고등학교 수학에서도 등장했던 「연속」이라는 개념이 어떻게 추상화되는지 살펴보겠습니다[17].

9.1. 거리

먼저, 특별한 위상 공간인 **거리 공간**을 생각해 봅시다. 우리는 보통 어디를 가든 「거리」라는 것을 고려합니다. 이 「거리」는 말 그대로 두 점의 멀고 가까운 정도를 수치화한 것으로, 절대적인 지표로써 매우 유용하게 쓰입니다.

---

16. 이 「위상」(topology)은 물리에서의 위상(phase)과는 의미가 다릅니다.
17. 이번 항에서 다루는 내용은 매우 추상적이어서 처음 읽을 때는 어렵게 느껴질 수 있습니다(그것이 위상공간론입니다). 다양체론 **제10항** 이후의 내용을 이해하는 데도 지장이 없도록 가급적 이해하기 쉽게 썼습니다.

수학에서도 집합 내 두 원소의 멀고 가까운 정도를 수치화하는 개념이 있는데, 이를 **거리**라고 합니다. 엄밀하게는 다음과 같이 정의됩니다.

집합 S의 **거리**란 S의 임의의 두 원소(이하 **점**이라고 한다) P, Q에 대해 0 이상의 실수 $d(P, Q)$를 대응시키는 함수 d로, 다음 관계식을 만족하는 것을 말한다.

- S의 임의의 점 P에 대해 $d(P, P) = 0$

  「P와 P의 거리는 0이다」

- $d(P, Q) = 0$이라면 $P = Q$

  「P와 Q의 거리가 0이라면 P와 Q는 같은 점이다」

- S의 임의의 점 P, Q에 대해 $d(P, Q) = d(Q, P)$

  「P와 Q의 거리는 Q와 P의 거리와 같다」

- S의 임의의 점 P, Q, R에 대해

  $$d(P, R) \leqq d(P, Q) + d(Q, R)$$

  「P와 R의 거리는, P와 Q의 거리와

  Q와 R의 거리의 합보다 작거나 같다」

이처럼 거리가 정의된 집합을 **거리 공간**이라고 한다.

특히 마지막 성질은 **삼각부등식**이라고 하며, 거리의 중요한 조건입니다. 이는 「삼각형의 한 변의 길이는 다른 두 변의 길이의 합보다 작거나 같다」는 의미입니다(세 점이 일직선 위에 있는 경우도 포함합니다).

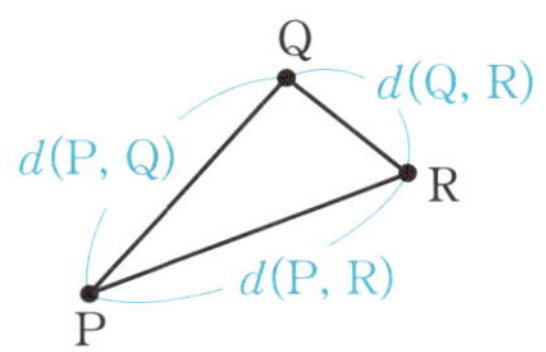

● 거리 공간의 가장 친숙한 예는 바로 유클리드 공간입니다. 고등학교 수학에서 배운 좌표평면, 좌표 공간이 바로 2차원, 3차원 유클리드 공간입니다.

예를 들어, 다음 그림과 같이 좌표평면 $\mathbb{R}^2$ 위에서

두 점 $P(p_1,\ p_2)$, $Q(q_1,\ q_2)$ 사이의 거리는 피타고라스 정리에 따라

$$d(P,\ Q) = \sqrt{(p_1 - q_1)^2 + (p_2 - q_2)^2}$$

로 계산할 수 있습니다. 마찬가지로 좌표 공간 $\mathbb{R}^3$에서도 두 점

$P(p_1, p_2, p_3)$, $Q(q_1, q_2, q_3)$ 사이의 거리는 피타고라스의 정리에 따라

$$d(P,\ Q) = \sqrt{(p_1 - q_1)^2 + (p_2 - q_2)^2 + (p_3 - q_3)^2}$$

로 계산됩니다. 이는 앞에서 정의한 3가지 조건을 만족하는 거리가 됩니다.

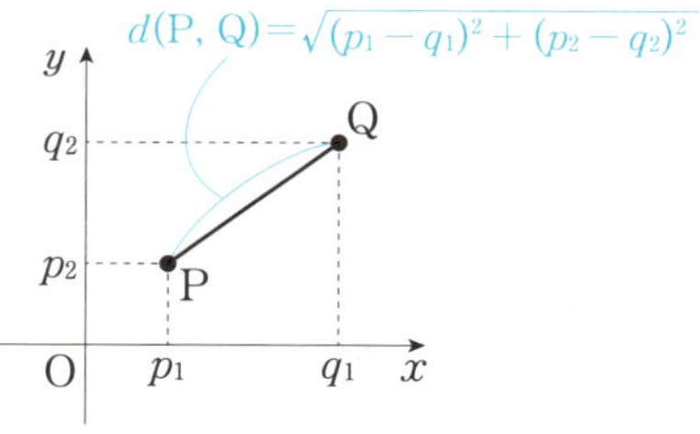

이 거리는 더 높은 차원의 경우로 일반화할 수 있습니다. **n차원 유클리드의 공간**이란 n개의 실수로 이루어진 순서쌍들의 집합

$$\mathbb{R}^n = \{(x_1,\ x_2,\ \cdots,\ x_n) \mid x_1,\ x_2,\ \cdots,\ x_n \text{은 실수}\}$$

에 **유클리드 거리**를 도입한 것입니다. 유클리드 거리란 두 점

$$P(p_1,\ p_2,\ \cdots,\ p_n),\ Q(q_1,\ q_2,\ \cdots,\ q_n) \text{ 사이의 거리를}$$

$$d(P,\ Q) = \sqrt{(p_1 - q_1)^2 + (p_2 - q_2)^2 + \cdots + (p_n - q_n)^2}$$

로 정의한 것입니다.

● 유클리드 거리는 두 점 사이의 거리를 구하는 방법으로 매우 자연스
럽고 직관적인 것이지만, 실생활에서 한 지
점에서 다른 지점으로 이동할 때는 적용하
기 어렵습니다. 두 지점 사이를 직선으로
가로질러 갈 수 있다면 좋겠지만, 현실에서
는 건물을 뚫고 지나갈 수 없어서 길을 따
라 어느 정도 돌아가야 하기 때문입니다.

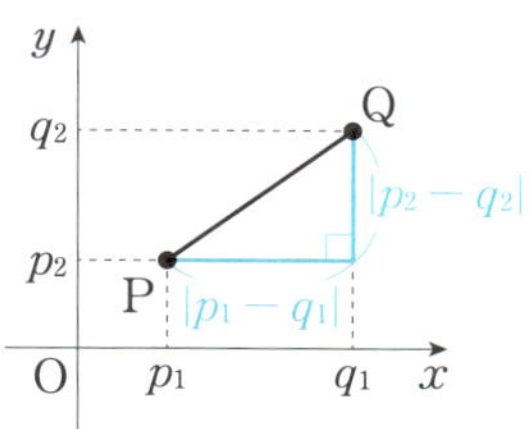

그래서 x축, y축 방향으로만 이동할 수 있는 도로에서 실제로 이동하
는 거리를 구하는 방법을 생각한 것이 **맨해튼 거리**입니다. 이는 평면
내의 두 점 $P(p_1,\ p_2)$, $Q(q_1,\ q_2)$ 사이의 거리를 x좌표 차의 절댓값과
y좌표 차이의 절댓값의 합, 즉

$$d(\mathbf{P},\ \mathbf{Q}) = |p_1 - q_1| + |p_2 - q_2|$$

으로 정의한 것이 맨해튼 거리입니다. 이는 미국의 맨해튼처럼 도로
가 바둑판 모양으로 나 있는 도시에서 P에서 Q까지 길을 따라 이동하
는 거리를 나타냅니다.

다음 그림은 유클리드 거리와 맨해튼 거리를 「단위원」으로 나타낸 것입
니다. 여기서 말하는 「단위원」이란 원점으로부터의 거리가 1인 점들의 집
합입니다.

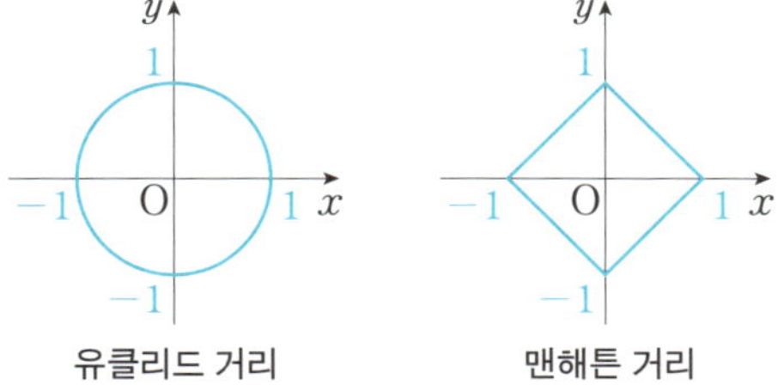

유클리드 거리   맨해튼 거리

9.2. 연속사상

이번에는 지수함수 $f(x) = 2^x$에 대해 생각해 보겠습니다. 예를 들어,

$$f(2) = 2^2 = 4, \quad f\left(\frac{1}{2}\right) = 2^{\frac{1}{2}} = \sqrt{2}, \quad f(-4) = 2^{-4} = \frac{1}{16}$$

등은 고등학교 수학에서 배운 내용입니다. 그러면, 예를 들어 $f(\sqrt{2}) = 2^{\sqrt{2}}$ 와 같이 지수가 무리수일 때는 어떻게 정의하면 될까요?

$\sqrt{2}$는 대략 1.41421356⋯으로 이어지는 값입니다. 여기서

$$f(1), \quad f(1.4), \quad f(1.41), \quad f(1.414), \cdots$$

와 같이 $\sqrt{2}$에 가까워지는 값을 $f(x)$의 x에 차례로 대입하면, $f(\sqrt{2})$에 적합한 값을 얻을 수 있을 것입니다. 이 방법을 실행하면 다음 표와 같습니다.

x	$f(x) = 2^x$
1	$\underline{2}$
1.4	$\underline{2.63901}\cdots$
1.41	$\underline{2.65737}\cdots$
1.414	$\underline{2.66474}\cdots$
1.4142	$\underline{2.66511}\cdots$
1.41421	$\underline{2.66513}\cdots$
⋮	⋮
$\sqrt{2}$	$2.66514414\cdots$

표의 오른쪽 열의 숫자는 어떤 값에 가까워지는데, 이 극한값을 $f(\sqrt{2}) = 2^{\sqrt{2}}$로 정의하기로 합니다. 이는 지수함수 $f(x) = 2^x$가 $x = \sqrt{2}$에서 **연속**이 되도록 $x = \sqrt{2}$에서의 값을 정의했다는 것을 의미합니다. 구체적으로 설명해 보겠습니다.

$f(\sqrt{2}) = 2^{\sqrt{2}}$의 값은 2.66514414⋯로 알려져 있습니다. 위의 표에서는 $f(\sqrt{2})$의 값과 일치하는 자릿수를 밑줄로 표시했습니다. $x = 1$일 때는 $f(\sqrt{2})$의 값과 $f(x)$의 값은 정수 부분만 일치합니다. $x = 1.4$일 때는 소수

첫째 자리까지, $x=1.414$일 때는 소수 둘째 자리까지, $x=1.4142$일 때는 소수 넷째 자리까지 일치합니다. 즉, x의 값으로 취하는 $\sqrt{2}$에 더 가까운 근삿값을 취할수록 $f(x)$의 값의 정확도는 높아집니다. 바꿔 말해

- $f(\sqrt{2})$의 소수 첫째 자리까지 정확도를 높이려면

  x의 값을 $x=1.4$까지 $\sqrt{2}$에 가깝게 하면 된다.

- $f(\sqrt{2})$의 소수 둘째 자리까지 정확도를 높이려면

  x의 값을 $x=1.414$까지 $\sqrt{2}$에 가깝게 하면 된다.

- $f(\sqrt{2})$의 소수 넷째 자리까지 정확도를 높이려면

  x의 값을 $x=1.4142$까지 $\sqrt{2}$에 가깝게 하면 된다…

는 것입니다. 이것이 바로 $f(x)$의 $x=\sqrt{2}$에서의 연속성입니다.

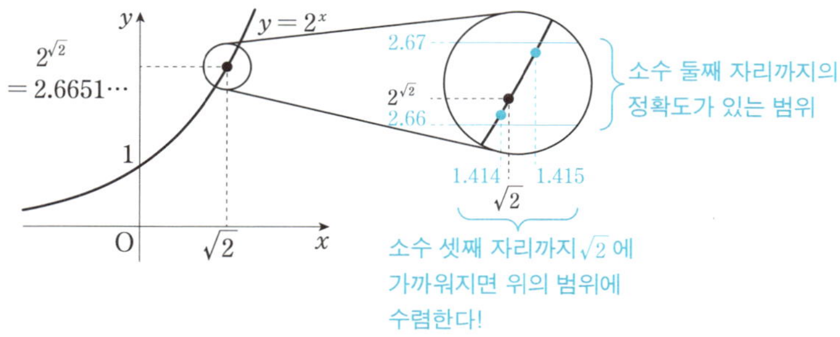

$f(x)$가 $x=\sqrt{2}$에서 연속이라는 것은

> 「$f(x)$와 $f(\sqrt{2})$의 차이를 ○○ 이내로 하려면
>
> x와 $\sqrt{2}$의 차이를 □□ 이내로 하면 된다」

에 대해, ○○을 아무리 작게 하더라도, 그에 맞는 적절한 □□를 찾을 수 있다는 뜻입니다.

이는 엄밀하게는 다음과 같이 말할 수 있습니다(**엡실론-델타 논법**).

함수 $f(x)$가 $x=a$에서 **연속**이라는 것은

$$|x-a|<\delta \text{라면} |f(x)-f(a)|<\varepsilon$$

이 아무리 작은 $\varepsilon>0$을 생각하더라도 $\delta>0$을 더 작게 잡음으로써 성립한다는 것을 의미한다.

$$g(x)=\begin{cases} 0.1 & (x=0 \text{ 일 때}) \\ 0 & (x \neq 0 \text{ 일 때}) \end{cases}$$

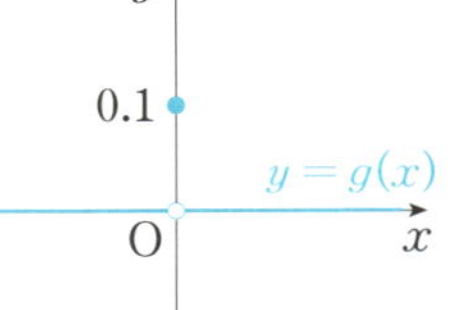

라고 하면, $g(x)$는 $x=0$에서 연속이 아닙니다. 그 이유를 설명하겠습니다.

$x=0.1$, 0.01, 0.001, …와 같이 x가 0에 무한히 가까워져도 $g(x)$의 값은 0으로 유지됩니다. 즉, 이 방법은 실제 값 $g(0)=0.1$과 정수 부분까지는 일치시킬 수 있지만, 아무리 노력해도 소수 첫째 자리까지는 일치시킬 수 없습니다. 「x의 정확도를 아무리 높여도 $g(x)$의 정확도를 원하는 수준까지 높일 수 없」기 때문에, $g(x)$는 $x=0$에서는 연속이 아닙니다. 연속성이란 이처럼 급격한 변화를 허용하지 않는 것을 의미한다고 할 수 있습니다.

이 연속의 개념을 앞에서 소개한 거리 공간으로 일반화해 봅시다.

앞의 정의에서는 「x와 a의 차 $|x-a|$」나 「$f(x)$와 $f(a)$의 차 $|f(x)-f(a)|$」를 고려했지만, 거리 공간에서는 이것을 거리로 측정합니다. 즉 「x와 a의 거리 $d(x, a)$」나 「$f(x)$와 $f(a)$의 거리 $d(f(x), f(a))$」로 바꿔 생각합니다.

거리 공간 X(거리를 d_X로 둔다)에서 거리 공간 Y(거리를 d_Y로 둔다)로 가는 사상 f가 $a \in X$에서 **연속**이라는 것은

$$d_X(x,\, a) < \delta \text{라면 } d_Y(f(x),\, f(a)) < \varepsilon$$

이 아무리 작은 $\varepsilon > 0$을 생각하더라도 $\delta > 0$을 더 작게 잡음으로써 성립한다는 것을 의미한다.

9.3. 위상 공간

드디어 위상 공간[18]에 대해 알아보겠습니다. 거리 공간에서는 두 지점 간의 거리를 수치화하여 두 지점의 멀고 가까운 정도를 표현했습니다. 지금부터 소개할 「위상 공간」에서는 그러한 수치화 대신 각 점의 「주변·주위」를 지정합니다.

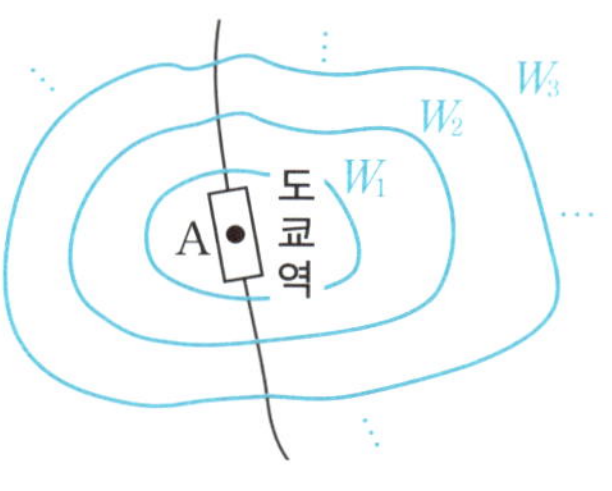

예를 들어, A가 도쿄역에 있다고 가정하고, 「A의 주변 지역」이 무엇인지 정의하고자 한다고 해봅시다. 이를 정의하는 방법에는 어떤 것이 있을까요?

먼저, 「A의 주변 지역」을 도쿄역에서 걸어서 이동하는 데 걸리는 시간에 따라 정의하는 방법이 있습니다. 도쿄역에서 도보 n분 이내에 갈 수 있는 범위를 W_n이라 하고, W_1, W_2, W_3, …를 각각 「A의 주변 지역」으로 하는 것입니다. 도쿄역에서 도보로 100분 이내에 갈 수 있는 범위 W_{100}은 더 이상 「가

---

18. 대개의 경우 위상 공간은 열린집합(개집합)을 이용해 정의하는데, 이 책에서는 「근방」이라는 개념을 이용해 정의했습니다(열린집합을 사용한 정의와 동치입니다). 이 「근방」이라는 말이 더 명확한 이미지를 떠올릴 수 있게 해주고 연속성을 설명할 때도 더 쉽게 전달할 수 있기 때문입니다.

깝다」고는 할 수 없지만, 여기서는 「가깝다」는 것은 고려하지 않고, 「A의 주변 지역」은 「A를 완전히 포함하는 지역」이라는 의미로 생각하기로 합시다[19].

두 번째 「A의 주변 지역」을 정하는 방법으로, 주소를 이용하는 방법이 있습니다. 예를 들어, 「혼슈」, 「간토 지방」, 「도쿄도」, 「도쿄 23구」, 「지요다구」, 「마루노우치 1초메」 등 도쿄역이 속하는 주소를 각각 「A의 주변 지역」으로 정의하기로 합시다. 여기서도 「혼슈」와 「마루노우치 1초메」는 크기가 상당히 다르지만, 문맥에 따라서는 둘 다 「A의 주변 지역」으로 간주할 수 있습니다.

이 「A의 주변 지역」에 해당하는 수학적 개념이 「A의 근방」입니다.

X라는 집합이 있다고 합시다. X의 각 점 p에 대해 앞에서 설명한 방법으로 「p의 근방」을 정의합니다. 여기서 「p의 근방」은 반드시 p를 포함하는 X의 부분집합이어야 합니다. 「p의 근방」은 일반적으로 앞의 예와 같이 「혼슈」, 「간토 지방」 등 여러 개 존재하지만, 이 「p의 근방」들 사이에 일정한 규칙을 만족할 수 있도록 지정해야 합니다. 그것이 다음 정의입니다(다소 추상적인 정의이므로, 이해하기 어렵다면 「근방」을 「주변 지역」으로 바꿔서 읽어보세요).

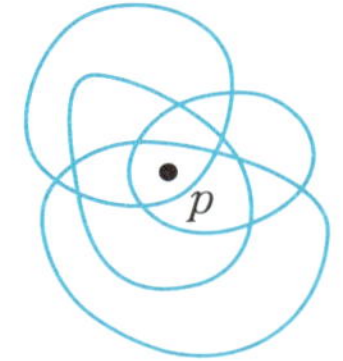

> **정의 56** 집합 X의 각 점 p에 대해, p를 포함한 X의 부분집합이 (여러 개) 지정되어 있는데, 이를 p의 **근방**이라고 한다. 단, 아래의 규칙을 만족해야 한다.
>
> - p의 근방을 포함하는 집합 역시 p의 근방이다. 즉, P의 근방 U에 대해 $U \subset V$가 되는 V도 p의 근방이다.

---

19. 지금 다루고 있는 예는 지리적인 것이어서 아무래도 지리적으로 멀고 가까움을 떠올리게 될 것입니다. 원래는 그러한 원근(거리)이 없는 집합을 고려하기 때문에, W_{100}이 가까운 범위인지 먼 범위인지는 판단할 수 없습니다. 또한, 도쿄역 근처의 부동산을 찾을 때나 도쿄 근교의 인구 증감을 논의하는 경우처럼, 어느 정도의 범위를 「주변 지역」으로 할 것인지는 문맥에 따라 달라질 수 있습니다. 따라서 여기서는 둘 다 「A의 주변 지역」으로 간주합니다.

- p의 두 근방 U_1, U_2의 교집합 $U_1 \cap U_2$ 역시 p의 근방이다.
- p의 근방 U는 p를 포함하는 어떤 범위의 점의 근방도 된다. 즉, p의 근방 U에 대해 $p \in V \subset U$가 되는 V가 존재하고, V의 임의의 점 q에 대해 U는 q의 근방이다.

이때, 집합 X를 **위상 공간**이라고 한다.

위상 공간은 집합에 「근방」에 대한 정보가 주어진 것입니다. 이처럼 집합에 어떤 개념을 부여한 것을 수학에서는 「공간」이라고 부릅니다.

예 57

좌표평면 $\mathbb{R}^2$에서 생각해 보겠습니다. 좌표평면 내의 점 p에 대해 「p의 근방」에는 어떤 것이 있을까요? 좌표평면에서는 유클리드 거리가 정의되어 있으므로, 이를 이용하여 근방을 정의할 수 있습니다.

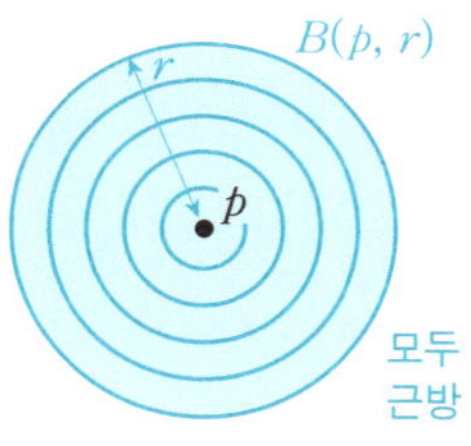

$\mathbb{R}^2$에서 점 p에서 거리 r 미만의 범위(원의 내부)를 $B(p, r)$이라고 합시다. 이는 바로 「도쿄역에서 도보로 n분 이내의 범위」에 해당하는 것입니다. 그러면 다음과 같은 정리가 성립합니다.

정리 58 위상 공간으로서의 $\mathbb{R}^2$

$B(p, r)$에서 양수 r을 임의의 값으로 바꾼 것들과, 그것들을 부분집합으로 갖는 집합을 모두 「p의 근방」으로 지정하면, 정의 56 의 3가지 조건을 만족하여 $\mathbb{R}^2$는 위상 공간이 된다.

일반적인 거리 공간에 대해서도 그 거리를 이용해 이와 같이 정의하면 거리 공간은 위상 공간이 됩니다.

반대로 근방이 아닌 것은 오른쪽 그림과 같은 경우입니다. 점 p의 근방은 「p의 주위를 완전히 포함하는 집합」이므로, p가 경계(가장자리)에 있는 것은 p의 근방이라고 할 수 없습니다.

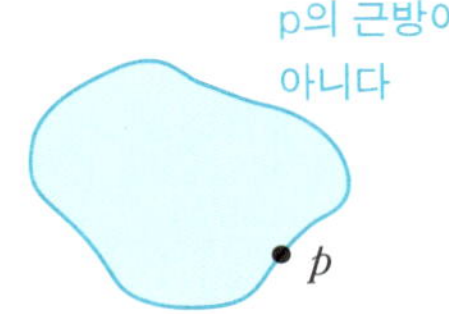

예 59

또 다른 위상 공간의 예를 들어보겠습니다.

예를 들어, 수직선 위의 점 p에서 거리 r 미만의 범위를 $B(p, r)$이라고 하고, 수직선에 대해 예 57과 마찬가지로 근방을 생각하면, 직선이라는 위상 공간이 됩니다. 또한, 좌표평면 위의 단위원의 원주 C에 대해서도 $\mathbb{R}^2$에서 p의 근방 U에 대해 $U \cap C$(즉, p가 속하는 C의 원호)를 C에서의 p의 근방으로 정의함으로써 C는 위상 공간이 됩니다. 같은 방법으로 근방을 정의하면 좌표평면 내의 다양한 부분집합은 모두 위상 공간이 됩니다.

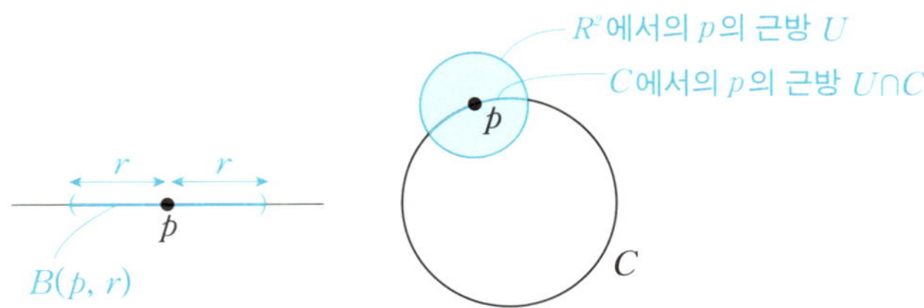

이 근방의 개념을 이용하면 일반 위상 공간의 「연속」을 정의할 수 있습니다.

a의 충분히 작은 「가까운」 범위에 들어가면, 지정된 $f(a)$의 「가까운」 범위에 들어갈 수 있다는 의미입니다.

근방이라는 개념에 의해 연속성은 더욱 추상화되었습니다. 위상 공간론에서는 이처럼 추상화된 연속성이나 극한, 열린 집합과 닫힌 집합 등의 개념의 성질을 연구합니다.

9.4. 위상동형

앞으로 다룰 기하학 항목의 내용의 이해를 돕기 위해 「위상 동형」이라는 개념을 설명하겠습니다.

즉, X와 Y가 위상동형이라는 것은 X와 Y는 연속사상에 의해 서로 옮겨진다는 의미입니다. 가령 다음 그림과 같이 잘 늘어나는 고무공이 있다고 해봅시다. 고무공을 납작하게 눌러서 늘리면 고무공 위의 어떤 점 p의 주변은 그 점 p의 주변에 있는 것을 유지한 채 늘어납니다. 이와 마찬가지로, 두 위상 공간이 위상 동형일 때 근방이 서로 대응하여 「가까운 범위가 가까운 범위로 옮겨진다」는 것입니다. 이후에 소개할 (대수) 토폴로지에서는 이와 같이 서로 위상 동형인 도형(위상 공간)은 같은 도형으로 간주하여 도형을 분류할 것입니다.

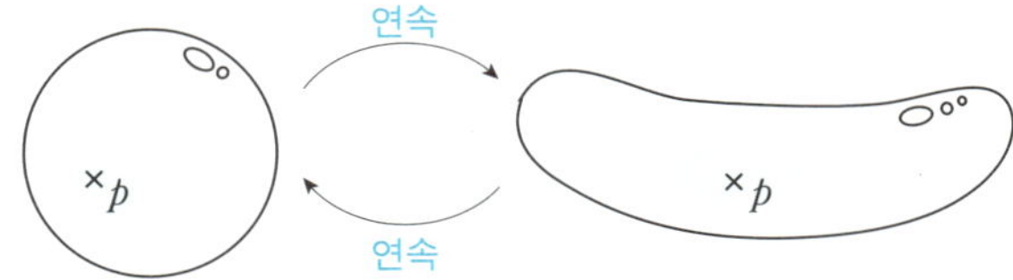

9.5. 그 밖의 위상 공간의 용어

앞으로 등장할 용어를 몇 가지 더 소개하겠습니다(일단은 다음으로 넘어가고, 나중에 필요할 때 다시 돌아와 읽어도 좋습니다).

위상 공간 내의 도형 Y의 **경계**란 그 도형 Y의 내부와 외부의 경계가 되는 부분을 말합니다. 조금 더 엄밀하게 설명해 보겠습니다. 오른쪽 그림과 같은 평면 내의 도형 Y 의 경우 점 p는 도형 Y 내에 완전히 포함되는 근방을 가질 수 있습니다. 하지만 점 q는 어떤 근방을 고려하든 반드시 도형 Y에 포함되는 부분과 포함되지 않는 부분 양쪽에 걸치게 됩니다. 이러한 점 q가 도형 Y의 경계 위에 있는 점입니다.

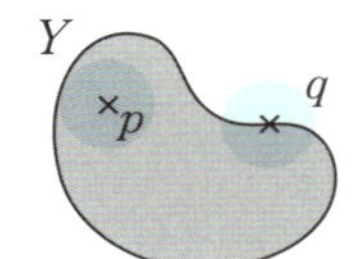

경계를 전혀 포함하지 않는 도형을 **열린집합**, 경계를 모두 포함하는 도형을 **닫힌집합**이라고 합니다. 예를 들어, 좌표평면 내 단위원의 내부($x^2 + y^2 < 1$)는 경계(단위원주)

를 전혀 포함하지 않으므로 열린집합이며, 단위원판($x^2 + y^2 \leqq 1$, 평면에서 임의의 점으로부터의 거리가 1 이하인 모든 점들의 집합)은 경계를 모두 포함하므로 닫힌 집합입니다.

콤팩트도 위상 공간의 중요한 성질로, 일종의 「유한성」과 같은 것입니다. 엄밀한 정의는 매우 어렵기

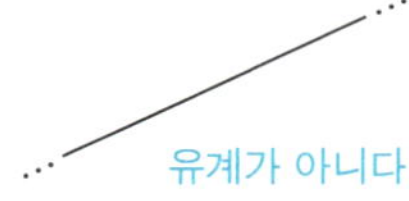

때문에, 유클리드 공간 내 도형의 경우로 한정해 설명하겠습니다. 콤팩트란 무한히 뻗어나가지 않는(유계인) 닫힌집합을 말합니다. 직선이나 평면 등은 무한히 뻗어나가는 도형이므로 유계가 아니며, 따라서 콤팩트가 아닙니다. 단위원판($x^2 + y^2 \leqq 1$)은 유계이며 닫힌집합이므로 콤팩트입니다.

☑ 기하학의 대상과 분야

다음과 같이 집합에 구조를 부여한 대상을 생각한다:

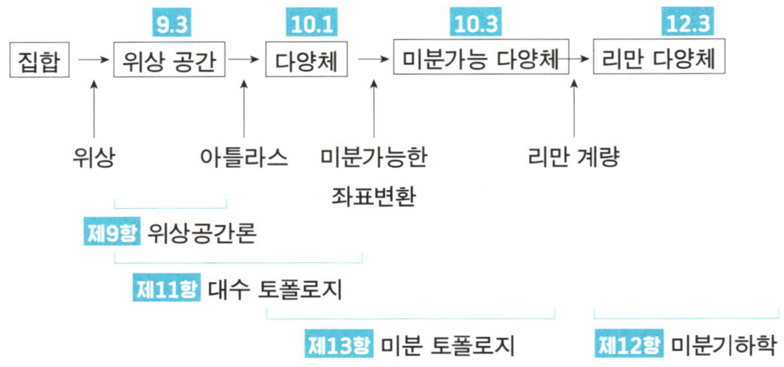

☑ 거리 공간 ⋯ 멀고 가까운 정도를 측정하는 방법인 거리를 도입한 공간을 말한다.

일반화

☑ 위상 공간 ⋯ 집합에 「근방」을 추상화한 개념을 도입한 공간을 말한다.

→ 함수나 사상의 「연속성」에 초점을 맞춘 공간. 기하학뿐만 아니라 대수학, 해석학에서도 등장하는 기본적인 공간이다.

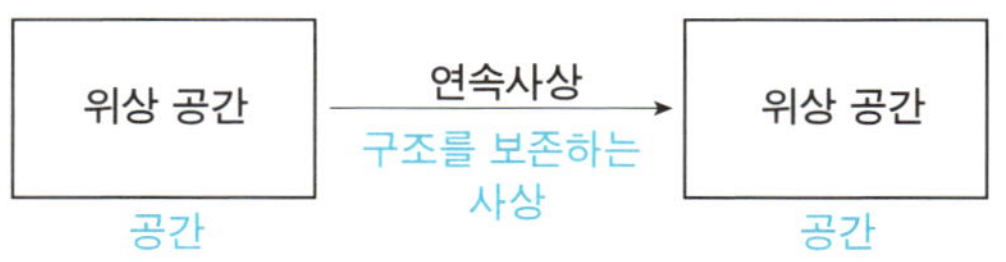

다양체론

Manifold Theory

10.1. 다양체란

기하학은 도형을 연구하는 학문입니다. 현대의 (토폴로지를 포함한) 기하학에서 도형은 주로 위상 공간 혹은 여기에 구조를 부여한 「다양체」를 가리킵니다. 그렇다면 「다양체」란 무엇일까요?

우리는 모두 지구 위에서 살고 있습니다. 그러나 실제로 「지구 전체를 의식하면서 살고 있는」 사람은 거의 없습니다. 도쿄에 사는 사람은 도쿄 주변의 지도, 파리에 사는 사람은 파리 주변의 지도를 사용하듯이, 우리는 지구의 아주 좁은 일부를 평면에 그린 지도의 범위 안에서 생활합니다. 일상생활에는 이것으로 아무런 문제가 없지만, 오래전부터 사람들은 이 세상이 어떤 모양을 하고 있는지 알고 싶어 했습니다. 지구가 평평하다고 생각했던 시기도 있었지만, 오늘날 우리는 다양한 기술의 발전으로 「지구는 구형」이라는 사실을 인식하고 있습니다. 각 지역의 지도를 「이어 붙이면」 지구 전체가 구형을 이룬다는 것을 알고 있는 것입니다.

지구 외부에서 바라보면 지구가
구형이라는 것을 알 수 있다

　그렇다면 우주는 어떤 모양일까요? 안타깝게도 우리는 그것을 알지 못합니다. 옛날 사람들이 지구의 모양을 알지 못했던 상황에 비유하자면, 우리가 살고 있는 지구 근방이 대체로 유클리드 공간과 비슷하다는 사실은 알지만, 그것이 어떻게 「이어 붙여져」 전체를 이루는지는 아직 밝혀지지 않았습니다.

　우주에서 지구를 바라보면 지구가 구형이라는 것을 알 수 있듯이, 유클리드 공간처럼 우리가 익히 아는 공간 안에 도형이 있고, 이를 외부에서 볼 수 있다면 그 도형에 대해 연구하는 것은 (어느 정도) 쉽습니다. 그러면 우주는 어떨까요? 우리는 우주 밖으로 나갈 수도 없고 우주의 모양을 눈으로 보는 것도 불가능합니다. 기하학이 주로 다루는 문제는 바로 그런 '어떤 상자(모형 정원)에도 들어 있지 않은 도형'을 그 내부에서 조사하는 것입니다. 이러한 '어떤 상자에도 들어 있지 않은 도형'을 다양체라고 부릅니다.

　그러면 「다양체」는 어떻게 정의해야 할까요? 앞에서 설명한 것과 같이 「좁은 범위의 지도가 이어 붙여진 공간」으로 정의합니다.

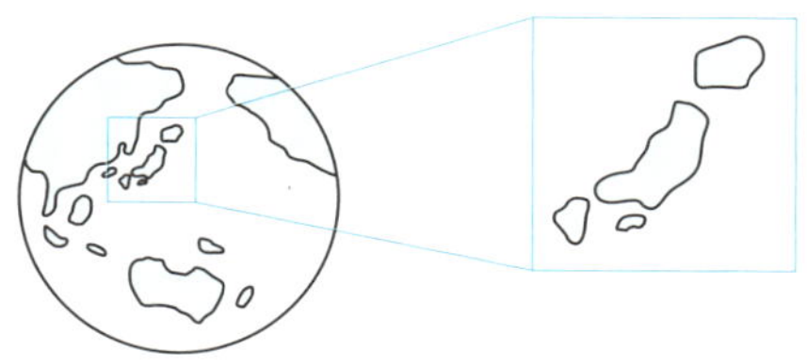

　지구와 같이 각 점의 근방은 유클리드 평면과 위상동형(유클리드 평면과 연속사상에 의해 서로 옮겨지는 것, 9.4)이며, 그것들이 이어 붙여져 전체를 이루는 도형을 2차원 다양체라고 합니다. 지구의 표면과 같은 구면 S^2는 2차원 다양체의 대표적인 예입니다.

　더 일반적으로 각 점의 근방에서는 n차원 유클리드 공간과 위상동형이며, 그것들이 이어 붙여져 전체를 이루는 위상 공간을 n차원 다양체라고 합니다. 기하학의 주된 연구 대상은 바로 이런 다양체입니다.

- 원주 S^1은 1차원 다양체입니다. 오른쪽 그림과 같이 원주 위의 임의의 점 근방을 잘라내면 직선 내의 열린구간과 위상동형이며, 그 열린구간이 이어 붙여져 원주를 이룹니다.

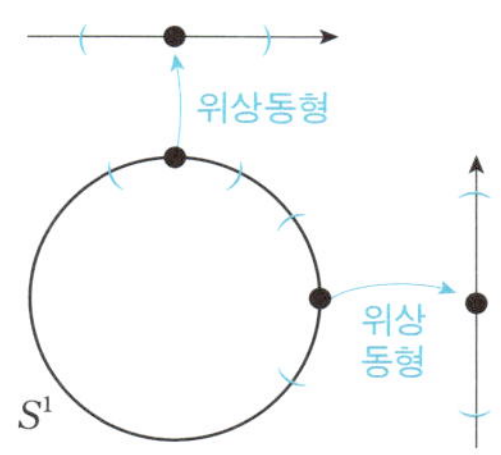

- 일반적으로 S^n(n은 자연수)은 n차원 다양체입니다. 이것은

$$S^n = \{(x_1,\ x_2,\ \cdots,\ x_n,\ x_{n+1}) \in \mathbb{R}^{n+1} \mid x_1^2 + x_2^2 + \cdots + x_{n+1}^2 = 1\}$$

로 정의됩니다. 즉, $n+1$차원 유클리드 공간 내의 원점으로부터 거리가 1인 점 전체의 집합입니다. S^1은 원주, S^2는 구면입니다. S^2가 다양체라는 것은 이후 더 자세히 설명하겠습니다.

- **토러스** T^2는 속이 빈 도넛 모양의 2차원 다양체입니다. 가령 커다란 토러스 위에서 살고 있는 사람이 있다면, 지구의 경우와 마찬가지로 자신이 사는 주변이 거의 평면으로 보일 것입니다. 토러스 역시 국소적으로는 유클리드 평면과 위상 동형이며, 그것들이 이어 붙여져 만들어진 도형입니다.

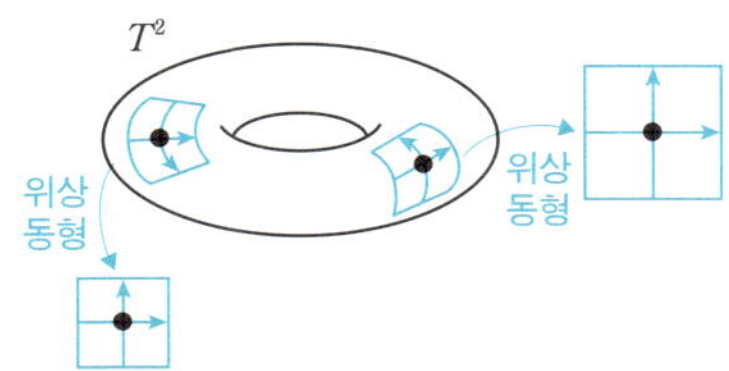

그러면 다양체의 엄밀한 정의를 소개하겠습니다[20].

---

20. 다양체는 일반적으로 「하우스도르프성」 및 「파라콤팩트성」이라는 성질을 부여하여 정의합니다.

 위상 공간 X가 n차원 (위상) 다양체라는 것은 각 점 $x \in X$에 대해 x의 어떤 근방 U, $\mathbb{R}^n$의 어떤 열린집합 V가 존재하며, 이들 사이에 위상동형사상 $f : U \to V$가 존재한다는 것을 의미한다.

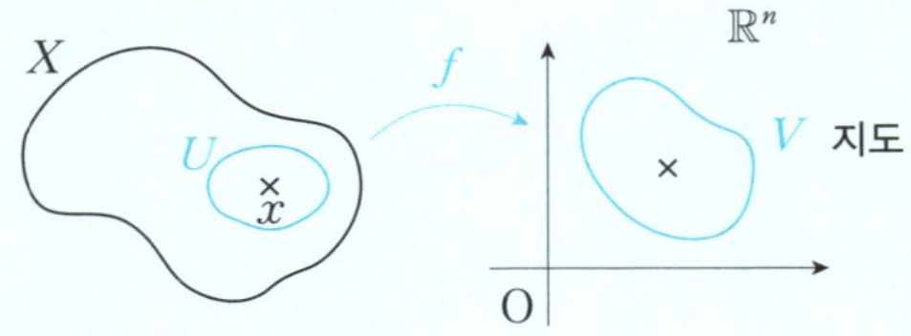

이 정의에 따라 조금 더 엄밀하게 구면 S^2가 다양체임을 설명해 보겠습니다. 구면 S^2를 다양체로 본다는 것은 S^2의 각 점에서의 국소적 지도를 모아 평면의 「지도책」을 만든다는 뜻입니다.

S^2를 지구에 비유해 보겠습니다. 북극점 $(0, 0, 1)$을 포함하는 반구 U_1을 생각해 봅시다. 즉, 지구의 $z > 0$인 부분입니다(적도는 포함하지 않습니다). 이 부분에 있는 구면 위의 점 (p, q, r)에 대해 북극점 바로 위에서 빛을 비추듯이 xy 평면 위에 내린 점 (p, q)를 대응시키는 함수

$f : (\text{북반구 } U_1) \to (xy \text{ 평면의 단위원 내부 } V)$

$$f(p, q, r) = (p, q)$$

에 의해 북반구 U_1의 점은 xy 평면 위의 단위원 내부 V의 점과 일대일로 대응합니다. 예를 들어,

$$f(0, 0, 1) = (0, 0), \ f\left(-\frac{1}{2}, \frac{1}{2}, \frac{1}{\sqrt{2}}\right) = \left(-\frac{1}{2}, \frac{1}{2}\right)$$

와 같습니다. 이 대응은 위상동형사상이며, 서로 연속사상에 의해 옮겨집니다. 이 대응 f에 의해 다음 그림과 같이 북반구 U_1을 평면 지도 V에 그릴 수 있습니다.

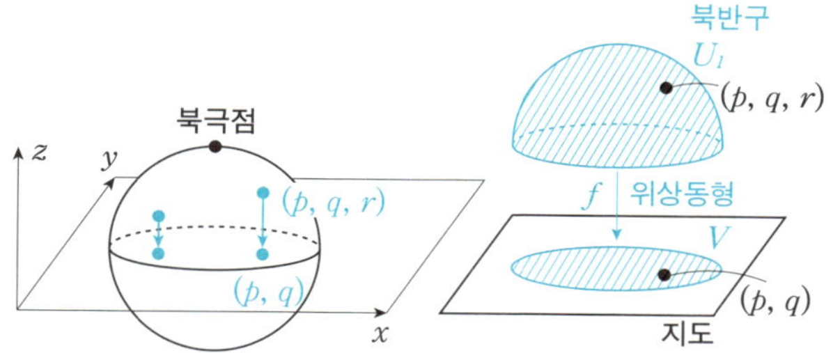

이 「북반구」라는 지도에 포함되는 범위 U_1(**좌표 근방**)과 그 지도에 대응시키는 f의 쌍 (U_1, f)를 **차트**(해도, 도표 등의 의미)라고 합니다. 평소 우리가 흔히 보는 지도처럼 지구 위의 일부를 잘라내어 평면에 옮겨 그린다고 해서 이런 이름이 붙었습니다[21].

그런데 아쉽게도 이 방법만으로는 지구 위의 모든 점을 지도 위에 그릴 수 없습니다. 지도 위에 그릴 수 있는 것은 북반구뿐입니다. 그러면 남반구에 대해서도 동일한 방법을 적용해보겠습니다.

이번에는

$$g : (남반구 \ U_2) \rightarrow (xy \ 평면의 \ 단위원 \ 내부 \ V)$$
$$g(p, q, r) = (p, q)$$

라는 대응으로, (U_2, g)라는 차트를 생각합니다. 북반구와 다른 점은 r을 양수로 생각하느냐, 음수로 생각하느냐의 차이밖에 없습니다.

이를 더 발전시키면 적도 위의 $(1, 0, 0)$에 대해 그 점을 중심으로 하는 반구(이를 우반구라고 부릅니다)를 고려할 수 있으며, 그것을 yz 평면에 사영할 수 있습니다. 이는

---

21. 물론 그대로 옮기는 것이 아니라, 위에서 빛을 비춰 아래 평면에 그림자를 만드는 것과 같은 방법으로 옮깁니다. 따라서 거리나 각도는 정확히 같지는 않더라도 연속적인 위치 관계는 변하지 않습니다.

$$h : (\text{우반구 } U_3) \to (yz \text{ 평면의 단위원 내부})$$
$$h(p, q, r) = (q, r)$$

라는 대응으로, (U_3, h)라는 차트를 생각합니다.

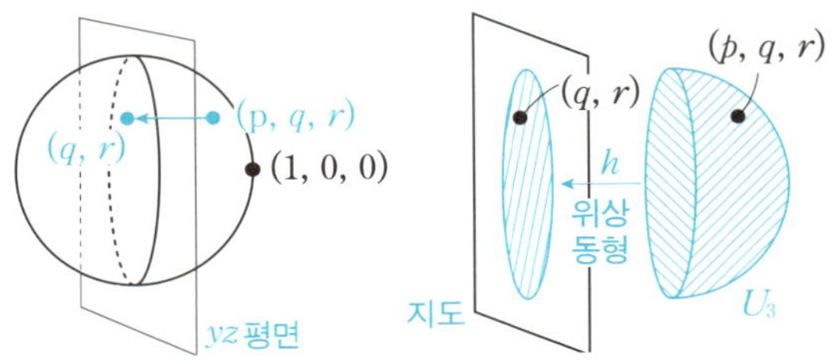

마찬가지로, 구면 위의 어떤 점을 선택하든 그 점을 포함하는 반구를 생각하여 원판에 사영하면 해당 반구의 지도를 만들 수 있습니다.

이러한 방식으로 지구 전체를 덮을 수 있는 많은 차트(지도)를 생각할 수 있고, 이 차트를 모은 것을 **아틀라스(지도책)**라고 합니다. 다양체란 위상 공간에 이러한 아틀라스가 구조로서 부여된 것을 말합니다. 즉, 이 지도책을 통해 볼 수 있는 세계, 달리 말해 지도가 이어 붙여져 만들어진 공간이 다양체인 것입니다.

예 64

예를 들어, 오른쪽 그림과 같이 구면에서 선분이 뻗어 나온 것과 같은 도형은 다양체가 아닙니다. 선분이 뻗어 나온 부분의 근방은 연속적인 위치 관계를 바꾸지 않고는 평면 지도에 그릴 수 없습니다.

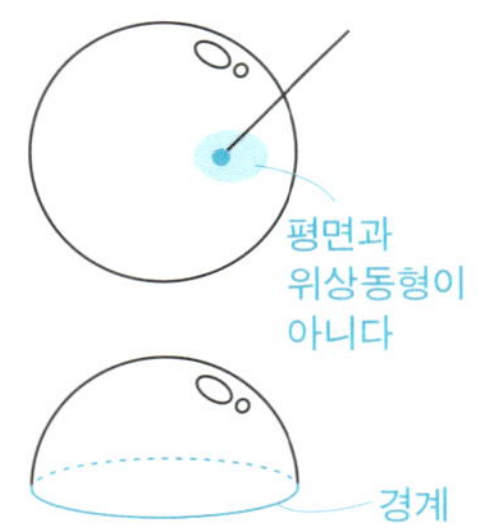

오른쪽 그림과 같은 북반구의 표면(적도를 포함하지만 단면은 포함하지 않습니다)은 **경계가 있는 다양체**라고 합니다. 도형이 끊어져 있는 적도 부분이 경계입니다. 이러한 다양체는 이 책에서는 다루지 않습니다.

이 책에서 앞으로 중요하게 다룰 내용은 **닫힌 다양체**나 **닫힌곡면**입니다. 닫힌 다양체란 경계가 없는 콤팩트 9.5한 다양체를 말합니다. 다음 그림과 같은 것들은 모두 닫힌 다양체이며, 이중에서 구면이나 토러스 등 2차원인 것은 닫힌곡면이라고 합니다.

닫힌곡면

10.2. 좌표변환

다양체는 각 점의 근방이 유클리드 공간이라는 지도에 그려진 것이었습니다. 그 지도들에는 당연히 서로 겹치는 부분이 있습니다. 일반 지도책의 경우에도 긴키 지방의 지도, 주고쿠 지방의 지도가 각각 있지만, 효고현은 두 지역의 경계에 있기 때문에 (엄밀히 말하면 긴키 지방) 일부 지역은 두 지도 모두에 표시됩니다. 그 겹치는 지역은 어느 지도를 보느냐에 따라 표시되는 위치(좌표)가 달라집니다.

앞의 예를 다시 가져와 보겠습니다. 지구 전체의 지도책에서 북반구 U_1과 우반구 U_3가 겹치는 부분 $U_1 \cap U_3$를 생각해 봅시다. 이는 구면 위에서 $z>0$이고 $x>0$인 부분(구면 전체의 4분의 1)을 가리킵니다. 북반구 U_1에는 차트(U_1, f)가 있고, 우반구 U_3에는 차트(U_3, h)가 있습니다. 북반구와 우반구의 교집합 $U_1 \cap U_3$에 속하는 점 A(p, q, r)은 U_1의 좌표에서는 (p, q), U_3의 좌표에서는 (q, r)이 됩니다. 즉, 각 지도에서 좌표는 서로 다르지만 같은 점을 나타냅니다.

그러면 이처럼 지도에 겹치는 부분이 있고 2가지 방법으로 좌표를 선택할 수 있을 때, 그 좌표들 사이에는 어떤 관계가 있을까요? 이 경우 (p, q, r)은 구면 위의 점이라는 것을 떠올려 봅시다. 따라서 $p^2 + q^2 + r^2 = 1$이라는 관계를 만족합니다. 이로부터, z좌표 r이 양수인 북반구에서는 $r = \sqrt{1 - p^2 - q^2}$ 이므로, U_3의 좌표 (q, r)은 p, q만 이용해 $(q, \sqrt{1 - p^2 - q^2})$로 나타낼 수 있습니다. 이와 같이 U_1의 좌표 (p, q)에서 U_3의 좌표 $(q, \sqrt{1 - p^2 - q^2})$을 구하는 함수

$$\varphi(p, q) = (q, \sqrt{1 - p^2 - q^2})$$

이 만들어졌습니다.

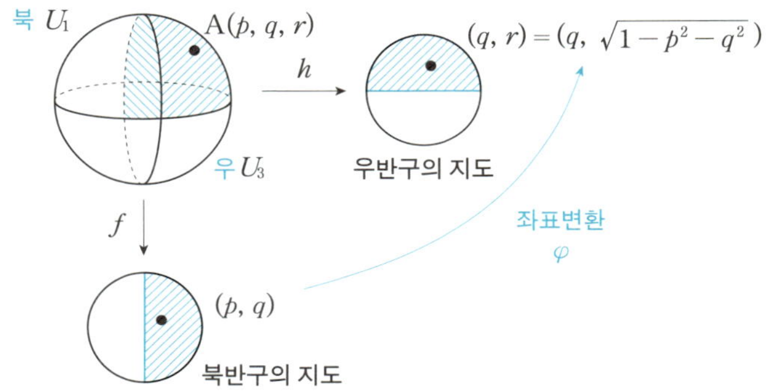

예 65

예를 들어, 북반구 U_1의 지도에 표시된 점 $\left(\dfrac{1}{\sqrt{2}}, \dfrac{1}{\sqrt{3}}\right)$을 생각해 봅시다. 우반구 U_3의 지도라면 좌표

$$\varphi\left(\frac{1}{\sqrt{2}}, \frac{1}{\sqrt{3}}\right) = \left(\frac{1}{\sqrt{3}}, \frac{1}{\sqrt{6}}\right)$$

가 됩니다. 이 점은 지구 위의 점 $\left(\dfrac{1}{\sqrt{2}}, \dfrac{1}{\sqrt{3}}, \dfrac{1}{\sqrt{6}}\right)$에 대응합니다.

φ와 같이 지도가 겹친 부분의 좌표 사이의 관계를 나타내는 함수를 **좌표변환**이라고 합니다. 즉 「지도를 이어 붙이는」 함수입니다.

10.3. 미분가능 다양체

다양체라는 개념을 도입함으로써, 다양체 위에서 미분, 적분의 개념을 생각할 수 있게 되었습니다. 이를 위해서는 이 좌표 변환에 조건을 부여해야 합니다. 미분, 적분이 가능하려면 「지도를 이어 붙이는」 함수는 어느 정도 미분이 가능하고 매끄러워야 합니다. 즉, 이처럼 좌표 변환 함수가 미분 가능할 경우 미분가능 다양체라고 합니다.

일반 위상 다양체와 여기에 매끄러움의 조건이 더해진 미분가능 다양체의 차이는 중요합니다. 이와 관련해서는 미분 토폴로지 제13항에서 살펴보겠습니다.

대수 토폴로지

Algebraic Topology

토폴로지는 위상적 성질, 즉 연속성에 초점을 맞춰 도형(위상 공간)을 연구하는 학문입니다. 그중에서도 대수 토폴로지는 군**제2항**을 비롯한 대수학의 도구를 이용하여 연구합니다.

11.1. 불변량

토폴로지에 대한 설명을 시작하기 전에 먼저 기하학의 목적인 「도형의 분류」에 관해 이야기해 보겠습니다. 도형을 분류할 때는 **불변량**이라는 개념을 사용합니다. 일단 유클리드 기하(고등학교 때까지 배우는 기하학)을 예로 들어보겠습니다.

다음 그림과 같이 평면 위에 두 다각형 A, B가 있다고 합시다. 우리는 이 두 도형을 「다른」 도형으로 인식합니다. 왜 그럴까요? 예를 들어, 「꼭짓점의 개수가 다르다」는 것이 답의 하나일 것입니다. 꼭짓점의 개수는 A가 3개, B가 4개입니다. 「꼭짓점의 개수」는 각각의 다각형에 따라 정해지는 값으로, 이 값이 다르면 우리는 「다른」 도형으로 인식합니다.

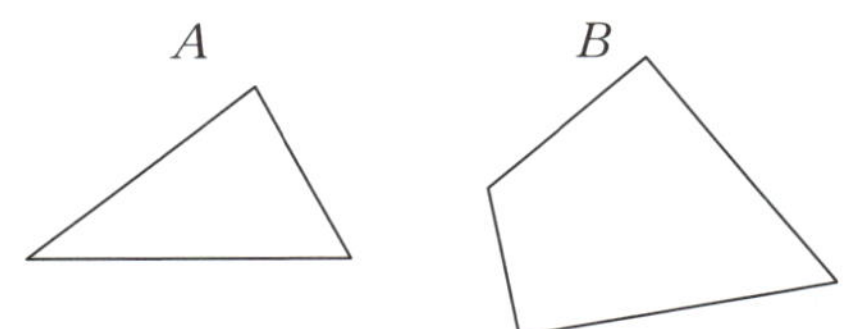

그러면 다음 두 다각형 C, D는 「다른」 도형이라고 생각하시나요?

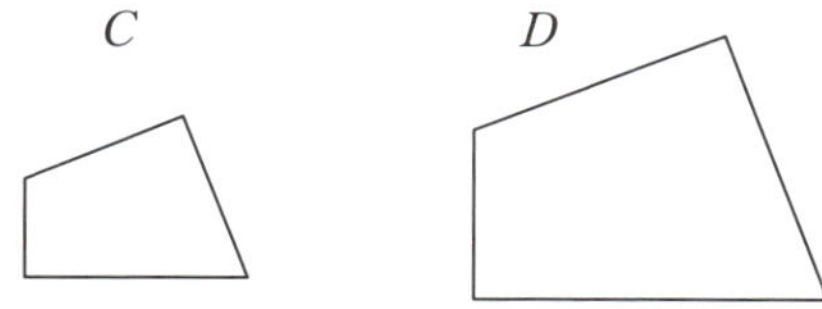

우선 도형을 분류할 때는 무엇을 「다르다」고 할 것인지를 명확히 해야 합니다. 서로 합동인 도형(포개었을 때 완전히 겹치는 두 도형)을 「같다」고 본다면, C와 D는 「다른」 도형이 됩니다. 확대와 축소를 허용하여 서로 닮은 도형을 「같다」고 본다면 C와 D는 「같은」 도형이 됩니다. 이처럼 도형을 분류하기 위해서는 어떤 기준으로 도형을 「같다」 또는 「다르다」라고 볼 것인지를 먼저 결정해야 합니다.

그러면 도형을 분류하는 기준을 하나 정했다고 해봅시다. 합동으로 도형을 구별하든, 닮음으로 도형을 구별하든 「꼭짓점의 개수」는 다각형의 분류에서 중요한 지표입니다. 합동(혹은 닮음)인 두 다각형은 반드시 꼭짓점의 개수가 같고, 반대로 꼭짓점의 개수가 다르면 합동(혹은 닮음)이 아님을 알 수 있기 때문입니다.

이처럼 「서로 ＊＊인 도형은 ＝＝의 값이 같아진다」는 경우, 「＝＝」를 「＊＊」에 관한 **불변량**이라고 합니다. 꼭짓점의 개수는 다각형의 합동이나 닮음에 관한 불변량입니다. 불변량은 도형을 분류할 때 큰 도움이 됩니다. 불변량은 그 도형에 대한 정보의 일부를 뽑아낸 것에 불과하지만, 「그 불변량이 다르면 다른 도형이다」와 같이 도형을 구별하는 도구가 됩니다.

예 66

다각형을 분류하기 위해 「넓이」를 기준으로 삼는다고 해봅시다. 합동인 다각형을 분류할 때는 「서로 합동인 다각형은 넓이가 같다」(「넓이가 다른 두 다각형은 합동이 아니다」)가 성립합니다. 따라서 넓이는 합동에 관한 불변량이 되며, 합동을 기준으로 도형을 분류할 때 유용하게 사용할 수 있습니다. 한편, 닮음을 기준으로 다각형을 분류할 때는 「서로 닮은 다각형은 넓이가 다를 수도 있다」는 점에서 넓이는 닮음에 관한 불변량이 되지 않습니다. 따라서 닮음을 기준으로 도형을 분류할 때는 넓이를 사용할 수 없습니다.

기하학의 큰 목표는 도형을 분류하는 것이며, 그 과정에서 이러한 도형의 특징을 나타내는 '불변량'을 이용하여 분류하는 것이 주된 방법입니다. 이때 계산하기 쉽고 많은 도형을 구별할 수 있는 불변량을 정의하여 사용하는 것이 중요합니다.

앞으로 소개할 토폴로지는 위상 공간이나 다양체를 「위상동형」이라는 관계에 따라 분류하는 학문입니다. 즉, 연속사상에 의해 서로 옮겨질 수 있는 것은 같은 도형으로 보는 기하학입니다.

예 67

토폴로지에서는 공과 손잡이가 없는 컵은 같은 도형(위상동형)입니다. 이는 점토로 동그란 공을 만들었을 때, 점토의 일부를 떼어내거나 떨어져 있는 부분을 이어 붙이지 않고도 컵 모양으로 변형시킬 수 있다는 뜻입니다. 마찬가지로 도넛과 손잡이가 있는 컵도 같은 도형입니다. 둘 다 구멍이 1개 있습니다.

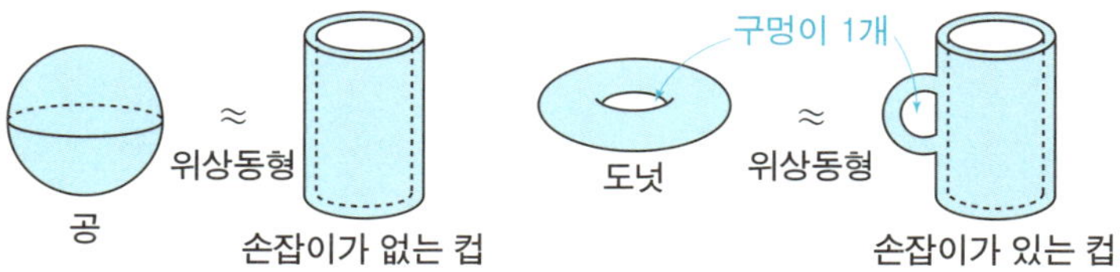

그러면 「위상동형」을 기준으로 도형을 분류하기 위한 불변량(위상 불변량)을 몇 가지 소개하겠습니다.

11.2. 연결 성분

토폴로지에서 사용되는 가장 기본적인 위상 불변량은「연결 성분」의 개수입니다.「연결 성분」이란 이름에서 알 수 있듯이「연결」되어 있는 부분을 말합니다.

예를 들어, 오른쪽 그림과 같은 평면 도형 X는 전체를 하나로 보면 3개의 연결 성분으로 나뉘어져 있습니다.

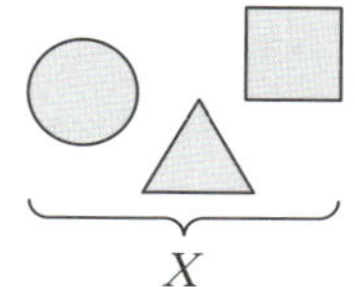

연결 성분의 개수는 위상동형에 관한 불변량입니다. 위상동형사상에 의해 옮겨져도 연결 성분의 개수는 변하지 않습니다. 이 불변량을 사용하여 도형(위상 공간)을 분류해 봅시다.

예를 들어, 직선과 원주는 위상동형이 아닙니다. 즉, 연속사상에 의해 서로 옮겨지지 않습니다. 이것은 어떻게 설명할 수 있을까요?

직선과 원주는 둘 다 전체가 하나로 연결되어 있습니다. 즉 연결 성분의 개수가 1개인 도형입니다. 이대로는 둘을 구별할 수 없으므로, 직선과 원주에서 점 1개를 제거해 봅시다. 그러면 직선은 2개의

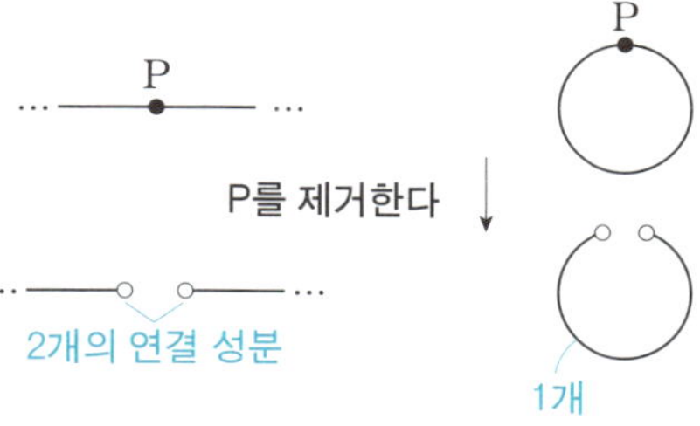

연결 성분으로 나뉘지만, 원주의 연결 성분은 그대로 1개입니다. 이것이 직선과 원주의 결정적인 차이점입니다.

만약 직선과 원주가 위상동형이면 대응하는 점을 제거해도 위상동형이 유지됩니다. 하지만 이 도형들은 점 1개를 제거하면 연결 성분의 개수가 달라져 더 이상 위상동형이 되지 않습니다. 따라서 원래의 직선과 원주도 위상동형이 아닙니다.

11.3. 오일러 수

이어서 「오일러 수」라는 위상 불변량을 살펴보겠습니다. 이것과 관련해서는 다면체에 관한 오일러 정리가 유명합니다. 여기서 **다면체**란 「몇 개의 다각형으로 둘러싸인 (구멍이 있을 수 있는) 입체」를 의미합니다.

정의 69 **오일러의 다면체 정리**

구멍이 없는 다면체에 대해 꼭짓점의 수를 V, 변의 수를 E, 면의 수를 F라 할 때

$$V - E + F = 2$$

가 성립한다.

이 $V-E+F$의 값을 **오일러 수**라고 합니다.

예 70

아래 그림과 같은 정사면체, 정육면체, 정십이면체, 축구공(각 면은 평평함)에 대해 V, E, F의 값을 정리하면 다음 표와 같습니다. 이는 모두 $V-E+F=2$를 만족합니다.

	정사면체	정육면체	정십이면체	축구공
V	4	8	20	60
E	6	12	30	90
F	4	6	12	32

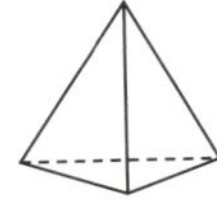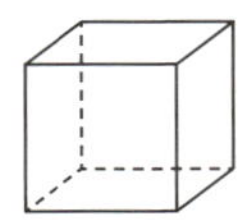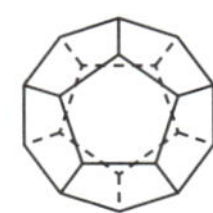

그런데 이 오일러 수는 (방향 부여 가능한[22]) 닫힌곡면^{예 64}에 대해서도 생각할 수 있습니다. 구체를 예로 들어보겠습니다. 점토로 동그란 구체를 만들었다고 가정하고, 표면을 적당히 눌러 평평하게 펴서 다면체로 만든다고 해봅시다. 한 예로, 다음 그림과 같이 구면은 정사면체의 표면이 됩니다. 정사면체의 오일러 수는 2입니다. 또 다른 예로, 구면을 12개의 평면으로 평평하게 만들어 정십이면체를 만들 수도 있습니다. 이 경우에도 오일러 수는 2입니다.

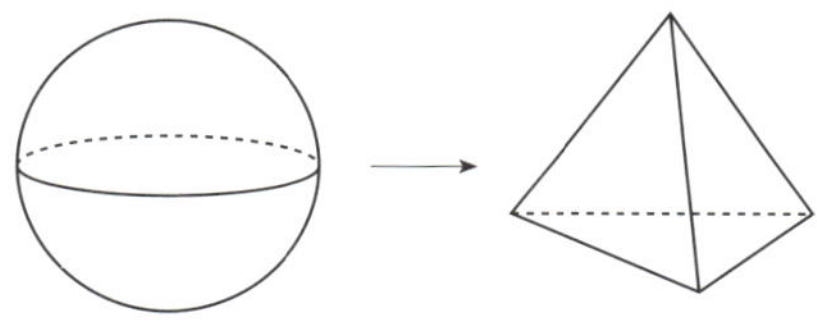

이처럼 구면을 여러 개 면으로 평평하게 만들어 얻은 다면체에 대해 오일러 수를 계산합니다. 면의 수와 상관없이 오일러 수는 항상 2가 됨을 증명할 수 있으므로 이를 「구면의 오일러 수는 2이다」라고 표현합니다. 이와 같은 방법으로 다양한 곡면에 대해 오일러 수를 계산할 수 있습니다.

그러면 토러스(도넛)의 경우는 어떨까요? 예를 들어, 토러스의 면을 몇 개의 사각형으로 나누면 다음 그림과 같습니다(구멍이 있는 다면체입니다).

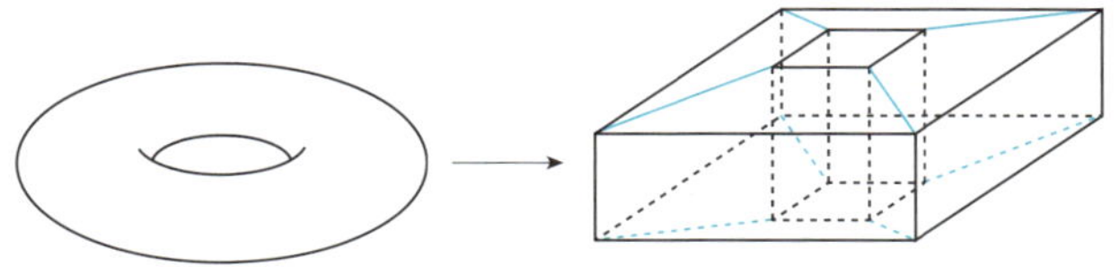

이 상태에서 이 입체의 오일러 수를 계산하면

$$V - E + F = 16 - 32 + 16 = 0$$

22. 말 그대로 「방향」을 정할 수 있는 곡면을 말합니다. 예를 들어 구면이나 토러스는 「방향」을 정할 수 있습니다. 상세한 설명은 생략합니다.

이 됩니다. 더 일반적으로는 곡면의 오일러 수에 관해서는 다음의 정리가 성립합니다.

정리 71　곡면의 오일러 수

구멍의 수가 g인 (방향 부여 가능한) 닫힌곡면의 오일러 수는

$$V - E + F = 2 - 2g$$

이다.

즉, 오일러 수는 구멍의 개수로 결정됩니다. $g=0$인 경우가 **정리 69**이고, $g=1$인 경우가 앞의 토러스의 예입니다.

곡면에 관해서는 구멍의 개수가 같으면 서로 위상동형이고, 구멍의 개수가 다르면 위상동형이 아닌 것으로 알려져 있습니다. 즉, 곡면을 위상동형을 기준으로 분류할 때는 구멍의 개수만 조사하면 정확히 구별할 수 있습니다. 그리고 구멍의 개수에 따라 오일러 수는 달라집니다. 이로써 오일러 수는 곡면의 강력한 위상 불변량임을 알 수 있습니다.

더 일반적인 위상 공간의 경우 오일러 수는 **호몰로지군**이라는 것을 이용하여 계산할 수 있습니다. 호몰로지군이란 각 위상 공간이나 다양체에 따라 정해지는 일종의 군**제2항**을 말합니다. 이 호몰로지군 또한 위상동형에 관한 위상 불변량이며, 위상 공간이나 다양체를 분류할 때 자주 사용되는 군입니다. 이처럼 오일러 수나 호몰로지군은 계산이 가능한 위상 불변량으로 유용하게 쓰이고 있습니다.

11.4. 기본군

이번에는 또 하나의 중요한 위상 불변량인 **기본군**에 대해 살펴보겠습니다.

이해를 돕기 위해 닫힌곡면 **예 64** 을 예로 들겠습니다. 닫힌곡면 위의 점 P를 고정하고, 시작점 및 끝점이 P인 곡면 위의 연속인 곡선(매개변수 t의 범위는 $0 \leq t \leq 1$)을 생각해 봅시다. 이를 시작점과 끝점이 P인 **경로**라고 부르겠습니다.

P를 시작점과 끝점으로 하는 두 경로 l, m이 있다고 합시다. l을 곡면 위에서 연속적으로 변형하여 m으로 만들 수 있을 때, l, m은 **호모토픽**하다(연속변형적이다)고 합니다. 호모토픽한 경로는 같다고 간주하면, 곡면 위에는 몇 개의 서로 다른 경로가 있을까요?

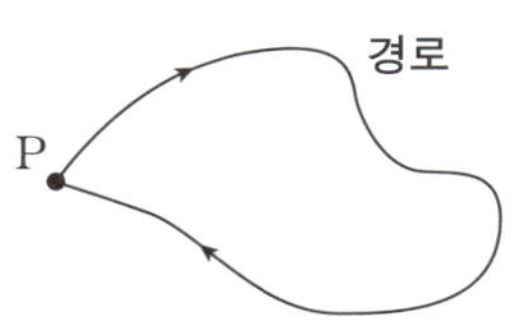

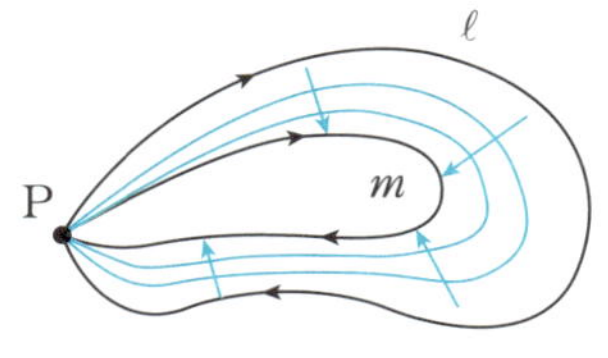

다른 예로 이번에는 구면을 생각해 보겠습니다. 구면 위의 P를 시작점이자 끝점으로 하는 모든 경로는 서로 호모토픽합니다. P에 서 있는 사람이 줄을 잡아당겨 회수하듯이 연속적으로 변형하면, 모든 경로는 「P로 줄어드는 경로」가 됩니다. 즉, 모든 경로는 「P로 줄어드는 경로」에 대해 호모토픽하고, 호모토픽한 경로는 동일하다고 간주하면, 서로 다른 경로는 하나밖에 없습니다.

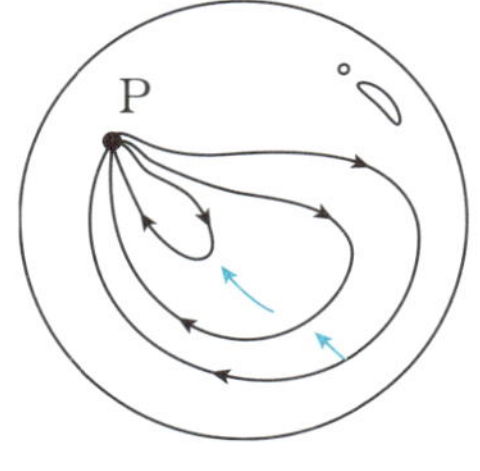

다음은 토러스의 예를 생각해 봅시다. 다음 그림에서 왼쪽 그림과 같은 경로 s는 구면과 마찬가지로 「P로 줄어드는 경로」에 대해 호모토픽합니다. 하지만, 예를 들어 아래 가운데 그림과 오른쪽 그림과 같은 경로 t, u는 P에서 있는 사람이 줄을 잡아당겨 회수할 수가 없습니다. 경로는 토러스 표면에서 벗어날 수 없기 때문에 구멍에 걸려버리기 때문입니다.

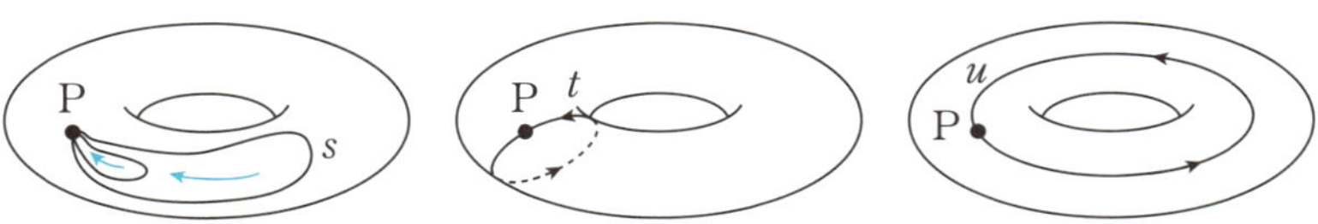

이와 같이 서로 호모토픽하지 않은 경로들을 모두 모아 만든 집합에 경로를 연결하는 연산을 정의한 군을 (P를 기점으로 하는) **기본군**이라고 합니다. 구면 위에서 P를 시작점이자 끝점으로 하는 모든 경로는 「P에 머물러 있는 길」과 호모토픽하므로, 구면의 기본군은 하나의 원소로만 구성됩니다. 이처럼 기본군이 하나의 원소로만 이루어진 경우, 즉 어떤 경로든 P에 서 있는 사람이 줄을 잡아당겨 회수할 수 있는 경우, 그 위상 공간은 **단일 연결**이라고 합니다.

한편, 토러스의 기본군은 무한개의 요소를 갖는 것으로 알려져 있습니다. 예를 들어, 아래 그림은 t를 3개, u를 1개 연결한 경로입니다. 토러스의 기본군은 이처럼 경로 t를 N개, 경로 u를 M개 연결한 경로(N, M은 정수[23])로 이루어진 군입니다.

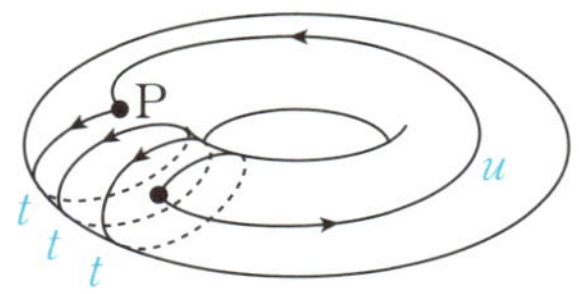

기본군 역시 위상 불변량이며, 위상 공간이나 다양체를 분류할 수 있는 중요한 도구입니다.

토폴로지에 관한 주요 문제는 미분 토폴로지 제13항에서 소개하겠습니다.

---

23. N, M이 음수일 때는 t, u와 반대 방향의 경로를 고려하는 것을 의미합니다.

Essential Points on the Map

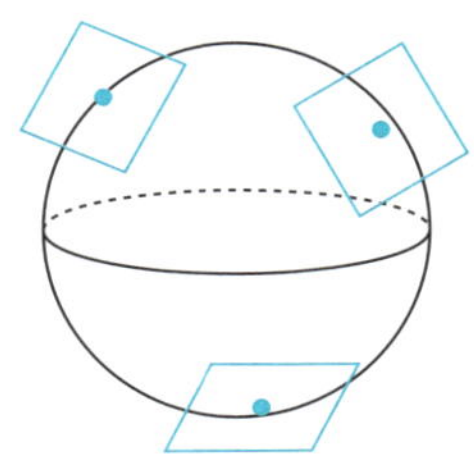

☑ **다양체** … 국소적인 지도가 이어 붙여진 공간을 말한다.

예) 구면 S^2는 국소적인 평면 지도를 이어 붙여진 도형이다

우리가 우주의 모양에 대해 알고 싶을 때 우주의 내부에서 연구할 수밖에 없는 것처럼, 다양체란 그 도형의 내부에서 도형을 고찰하기 위한 기하학의 무대이다!

☑ **토폴로지** … 연속사상에 의해 서로 옮겨지는 도형(위상동형인 도형)을 같은 것으로 간주하여 도형을 분류하는 분야.

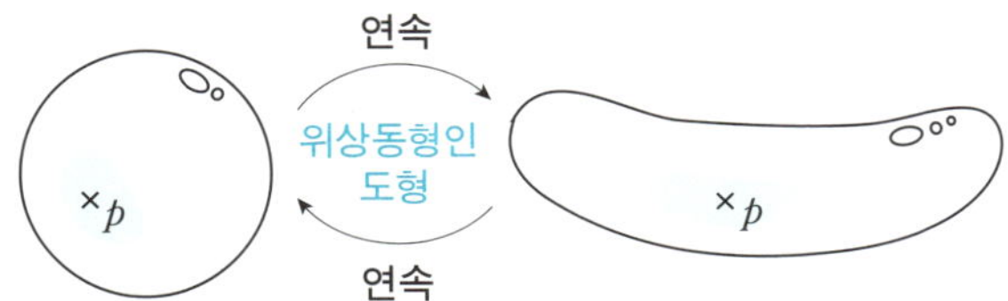

토폴로지의 세계에서는 도형의 정보를 일부 추출한 「불변량」을 사용하여 도형을 구별한다.

→ 연결 성분 11.2 의 개수, 기본군 11.4,

오일러 수 11.3, 호몰로지군 등.

미분기하학

Differential Geometry

미분 기하학은 이름에서 알 수 있듯이 미분, 적분을 이용하여 도형(다양체)을 연구하는 분야입니다. 대수 토폴로지(위상 공간이나 위상 다양체)에서는 오로지 연속성에만 초점을 맞추기 때문에 「연결 방식」만 바꾸지 않는다면 변형된 것도 동일한 것으로 간주했습니다. 미분 기하학(리만 다양체)에서는 「길이」와 「각도」도 포함하여 다양체를 생각하기 때문에, 「형태를 변형한다」는 자유로움이 사라집니다. 토폴로지가 「부드러운」 기하학이라면, 미분 기하학은 「딱딱한」 기하학이라고 할 수 있을 것입니다.

12.1. 곡률

먼저, 좌표 공간 $\mathbb{R}^3$ 내의 곡면과 같이 더 큰 공간에 포함되어 있는 도형에 대해 생각해 보겠습니다. 이때, 그 도형의 외부에 대한 정보(법선 벡터 등)도 함께 이용하여 도형을 탐구하게 됩니다.

미분 기하학적인 양으로 중요한 것 중 하나는 **곡률**입니다. 이는 곡선이나 곡면의 휘어진 정도를 나타냅니다.

평면 내 곡선의 경우부터 설명하겠습니다. 다음 그림과 같이 곡선 위의 점 A에서 Δs만큼 이동한 점 B까지 곡선이 얼마나 휘어졌는지를 측정하려면 어떻게 해야 할까요?

A에서 B까지 각 점에서 곡선에 대한 길이 1인 법선 벡터[24](즉, 곡선에 수직인 벡터)를 고려합니다. 단, 법선 벡터의 방향은 이동 방향에 대해 왼쪽을 향하는 것으로 합니다. A에서 B까지 이동했을 때 법선 벡터의 방향이 얼마나 변했는지에 따라 곡선의 휘어진 정도를 측정할 수 있습니다.

구체적으로 다음과 같이 측정해 봅시다. A에서 B까지 모든 점에서 법선 벡터의 시작점을 일치시키면 법선 벡터는 모두 길이가 1로 같기 때문에, 그 끝점은 모두 단위원주 위에 있습니다. A에서 B까지 이동하면서 이 끝점이 원주 위에서 얼마나 이동했는지, 즉 그 호의 길이(반시계 방향을 양으로 하는 길이)가 바로 변화된 각도 $\Delta\theta$(라디안)과 같아집니다.

점 A에서의 순간적인 휘어짐 정도를 측정하려면 점 B를 점 A에 한없이 가깝게 이동시킵니다. A에서 B로의 이동량 Δs를 0에 한없이 가까이 보낼 때, 각도 변화율 $\dfrac{\Delta\theta}{\Delta s}$의 극한의 절댓값을 점 A에서의 **곡률**이라고 합니다.

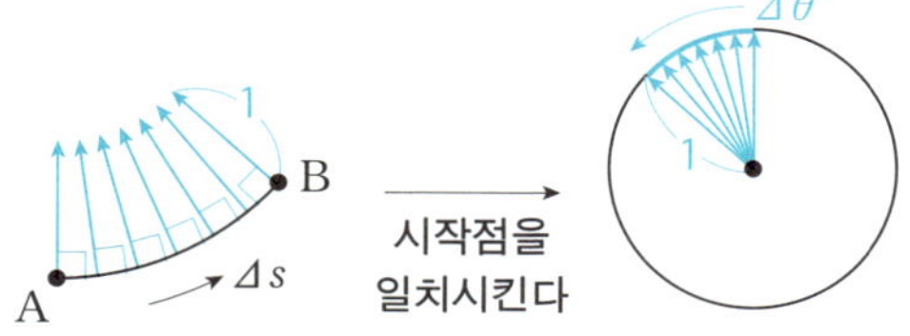

● 직선을 생각해 봅시다. 아래 그림과 같이 법선 벡터의 방향이 일정하기 때문에 항상 $\Delta\theta = 0$이므로 당연히 곡률도 0입니다.

---

24. 곡선의 경우, 법선 대신 접선을 고려할 수도 있습니다. 법선을 사용하는 이유는 이후 곡면을 다룰 때 잘 이해될 것입니다. 미리 조금 설명하자면, 곡면 위의 어떤 점에서 「접선」은 무수히 많지만, 평면 내 곡선이나 공간 내 곡면 모두에 대해 「법선」은 하나뿐이기 때문입니다.

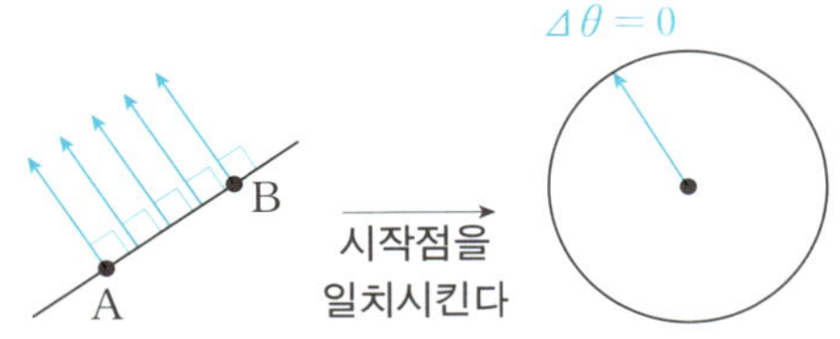

● 반지름 r인 원주를 생각해 봅시다. 다음 그림과 같이 원주 위의 점 A
에서 반시계 방향으로 길이 Δs만큼 이동한 점 B가 있을 때, A에서 B
까지의 중심각은 $\dfrac{\Delta s}{r}$(라디안)이며, 이는 법선 벡터의 방향의 변화 $\Delta\theta$
와 같아집니다. 따라서 $\dfrac{\Delta\theta}{\Delta s} = \dfrac{1}{r}$로 일정합니다.

그러므로 반지름 r인 원주는 임의의 점에서 곡률은 $\dfrac{1}{r}$이 됩니다.

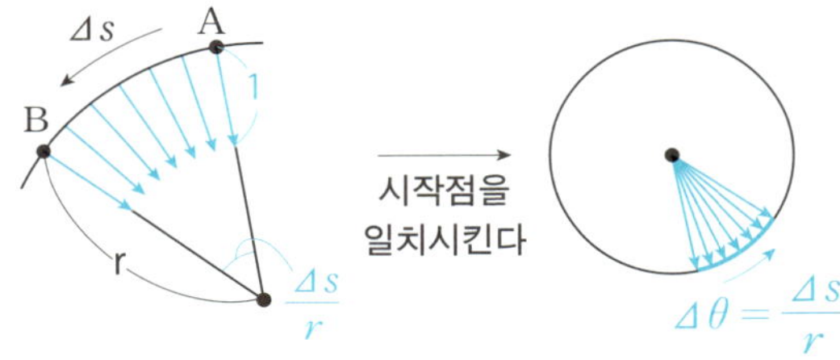

다음으로 3차원 공간 내의 곡면을 생각해 보겠습니다. 곡면 위의 점 A에
서의 곡률을 측정하려면 어떻게 해야 할까요?

A 주변의 작은 영역 D에 대해, D의 각 점에서 곡면에 대한 길이 1인 법
선 벡터를 고려합니다. D 전체를 따라 움직였을 때 법선 벡터의 방향이 얼
마나 변했는지를 통해 「얼마나 휘어졌는지」를 측정할 수 있습니다.

여기서 법선 벡터의 시작점을 모두 일치시키면 법선 벡터는 모두 길이
가 1로 같으므로, 그 끝점은 모두 단위구면 위에 놓이게 됩니다. 끝점이 그
리는 구면 위에 그리는 영역을 $f(D)$라 하고, 그 넓이를 $S(f(D))$라고 합시
다. D의 넓이 $S(D)$에 대한 $S(f(D))$의 비율 $\dfrac{S(f(D))}{S(D)}$를 생각해 봅시다.
이 비율이 클수록 A 주변에서 법선 벡터의 방향이 급격하게 변화하여 휘어
짐의 정도가 심해진다고 판단할 수 있습니다. A에서의 순간적인 휘어짐 정

도를 측정하기 위해 $S(D)$를 한없이 작게 했을 때의 극한을 점 A에서의 **가우스 곡률**이라고 합니다.

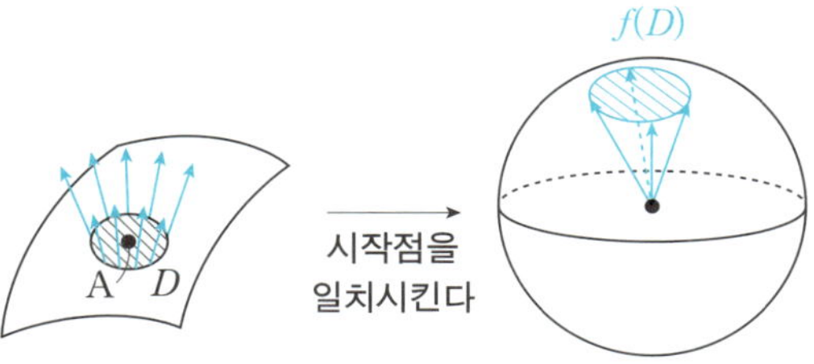

- 평면을 생각해 봅시다. 법선 벡터의 방향은 항상 일정하며, $f(D)$는 한 점이 됩니다. 그 넓이는 $S(f(D)) = 0$이므로, 평면 위의 임의의 점에서의 가우스 곡률도 0입니다.

- 반지름 r인 구면을 생각해 봅시다. 구면 위의 점 A의 주변 영역 D에 대해 단위구면 위의 영역 $f(D)$는 D와 닮은 도형이며, 넓이는 $\dfrac{1}{r^2}$배가 됩니다. 따라서 $\dfrac{S(f(D))}{S(D)} = \dfrac{1}{r^2}$로 일정하므로, 구면 위의 임의의 점에서의 가우스 곡률은 $\dfrac{1}{r^2}$입니다.

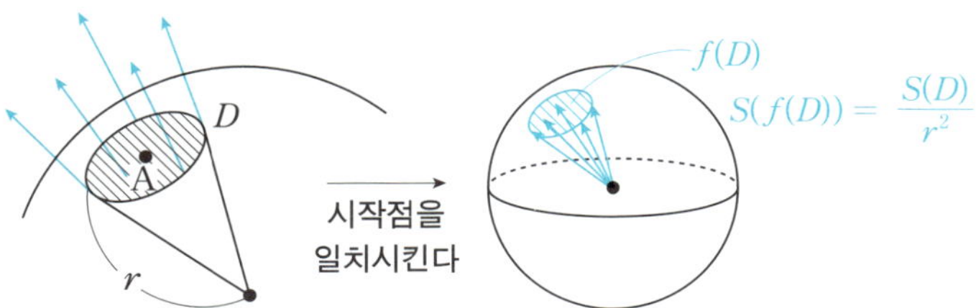

● 원기둥의 옆면을 생각해 봅시다. 원기둥 옆면의 영역 D의 각 점에 대해 그 법선 벡터를 고려합니다. 밑면에 수직인 방향으로 점을 이동시켜도 법선 벡터의 방향은 변하지 않습니다. 따라서 $f(D)$는 선분이 됩니다. $S(f(D)) = 0$이므로, 원기둥 옆면 위의 임의의 점에서 가우스 곡률은 0입니다.

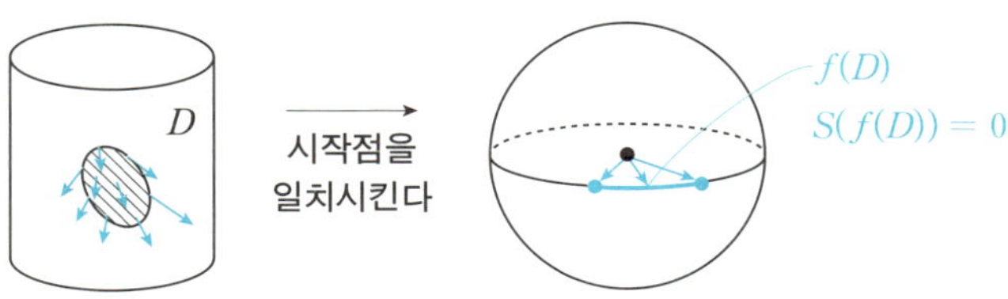

● 아래 그림과 같이 어떤 방향에서는 아래로 볼록하고, 다른 방향에서는 위로 볼록한 곡면 위의 점 A에서는 마찬가지로 영역 D와 $f(D)$를 고려할 수 있으며, D에서 $f(D)$로 갈 때 면이 뒤집힌 것처럼 됩니다. 이런 경우, $S(f(D))$는 그 넓이의 음수배(부호가 있는 넓이)로 간주하므로 가우스 곡률은 음수가 됩니다.

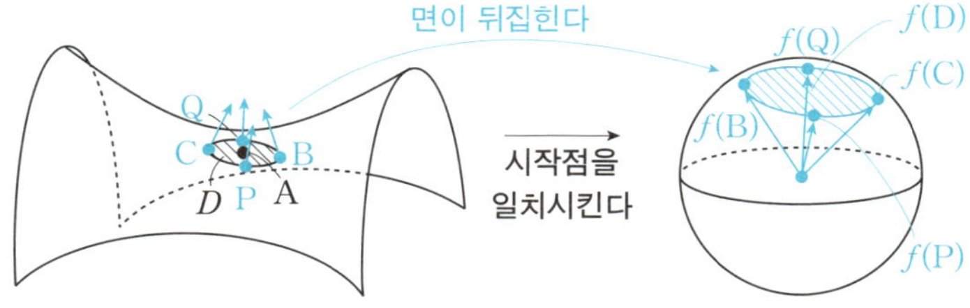

이처럼 가우스 곡률을 비롯한 곡률은 곡면에 관한 중요한 정보입니다. 이 곡률에 관한 중요한 결과가 다음의 가우스-보네 정리입니다.

12.2. 가우스-보네 정리

    평면 위의 다각형에 대해 그 둘레의 각 점에서 법선 벡터를 고려해 봅시다. 오른쪽 그림과 같이 한 꼭짓점 A에서 시작하여 다각형의 둘레를 한 바퀴 돌며 법선 벡터의 방향이 얼마나 변하는지를 생각해 보겠습니다. 그러면 변 위를 이동할 때는 법선 벡터의 방향이 변하지 않지만(곡률은 0), 꼭짓점에서는 순간적으로 그 방향이 변한다는 것을 알 수 있습니다(그림의 α_1, α_2, $\cdots$, α_5).

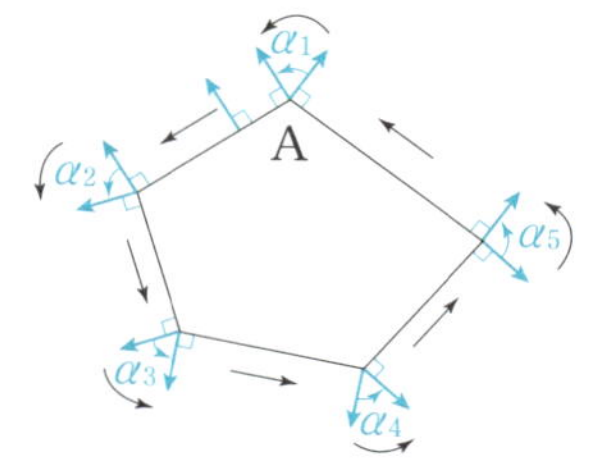

이들의 합계 $(\alpha_1 + \alpha_2 + \cdots + \alpha_5)$는 2π (=360°)가 됩니다. 이 값은 모든 다각형에서 일정합니다. 이는 다각형을 한 바퀴 돌면 법선 벡터의 방향이 한 바퀴 돌아 원래 방향으로 돌아온다는 것을 나타냅니다. 중학교 수학에서 다각형의 외각의 합은 360°로 일정하다는 것을 배우는데, 바로 그것과 같은 원리입니다.

    이어서 시작점과 끝점이 일치하는 자기교차하지 않는 매끄러운 곡선 C를 생각해 봅시다. 이 경우, 법선 벡터의 방향은 연속적으로 변합니다. 이 연속적으로 변화하는 법선 벡터의 방향의 변화량을 「합산」해 보겠습니다.

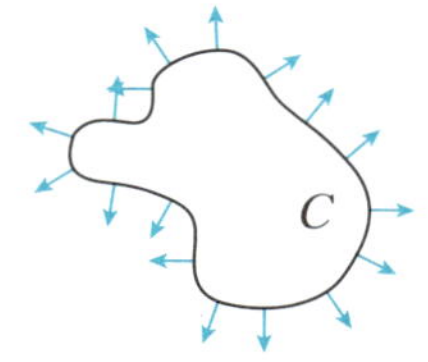

여기서 '순간적인 휘어짐의 정도'를 나타내는 곡률을 사용합니다. 앞서 설명한 다각형과 같은 방식으로, 곡선 C를 따라 곡률 κ를 합산한 값(의 절댓값)은 법선 벡터의 방향이 한 바퀴 도는 각도의 변화량 2π와 같습니다. 이를 수식으로 표현하면(엄밀한 의미의 설명은 생략합니다)

$$\left| \int_C \kappa ds \right| = 2\pi$$

가 됩니다(ds는 곡선 C에 따른 선 요소).

    이와 같은 곡면의 경우, 다음과 같은 정리가 알려져 있습니다.

 가우스-보네 정리

닫힌곡면 S의 오일러 수를 x, 가우스 곡률을 K라 할 때

$$\int_S K dA = 2\pi\chi$$

이다(단, dA는 곡면의 넓이 요소를 나타낸다. 자세한 내용은 생략).

오일러 수와 방향 부여 가능한 닫힌곡면의 구멍의 개수는 $\chi = 2 - 2g$의 관계에 있습니다 정리 71. 이 정리는 「곡면의 곡률을 연속적으로 더한 값은 곡면의 구멍의 개수로 정해진다」는 의미입니다.

즉, 가우스-보네 정리는 가우스 곡률 K라는 미분 기하학적인 양을 적분한 값이 오일러 수 χ라는 토폴로지적인 양으로 정해진다는 것으로, 미분 기하학과 토폴로지를 연결하는 중요한 정리입니다.

예 75

반지름 r인 구면의 가우스 곡률은 모든 곳에서 $K = \dfrac{1}{r^2}$임을 예 73 에서 설명했습니다. 이를 구 전체에 대해 적분하면(구의 겉넓이 $4\pi r^2$만큼 연속적으로 더하면) 좌변은

$$\int_S K dA = \frac{1}{r^2} \times 4\pi r^2 = 4\pi$$

가 됩니다. 구의 오일러 수는 $\chi = 2$이므로 우변은 $2\pi\chi = 4\pi$가 되어 가우스-보네 정리와 일치합니다.

또한, 구면을 아무리 찌그러뜨리거나 늘이더라도 양쪽 변의 값은 항상 4π로 일정하게 유지됩니다.

12.3. 리만 기하학과 계량

지금까지는 도형의 외부에서 그 도형을 연구하는 것에 대해 이야기했습니다. 앞서 설명한 가우스 곡률의 정의는 법선 벡터라는 도형 외부의 정보를 이용한 것입니다. 하지만 가우스는 가우스 곡률을 곡면 위의 「계량」이라는 내재적인 양만으로도(즉, 법선 벡터나 외부에서 본 도형의 정보를 이용하지 않고) 구할 수 있다는 것을 보였습니다. 이는 오늘날 가우스Gauss, 1777-1855의 빼어난 정리라는 이름으로 알려져 있습니다.

> **정리 76** **가우스의 빼어난 정리**
> 2차원 리만 다양체(곡면) M의 가우스 곡률 K는 M의 리만 계량만으로 정해진다.

리만 계량이란 간단히 말하자면 길이와 각도를 측정하기 위한 도구입니다. 그러면 길이와 각도를 측정한다는 것은 어떤 의미일까요? 고등학교 수학의 범위에서 조금 더 자세히 알아보겠습니다.

두 벡터 $\vec{a}$, $\vec{b}$에 대해 그 내적은 $\vec{a}$, $\vec{b}$가 이루는 각이 θ일 때

$$\langle \vec{a}, \vec{b} \rangle = |\vec{a}| \cdot |\vec{b}| \cdot \cos \theta$$

로 주어집니다[25]. 반대로 내적이 주어지면 벡터 $\vec{a}$의 길이 $|\vec{a}|$는 내적을 이용해

$$|\vec{a}| = \sqrt{\langle \vec{a}, \vec{a} \rangle}$$

로 구할 수 있으며, 두 벡터 $\vec{a}$, $\vec{b}$가 이루는 각 θ는

---

25. 고등학교 수학에서는 $\vec{a} \cdot \vec{b}$와 같은 기호를 사용하지만, 이 책에서는 $\langle \vec{a}, \vec{b} \rangle$를 사용하겠습니다.

$$\cos\theta = \frac{\langle \vec{a},\,\vec{b}\rangle}{|\vec{a}|\cdot|\vec{b}|}$$

으로 구할 수 있습니다.

또한, $x=x(t)$, $y=y(t)$와 같이 매개변수 t를 이용하여 나타낸 곡선의 $a\leq t\leq b$ 부분의 길이 L은

$$L = \int_a^b \sqrt{\{x'(t)\}^2 + \{y'(t)\}^2}\, dt \qquad \cdots\cdots ①$$

로 구할 수 있습니다. 여기서 $\sqrt{\{x'(t)\}^2 + \{y'(t)\}^2}$는 $x=x(t)$, $y=y(t)$에서 운동하는 물체의 속도 벡터 $v(t)$의 크기 $|v(t)|$입니다. 이 역시 「벡터의 길이」이므로 곡선의 길이는 내적을 이용하여 구할 수 있습니다.

이처럼 길이와 각도 모두 내적을 이용한 개념임을 알 수 있습니다. **리만 다양체**란 미분가능 다양체에 대해 각 점마다 이러한 (접벡터의) 내적의 개념을 다양체의 차트를 통해 정의한 것입니다. 그리고 이 내적에 해당하는 것을 **리만 계량**이라고 합니다. 내적이 주어지면 길이와 각도를 측정할 수 있으므로 리만 다양체는 다양체에 길이와 각도의 개념을 부여한 것으로 표현할 수 있습니다.

가우스의 빼어난 정리는 곡률이라는 개념을 외부 정보에 의존하지 않고 곡면 (즉, 2차원 리만 다양체) 내의 길이와 각도를 측정하는 도구인 계량만을 이용하여 기술할 수 있었다는 점에서 그 「빼어남」이 돋보이는 정리입니다.

가우스의 이 정리를 시작으로 리만Riemann, 1826-1866에 의해 리만 다양체가 도입된 이후, 도형을 그 도형의 내부에서 연구하는 방법이 기하학으로 발전하게 되었습니다. 우리는 「우주」의 모양을 외부에서 확인할 수는 없습니다. 이런 점을 고려할 때, 도형을 내부에서 연구하는 방법은 매우 중요합니다.

리만 계량에 의한 내적은 고등학교 수학 시간에 배웠던 것과 같이

$$\langle \vec{a}, \vec{a} \rangle \geqq 0$$

이 성립합니다(따라서 $|\vec{a}| = \sqrt{\langle \vec{a}, \vec{a} \rangle}$의 우변이 실수가 되어 길이를 정의할 수 있습니다). 이에 비해 약간 특별한 「내적」을 고려해 $\langle \vec{a}, \vec{a} \rangle$가 음수가 될 수 있는 경우를 생각해 보겠습니다.

예 77

예를 들어, 4차원 벡터 공간 $\mathbb{R}^4$에 다음과 같이 「내적」을 부여합니다 :

$$\left\langle \begin{pmatrix} w_1 \\ x_1 \\ y_1 \\ z_1 \end{pmatrix}, \begin{pmatrix} w_2 \\ x_2 \\ y_2 \\ z_2 \end{pmatrix} \right\rangle = -w_1 w_2 + x_1 x_2 + y_1 y_2 + z_1 z_2$$

그러면 예를 들어 4차원 벡터 $(1, 0, 0, 0)$을 자기 자신과 「내적」하면

$$\left\langle \begin{pmatrix} 1 \\ 0 \\ 0 \\ 0 \end{pmatrix}, \begin{pmatrix} 1 \\ 0 \\ 0 \\ 0 \end{pmatrix} \right\rangle = -1$$

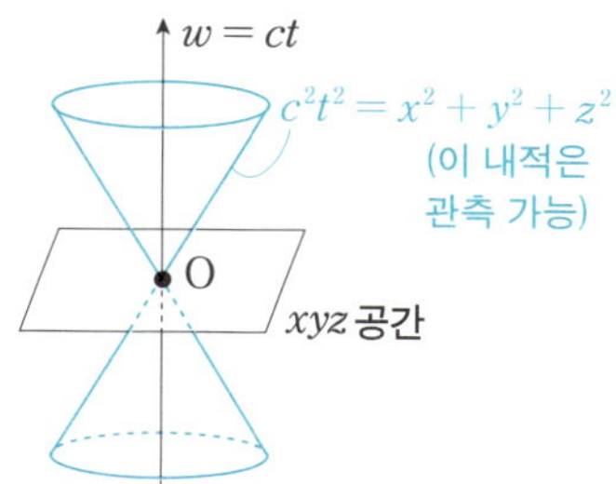

이 됩니다. 4차원 벡터 공간에서의 이 「내적」을 **민코프스키 내적**이라고 하며, 이 공간을 (4차원) **민코프스키 공간**이라고 합니다.

여기서 (w, x, y, z)의 w가 시간 성분, x, y, z가 공간 성분에 해당하고, 민코프스키 공간은 특수 상대성 이론에서 중요한 역할을 합니다.[26]

리만 계량 대신 자신 자신과의 「내적」이 음수가 될 수 있는 계량이 부여된 다양체를 **준 리만 다양체**라고 하며, 그중 1개의 성분만 음수인 다양체를 **로런츠 다양체**라고 합니다. 민코프스키 공간은 로런츠 다양체의 하나입니다.

아인슈타인은 일반 상대성 이론에서 이 우주(시공간)를 4차원의 로런츠 다양체로 간주했습니다. 그리고 미분 기하학을 이용하여 중력장을 설명하는 **아인슈타인 방정식**을 도입하는 등 이 우주를 「내부」에서 연구했습니다. 이처럼 미분 기하학과 물리학은 서로 영향을 주고받으며 발전해 왔습니다.

---

26. 왜 이런 내적을 고려하는지 간단히 설명하겠습니다. 광속을 c, 시간을 t로 하여 $w = ct$라 합시다. 시간 $t = 0$, 위치 $(x, y, z) = (0, 0, 0)$, 즉 민코프스키 공간의 원점 $(0, 0, 0, 0)$에서 물리적 현상이 일어났다고 가정합니다. 빛보다 빠른 것은 없으므로, 이 현상을 관측할 수 있는 것은 시간 t에서 xyz 공간의 원점에서 거리 ct 이내의 범위, 즉 $\sqrt{x^2 + y^2 + z^2} \leq ct$의 범위입니다. 이는 $\langle \vec{a}, \vec{a} \rangle \leq 0$이 되는 $\vec{a} = (w, x, y, z)$의 범위에 해당합니다. 이것이 바로 민코프스키 내적을 고려하게 된 이유입니다.

미분 토폴로지·저차원 토폴로지
Differential Topology & Low-Dimensional Topology

토폴로지의 목표는 위상 공간이나 다양체를 「위상동형」이라는 관계로 분류하는 것이었습니다 **9.4**. 여기서는 조금 더 구체적이고 개별적인 토폴로지의 몇몇 분야에 대해 이야기해 보겠습니다.

미분 토폴로지는 미분가능 다양체 **10.3** 를 「미분동형」이라는 관계로 분류하는 것을 목표로 합니다. 이것은 「토폴로지[27]」의 한 분야이므로, 곡률이나 내적과 같은 미분기하학적 도구와는 거리가 있습니다.

또한, 저차원 토폴로지란 3, 4차원 이하의 토폴로지를 말합니다. 「5차원 이상에서는 해결되었으나, 4차원에서는 해결하기 어려운」 문제나 매듭과 같은 저차원 특유의 문제 등 흥미로운 주제가 많습니다.

13.1. 위상동형과 미분동형

위상 다양체의 경우 「위상 동형」이라는 관계를 통해 분류하는 것을 생각했습니다. 즉, 서로 위상 동형인 두 위상 다양체를 같은 것으로 간주할 때,

---

27. 영어에서 geometry(기하학)와 topology(토폴로지)는 명확히 다른 용어로 구분됩니다. 「-metry」는 「측정하다」라는 뜻이며, 분야의 특성상 토폴로지는 「측정」과는 연관성이 적기 때문에 이러한 구분이 이루어진 것으로 보입니다. 따라서 토폴로지가 일본어로 「위상 기하학」으로 번역되어 「기하」가 포함되는 것은 약간 이상합니다. 한자의 「기하학」이 「도형에 관한 학문」을 뜻하고, 영어의 「geometry」가 「도형을 측정하는 학문」을 뜻한다고 볼 때, 이는 한자와 영어 간 의미 범위의 차이에서 비롯된 문제일지도 모르겠습니다. 이 책에서는 영어를 기준으로 위상 기하학은 「토폴로지」로 씁니다.

서로 위상 동형이 아닌 위상 다양체는 얼마나 있는지에 대해 생각하는 것이 주요한 문제가 됩니다.

　이어서, 미분 가능 다양체의 경우 「미분 동형」이라는 관계를 통해 분류하는 것을 생각합니다. 즉, 두 미분 가능 다양체 사이에 「미분 가능한 위상 동형 사상이고 역사상도 미분 가능한 것」이 있는 경우, 이를 같은 것으로 간주하고 서로 미분 동형이 아닌 미분 가능 다양체가 얼마나 있는지를 연구하는 것입니다. 「미분 동형이면 위상 동형」이지만, 그 반대의 경우는 일반적으로 성립하지 않습니다. 따라서 「위상 동형인 미분 가능 다양체이지만 미분 동형이 아닌」 경우도 있습니다. 즉, 하나의 위상 다양체에 서로 미분 동형이 아닌 두 종류 이상의 구조(**미분 구조**)를 고려할 수 있는 경우가 있을 수 있습니다. 하나의 위상 다양체 위에 본질적으로 다른 미분 구조가 얼마나 존재할 수 있는지를 연구하는 것이 미분 토폴로지의 가장 중요한 문제 중 하나입니다.

예 78

n차원 구면 S^n

$$S^n = \{(x_1,\, x_2,\, \cdots,\, x_{n+1}) \in \mathbb{R}^{n+1} \mid x_1^2 + x_2^2 + \cdots + x_{n+1}^2 = 1\}$$

은 n차원 위상 다양체입니다 **예 62**. 이 위의 차트에서 매끄러운 좌표 변환을 가진 여러 가지를 고려할 수 있습니다. 이들이 미분 동형인 사상에 의해 서로 옮겨지는지, 즉 미분 가능 다양체로서 미분 구조가 동일한지가 연구되어 왔습니다. 그 결과, 각각의 n에 대해 S^n의 미분 구조가 몇 종류인지에 대해 다음과 같은 사실이 증명되었습니다.

n	1	2	3	4	5	6	7	8	9
미분 구조의 종류 수	1	1	1	?	1	1	28	2	8

$n=6$까지는 구면에 대해 1개의 미분 구조만 존재하지만, $n=7$이 되면 28

종류의 서로 다른 미분 구조가 존재합니다. 이 중 표준적인 유클리드 공간에서 유도된 것을 제외한 27종류의 미분 구조 중 하나를 가진 구면을 **이국적인 구면**이라고 하며, 이는 밀너Milnor, 1931-가 처음으로 발견하였습니다. 이 발견으로 미분 토폴로지라는 분야가 확립되었습니다.

그리고 놀랍게도 $n = 4$의 경우, S^4 위에 미분 구조가 얼마나 존재하는지, 그것이 1개인지 여러 개인지, 혹은 유한개인지 무한개인지조차 아직 밝혀지지 않았습니다. 더 높은 차원에 대해서는 여러 가지 사실이 밝혀졌지만, 상대적으로 낮은 차원인 $n = 4$의 경우만 미해결로 남아 있다는 점은 매우 신기한 일입니다.

13.2. 푸앵카레 추측

푸앵카레 추측은 토폴로지와 관련된 유명한 문제 중 하나입니다. 이 문제는 푸앵카레Poincaré, 1854-1912가 제시했으며, 2003년 페렐만Perelman, 1966-이 증명에 성공했습니다. 밀레니엄 문제 7개 중 유일하게 해결된 문제입니다.

정리 79 푸앵카레 추측

단일 연결인 3차원 닫힌 다양체는 3차원 구면 S^3와 위상동형이다

단일 연결은 **11.4**, 「닫힌」 다양체는 **예 64**에서 설명했습니다. 여기서 말하는 다양체는 「위상 다양체」를 의미하며, 미분 구조에 대해서는 전혀 언급하지 않았습니다. 따라서 푸앵카레 추측은 본질적으로 대수 토폴로지의 문제입니다.

그러나 페렐만은 1982년 서스턴Thurston, 1946-2012이 제시한 **기하화 추측**의 증명을 통해 푸앵카레 추측도 함께 해결했습니다. 이제 그 기하화 추측을 소개하겠습니다.

13.3. 기하화 추측

 서스턴의 기하화 추측

임의의 3차원 닫힌 다양체는 8가지 기하 구조 중 하나를 가지는 조각들로 표준적으로 분해될 수 있다.

푸앵카레 추측은 「~라는 특징을 가진 3차원 닫힌 다양체는 **이다」라는 특정 종류의 다양체에 관한 문제였습니다. 반면, 기하화 추측은 3차원 닫힌 다양체를 분류하는 방법을 서술한 것으로, 더욱 일반적인 내용을 포함합니다.

즉, 「임의의 3차원 닫힌 다양체는 지정된 분해 방법에 따라 조각들로 나뉘고, 각 조각은 8개의 기하 구조 중 하나를 가진다」는 것입니다. 여기서 「기하 구조를 가지는 조각」이 무엇인지에 대해서는 조금 더 설명이 필요할 것 같습니다.

다양체가 **기하 구조**를 가진다는 것은 대략적으로 말하자면 다양체에 어떤 점의 주변에서든 길이와 각도를 측정하는 방법이 동일한 리만 계량 12.3 이 도입되어 있다는 의미입니다. 이는 연극에서 무대를 설정하듯, 다양체 위에서 「기하학」을 수행하기 위한 기본적인 틀이나 환경을 마련하는 것과 같다고 이해할 수 있습니다.

2차원 다양체에 대한 기하 구조는 유클리드 기하, 구면기하, 쌍곡기하의 3가지로 알려져 있습니다. 각각 유클리드 평면, 구면, 쌍곡 평면에서 성립하는 기하학입니다. 먼저 이들 기하 구조의 종류에 대해 알아보겠습니다.

유클리드 기하
(평면)

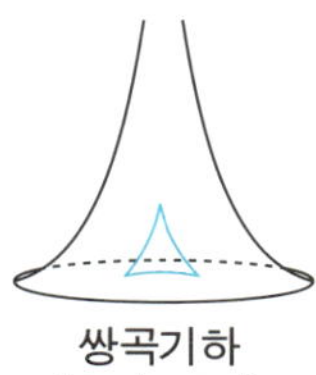

구면기하
(구면)

쌍곡기하
(유사 구면)

- 유클리드 평면 위의 유클리드 기하는 중고등학교 수학에서 배우는 익숙한 기하(구조)입니다. 가우스 곡률은 0으로 일정합니다.

- 구면에서 구현되는 구면기하는 유클리드 기하와는 다른 기하 구조입니다. 먼저 구면에서 「직선」이란 구의 중심을 포함한 평면으로 자를 때 생기는 구의 단면의 원주입니다. 원주가 「직선」에 해당하는 이유는 구면 위의 두 점을 잇는 가장 짧은 선이 그 원호라는 점에서 유클리드 평면에서의 직선과 같은 성질을 가지기 때문입니다[28]. 두 직선의 「각도」는 두 직선(원주)의 교점에서 각각의 접선이 이루는 각도로 측정합니다. 이와 같이 구면 위에서 길이와 각도를 측정하는 기하학이 구면기하입니다. 가우스 곡률은 양수로 일정합니다.

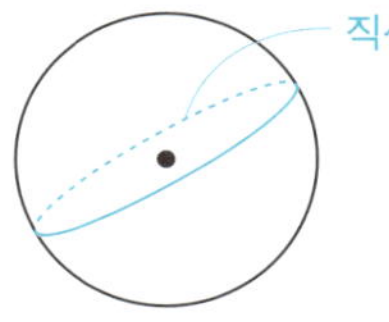

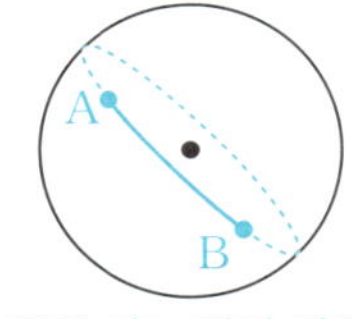

A, B를 잇는 가장 짧은 선

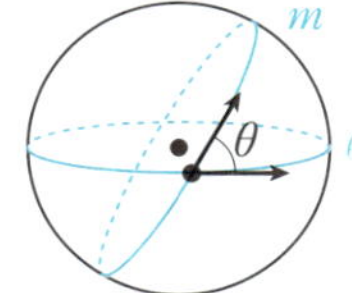

두 직선 ℓ, m이 이루는 각 θ

- 쌍곡기하는 어떤 정해진 직선에 평행하면서 정해진 한 점을 지나는 직선이 2개 이상 존재하는 **비유클리드 기하**의 대표적인 예입니다. 가우스 곡률은 음수로 일정합니다.

모든 2차원 닫힌 다양체는 이 3가지 기하 구조 중 하나를 가지는 것으로 알려져 있습니다.

마찬가지로, 3차원의 기하 구조에는 이 3가지의 3차원 형태와 2차원에서는 나타나지 않은 5종류를 포함하여 총 8종류가 있습니다. 3차원 닫힌 다양체가 조각들로 분해되며, 각 조각이 8종류의 기하 구조 중 하나를 가진다는 것이 기하화 추측입니다.

---

28. 참고로, 일반적인 곡면에 대해서도 직선을 일반화한 측지선이라는 개념이 있으며, 이는 곡면 위에서 곧게 뻗어 나가는 선을 의미합니다.

페렐만은 이 기하화 추측을 증명하기 위해 리치 흐름이라 불리는 리만 계량에 관한 미분 방정식을 이용해 다양체를 「변형」시키는 미분 기하학적 방법을 사용했습니다. 토폴로지의 문제였던 푸앵카레 추측이 기하화 추측을 이용한 예상치 못한 방법으로 해결되면서, 당시 수학계에 큰 파장을 일으켰습니다.

13.4. 매듭 이론

매듭 이론은 오늘날에도 여전히 활발히 연구되고 있는 분야입니다. 이름에서 알 수 있듯이 매듭과 이와 밀접한 관련이 있는 고리에 대해 연구하는 분야입니다. 매듭은 다음과 같이 정의됩니다.

> **정의 81** 3차원 공간 내의 시작점과 끝점이 같고 자기교차하지 않는 곡선을 매듭이라고 한다.

예를 들어, 다음 3개의 그림은 모두 매듭입니다(이는 3차원 공간에 있는 것을 편의상 평면에 그린 것입니다. 교차점에서는 위쪽 부분 아래로 지나가는 부분을 끊어서 표현합니다).

자명한 매듭 세잎 매듭 8자 매듭

매듭은 (실뜨기를 하듯이) 「3차원 공간 내에서 끈을 연속적으로 움직여」서로 같은 형태가 될 수 있는 것들은 '같은 매듭'으로 간주합니다. 예를 들어, 다음 그림에서 왼쪽의 매듭 A는 오른쪽의 꼬임이 없는 원 모양의 「자명한 매듭」과 「같은 매듭」입니다.

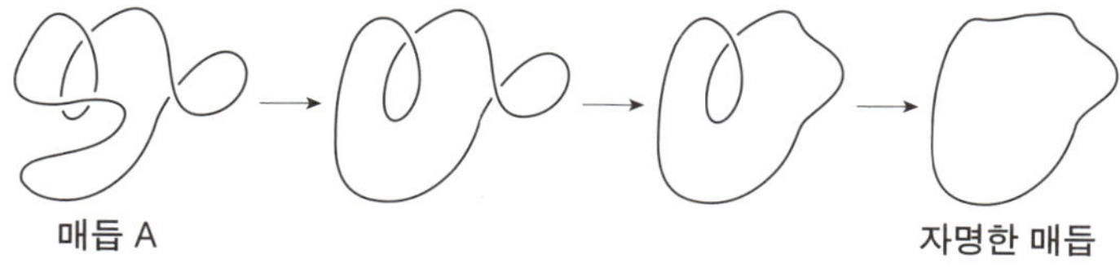

다른 토폴로지와 마찬가지로 매듭에는 다음과 같은 문제가 있습니다.

- 2개의 매듭이 주어졌을 때, 두 매듭이 서로 「같은」 매듭인지 아닌지를 판정하는 문제

- 서로 다른 모든 매듭을 분류하는 문제

매듭에 대한 연구에도 불변량이 사용됩니다. 매듭의 대표적인 불변량에는 **존스 다항식**이 있습니다. 이는 존스Jones,1952-2020가 1980년대에 발견한 것입니다. 존스는 원래 작용소 대수론**21.5**을 연구하고 있었는데, 그 분야의 연구가 뜻밖의 방향에서 매듭과 연결된 것입니다.

매듭은 고리가 1개인 경우를 말하며, 2개 이상의 고리가 함께 얽혀 있는 것은 고리라고 합니다.

예를 들어, 오른쪽 그림은 자명한 매듭과 세잎 매듭이 얽혀 있는 고리입니다. 존스 다항식[29]은 (매듭보다 더 일반적인 경우) 고리를 t에 관한 식으로 표현인 것입니다(t는 변수에 불과합니다).

존스 다항식은 매듭의 점화식으로 계산할 수 있습니다. 존스 다항식이 서로 다르면 「같은」 매듭이 아니라고 판정할 수 있으므로 존스 다항식은 불변량입니다.

예를 들어, 세잎 매듭에는 서로 거울에 비친 것처럼 보이는 2개의 매듭(거울상 매듭)이 있습니다. 이 두 매듭은 「같은」 매듭이라고 할 수 있을까요? 즉, 한쪽의 매듭을 실뜨기를 하듯이 움직여 다른 쪽의 매듭의 모양으로 변형할 수 있을까요? 실제로 해보면 쉽게 변형할 수 없습니다. 계산해 보면 왼

---

29. 이후의 예에서도 알 수 있듯이, t의 음의 거듭제곱도 포함되기 때문에 엄밀히 말하면 「다항식」이 아닙니다.

쪽의 세잎 매듭의 존스 다항식은 $t + t^3 - t^4$, 오른쪽의 세잎 매듭의 존스 다항식은 $t^{-1} + t^{-3} - t^{-4}$임을 알 수 있습니다. 따라서 존스 다항식이 서로 다르므로, 좌우의 세잎 매듭은 서로 다른 매듭임을 알 수 있습니다(실뜨기 같은 변형에 의해서는 서로 변환되지 않습니다).

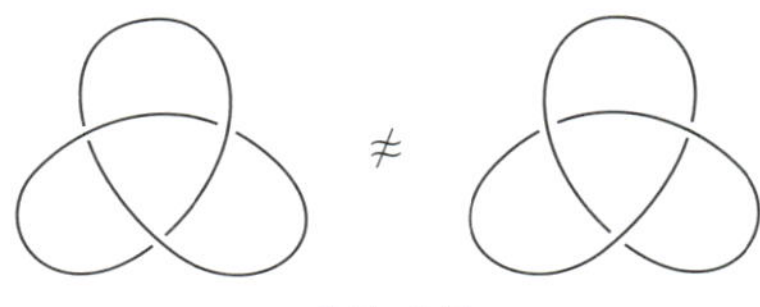

세잎 매듭

존스 다항식이 발견되기 전에도 매듭에 관한 불변량이 몇 가지 존재했습니다. 존스 다항식의 획기적인 점은 이러한 거울상 매듭도 구별할 수 있다는 데 있습니다. 이를 계기로 다양한 연구가 이뤄졌고, 양자군 등 특별한 대수와 깊은 관계가 있음이 밝혀졌습니다. 오늘날에는 물리학을 비롯한 여러 분야에서 널리 응용되고 있습니다.

Essential Points on the Map

☑ **미분기하학** ··· 길이나 각도를 측정하는 도구인 「계량」이 주어진 다양체(리만 다양체)를 연구하는 기하학

(대수) 토폴로지는 「연결 방식」에만 초점을 맞춘 기하학이며, 미분 기하학은 「길이」나 「각도」에도 초점을 맞추는 기하학이다!

· **가우스-보네 정리** 정리 74 ··· 토폴로지의 불변량과 미분기하학적인 양을 연결하는 놀라운 정리.

· **일반 상대성 이론** 12.4 ··· 아인슈타인은 우주(시공간)를 일종의 다양체로 간주하고, 미분기하학을 이용하여 일반 상대성 이론을 만들었다.

☑ **미분 토폴로지** ··· 좌표변환의 미분가능성도 고려하여 「미분동형」인 도형은 같은 것으로 간주하여 도형을 분류하는 분야.

→ 위상동형이지만, 미분동형이 아닌 다양체의 종류를 연구한다.

☑ **저차원 토폴로지** ··· 3차원, 4차원 토폴로지에는 저차원 특유의 어려움이 있다.

→ 푸앵카레 추측 정리 79 은 3차원의 대수 토폴로지 문제이지만, 증명에는 미분기하학적인 방법도 활용되어 증명되었다.

해석학
Analysis

　선형대수와 더불어 대학에 들어가면 가장 먼저 배우는 분야가 미분적분학입니다. 미분적분학에서는 고등학교에서 배우는 미분과 적분을 엄밀하게 정식화하고, 다변수 함수로의 일반화 등을 다룹니다.

　이후 공학, 물리학, 화학 등을 전공하는 이공계 학생들은
· 벡터에 대한 미분, 적분을 다루는 벡터 해석
· 미지 함수와 그 도함수를 포함하는 방정식인 미분방정식을 다루는 미분방정식론
· 복소수 범위에서 함수에 대해 고찰하는 복소해석학
· 푸리에 변환이라고 불리는 일종의 함수 변환을 다루는 푸리에 해석

등 주로 해석학에 대해 깊이 공부하게 됩니다. 물론 수학과 학생들도 이런 과목들을 배우지만, 공학 계열에서는 이러한 이론을 공학 분야에 응용하는 데 중점을 두고, 수학과에서는 수학적으로 이론을 구축해 나가는 데 더 중점을 둡니다.

　대략 3학년 이후에는 새로운 적분 방법인 르베그 적분과 무한 차원의 선형대수에 해당하는 함수 해석학에 대해 공부하게 됩니다.

　그 후, 4학년부터는 미분 방정식론과 함수 해석학 외에 확률을 엄밀하게 정식화하는 확률론, 시간 경과에 따른 공간의 변화를 고찰하는 역학계 등 전문 분야를 선택해 연구하게 됩니다.

미분적분학

Calculus

미분적분학은 **제1항** 선형대수학과 마찬가지로 대학에 들어가면 가장 먼저 배우는 수학의 중요한 분야 중 하나입니다. 미분적분학의 목적은 고등학교 수학에서 다룬 미분, 적분을 엄밀하게 정식화하고, 이를 고차원화하거나, 더 넓은 범위의 함수에 적용할 수 있도록 하는 것입니다.

그중에서도 큰 특징 중 하나는 고등학교 수학에서 모호하게 정의되었던 극한의 개념이 **엡실론-델타 논법**을 통해 더 엄밀한 형태로 정의된다는 점입니다. 처음에는 이러한 엄격한 논증이 어렵게 느껴질 수 있지만, **9.2**에서 간단히 다루었으니 참고하시길 바랍니다. 또한, 이 책의 목적은 수학 이론의 엄격한 논증을 다루는 데 있지 않으므로, 여기서는 그 외의 개념에 대해 살펴보겠습니다.

14.1. 미분

함수 $f(x) = x^2$의 그래프 $y = f(x)$를 좌표 평면에 그린다고 해봅시다. 이 곡선 위에 점 A를 잡고, 그 점을 중심으로 크게 확대해 나가면 그래프는 점점 직선에 가까워집니다. 이 직선(또는 이에 한없이 가까운 것)은 어떤 의미를 가질까요?

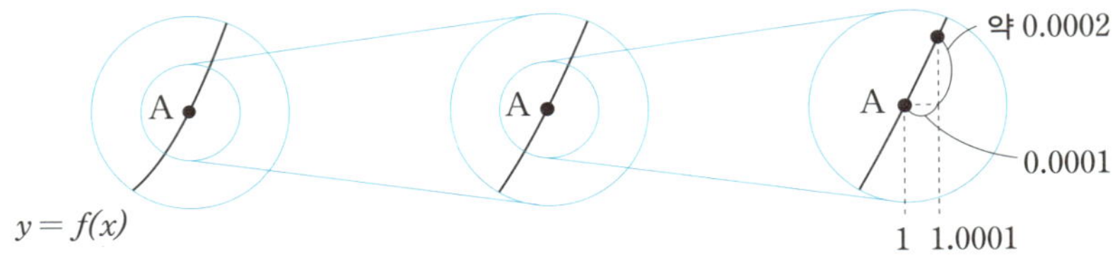

가령 점 A의 x좌표를 1이라고 하면, 그 직선의 기울기는 약 2가 됩니다. 점 A를 중심으로 크게 확대한 아주 좁은 범위, 예를 들어 x좌표가 1에서 0.0001만큼 늘어난 범위를 생각해보면, y좌표는 약 0.0002만큼 늘어나게 됩니다. 즉, 점 A와 아주 가까운 곳에서는 x좌표의 값과 y좌표의 값이 1:2의 비율로 증가합니다.

이처럼 함수 $f(x)$의 각 지점에서의 순간적인 변화의 비율(순간변화율)을 고려합니다. $x=a$에서의 순간변화율을 $\dfrac{df}{dx}(a)$, $f'(a)$로 표시하며, 이를 $x=a$에서 $f(x)$의 **미분계수**라고 합니다.

예를 들어, 위의 예에서는

$$\frac{df}{dx}(1) = 2 \ (x=1\text{에서 } f(x)\text{의 순간변화율은 2이다})$$

로 나타낼 수 있습니다. 이를 $x=a$뿐만 아니라 임의의 점에 대해서도 생각해 봅시다. 각 x좌표를 입력하면, 그 점에서의 순간변화율을 출력하는 함수를 $\dfrac{df}{dx}(x)$, $f'(x)$라고 쓰고, $f(x)$의 **도함수**라고 합니다. 원래 함수에서 도함수를 구하는 과정을 **미분**이라고 합니다.

다음으로 미분의 도형적인 의미를 살펴봅시다. 앞의 예에서 점 A에서 $f(x)$의 순간변화율은 2였습니다. 여기서 점 A를 지나는 기울기가 2인 직선을 원래 함수의 그래프 $y=f(x)$에 겹쳐봅시다. 이 직선을 A에서의 **접선**이라고 합니다.

A에서의 접선은 이름에서 알 수 있듯이, A에서 그래프에 「접하는」 직선입니다. 바꿔 말해 A 부근에서 그 함수의 그래프를 1차 함수의 그래프(직선)로 근사한 것이라고 할 수 있습니다. A에서의 접선이란 A를 중심으로 확

대할수록 원래 함수의 그래프와 거의 구별할 수 없게 되는 직선을 말합니다. 이때 각 점에서 접선의 기울기를 출력하는 함수가 도함수이며, 이를 구하는 과정이 바로 미분입니다.

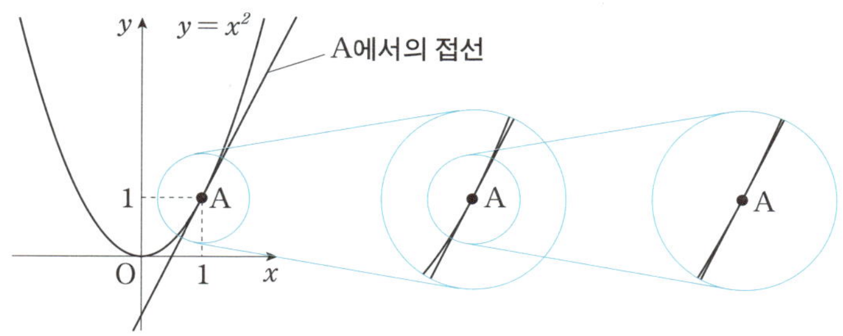

14.2. 리만 합을 이용한 적분

고등학교나 대학교 1학년 때 배우는 적분을 리만 적분이라고 합니다. 반면에 수학 전공자들은 대학교 3학년쯤 되면 리만 적분과 다른 방식으로 정의된 르베그 적분을 배웁니다 제19항. 여기서는 리만 적분의 개념에 대해 설명하겠습니다. 리만 적분은 리만Riemann, 1826-1866이 엄밀하게 정식화한 것에서 유래된 이름입니다.

$a \leqq x \leqq b$의 범위에서 (연속인) 함수 $f(x)$는 항상 양의 값을 가진다고 가정합시다. 이때 직선 $x=a$, $x=b$, x축과 곡선 $y=f(x)$로 둘러싸인 부분의 「넓이」 S를 구해봅시다.

x축의 $a<x<b$ 부분에 $(n-1)$개의 점(이 x좌표를 c_1, $\cdots$, c_{n-1}이라 하겠습니다)을 잡으면, 이 점들에 의해 x축의 $a \leqq x \leqq b$ 부분은 n개의 선분으로 나뉩니다. 또한, n개의 선분 각각에 대해 중간에 x좌표 d_1, $\cdots$, d_n을 잡습니다. 그리고 이것들의 f의 값 $f(d_1)$, $\cdots$, $f(d_n)$을 높이로 하고, 각 선분을 밑변으로 하는 n개의 직사각형을 고려합니다. 그러면 $y=f(x)$의 그래프와 x축으로 둘러싸인 $a \leqq x \leqq b$ 부분의 도형을 몇 개의 직사각형으로 근

사한 것이 됩니다.

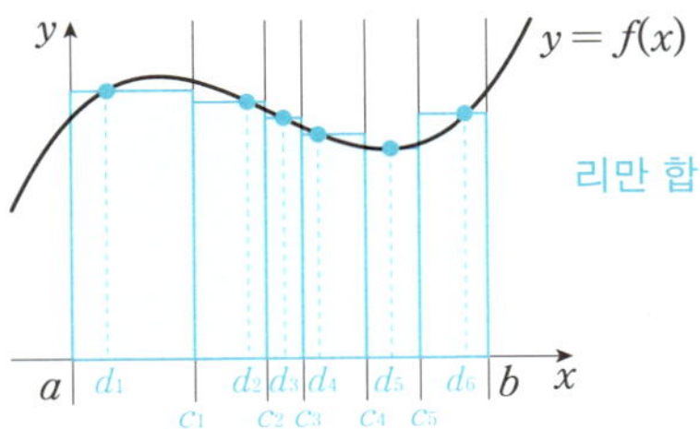

이 n개의 직사각형의 넓이의 합(**리만 합**)은 직사각형의 폭을 좁힐수록 (더 잘게 나눌수록) 실제 S에 가까워집니다. 여기서 직사각형을 더 잘게 나눠 리만 합의 극한을 생각해 보겠습니다. 물론 잘게 나누는 방법은 여러 가지가 있고, 중간에 더 많은 $d_1, d_2, \cdots, d_n$을 잡는 방법 역시 다양합니다. 이러한 모든 가능성을 고려하여 잘게 나눈 직사각형의 넓이의 합이 어떤 값에 수렴할 때, 함수 $f(x)$는 $a \leqq x \leqq b$ 구간에서 **적분 가능**하다고 하며, 그 값을

$$\int_a^b f(x)\,dx$$

로 나타냅니다. 이를 a에서 b까지의 $f(x)$의 **정적분**이라고 합니다.

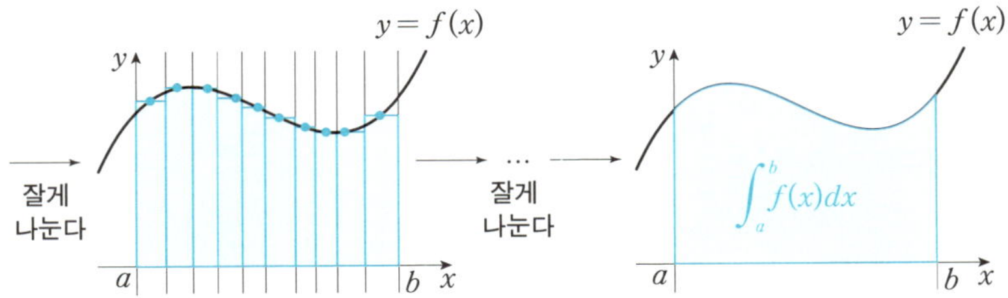

앞에서 「넓이」 S를 구해보자고 했는데, 실제로 이와 같이 정의된 $\int_a^b f(x)\,dx$의 값이 존재할 때, 그 값을 넓이라고 합니다. 이처럼 세로로 잘게 나눈 직사각형의 넓이로 근사하여 적분을 구하는 것이 리만 적분의 개념입니다.

$f(x) = x^2$이 주어졌을 때, $y = f(x)$와 x축으로 둘러싸인 $0 \leq x \leq 1$의 부분의 넓이를 구해봅시다. 먼저 n개의 직사각형으로 근사합니다. 이해하기 쉽게 $0 \leq x \leq 1$을 n등분하고, 각 선분의 가장 오른쪽 점을 d_1, d_2, $\cdots$, d_n으로 잡습니다$\left(즉, d_1 = \dfrac{1}{n}, d_2 = \dfrac{2}{n} =, \cdots, d_n = 1\right)$. 이때 직사각형은 다음 그림과 같습니다($n = 6$의 경우).

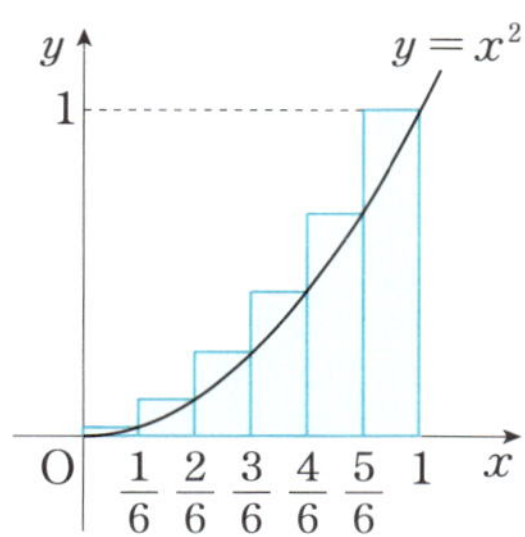

직사각형의 넓이의 합은

$$\sum_{k=1}^{n} \frac{1}{n} f\left(\frac{k}{n}\right) = \sum_{k=1}^{n} \frac{1}{n}\left(\frac{k}{n}\right)^2 = \frac{1}{n^3} \sum_{k=1}^{n} k^2$$
$$= \frac{1}{n^3} \cdot \frac{1}{6} n(n+1)(2n+1) = \frac{1}{3} + \frac{1}{2n} + \frac{1}{6n^2}$$

이 됩니다. 이 n을 무한히 늘려 가면 직사각형의 폭이 점차 좁아지고, 값은 $\dfrac{1}{3}$로 수렴합니다. 물론 실제로는 더 다양한 직사각형을 고려해야 하지만, 직사각형을 어떻게 나누든 직사각형의 넓이의 합은 $\dfrac{1}{3}$로 수렴합니다. 이로부터

$$\int_0^1 x^2 dx = \frac{1}{3}$$

로 계산되어, 직선 $x = 1$, x축과 곡선 $y = f(x)$로 둘러싸인 부분의 넓이는 $\dfrac{1}{3}$로 구할 수 있습니다.

직사각형의 넓이의 극한으로 정의된 정적분은 곡선으로 둘러싸인 도형의 넓이를 구하는 방법으로, 원리는 이해하기 쉽지만 계산이 매우 복잡합니다. 그렇다면, 더 간단히 계산하려면 어떻게 해야 할까요?

14.3. 미분적분학의 기본 정리

14.2에서는 「정적분」에 대해 설명했습니다. 고등학교 수학에서는 미분의 역연산인 부정적분을 정적분보다 먼저 배웁니다.

> **정의 83** 어떤 구간에서 정의된 함수 $f(x)$에 대해 미분하여 $f(x)$가 되는 함수 $F(x)$, 즉
> $$F'(x) = f(x)$$
> 가 되는 $F(x)$를 $f(x)$의 **원시함수**라고 하며, $\int f(x)dx$로 쓴다.

$F(x)$가 $f(x)$의 원시함수의 하나일 때 $F(x) + C$(C는 상수)의 형태인 함수는 모두 원시함수이며, 반대로 $f(x)$의 원시함수는 모두 $F(x) + C$ 형태로 나타낼 수 있습니다. 이를

$$\int f(x)dx = F(x) + C \ (C\text{는 적분상수})$$

라고 씁니다.

14.2에서 다룬 정적분은 넓이를 구하는 문제를 해결하기 위해 개발된 방법입니다. 앞에서도 살펴보았듯이 정적분은 폭이 좁은 직사각형들의 넓이의 합의 극한으로 정의됩니다. 이러한 정의 자체는 미분과 아무런 관계가 없습니다. 원래 넓이를 구하기 위한 정적분과 미분의 역연산으로서 부정적분은 서로 독립적으로 연구되어 왔습니다. 그 후 미분과 적분이 서로 연관되어 있다는 것, 즉 미분의 역연산을 이용하여 정적분을 계산할 수 있다는

것이 증명되었습니다. 이것이 뉴턴Newton, 1642-1727과 라이프니츠Leibniz, 1646-1716가 발견한 **미분적분학의 기본 정리**입니다.

> **정리 84** **미분적분학의 기본 정리**
>
> 어떤 구간에서 함수 $f(x)$가 연속이라고 하자. 이때 구간 내의 x에 대해 $\int_a^x f(t)\,dt$의 값을 주는 함수는 미분 가능하며,
>
> $$\frac{d}{dx}\int_a^x f(t)\,dt = f(x)$$
>
> 이다(a는 정의역 내의 상수)

이 정리는 함수 $\int_a^x f(t)\,dt$를 미분하면 $f(x)$가 된다는 것, 즉 $\int_a^x f(t)\,dt$가 $f(x)$의 원시함수임을 보여줍니다. 따라서 $f(x)$의 원시함수 중 하나를 $F(x)$라고 할 때

$$\int_a^x f(t)\,dt = F(x) + C \quad (C\text{는 상수}) \qquad \cdots\cdots①$$

와 같은 형태가 됨을 알 수 있습니다. 여기서 $x=a$라 하면, 좌변은 a에서 a까지 적분하면 0이 되므로,

$$0 = F(a) + C \ \ \text{즉} \ \ C = -F(a)$$

입니다. 이를 ①에 대입하면

$$\int_a^x f(t)\,dt = F(x) - F(a)$$

가 됩니다. 또한 $x=b$라 하면, 다음과 같은 정리를 얻을 수 있습니다.

> **정리 85** **정적분의 계산**
>
> 함수 $f(x)$의 원시함수를 $F(x)$라고 하면
>
> $$\int_a^b f(t)\,dt = F(b) - F(a)$$
>
> 가 성립한다.

이 정리는 넓이를 구하기 위한 정적분 $\int_a^b f(t)\,dt$는 미분의 역연산으로 구할 수 있는 원시함수 $F(x)$를 이용하여 계산할 수 있다는 것을 나타냅니다. 현재 고등학교 수학에서는 이것을 정적분의 정의로 배우기 때문에 지극히 당연하게 보일 수 있습니다. 그러나 넓이를 계산하기 위해 정적분이 발명된 17세기의 관점에서 보자면 이는 대단한 발견이었습니다.

14.4. 테일러 전개

미분이란 함수를 국소적으로 1차 함수로 근사하는 것이라고 **14.1** 에서 설명했습니다. 이제 차수를 더 높여 함수를 n차 함수로 근사하는 것을 생각해 봅시다. $\sin x$를 예로 들어보겠습니다.

$$f_k(x) = x - \frac{1}{3!}x^3 + \frac{1}{5!}x^5 - \cdots + (-1)^k \frac{1}{(2k+1)!}x^{2k+1}$$

$$(k = 0, \ 1, \ 2, \ 3, \ \cdots)$$

와 같은 $(2k+1)$차 함수는 $\sin x$를 근사하는 $(2k+1)$차 함수로 알려져 있습니다. 예를 들어,

- $k=0$일 때 $f_0(x) = x$
- $k=1$일 때 $f_1(x) = x - \frac{1}{3!}x^3$
- $k=2$일 때 $f_2(x) = x - \frac{1}{3!}x^3 + \frac{1}{5!}x^5$

● $k=3$일 때 $f_3(x) = x - \dfrac{1}{3!}x^3 + \dfrac{1}{5!}x^5 - \dfrac{1}{7!}x^7$

와 같습니다. 다음 그림은 $k=0, 1, 2, 3$인 경우의 그래프입니다.

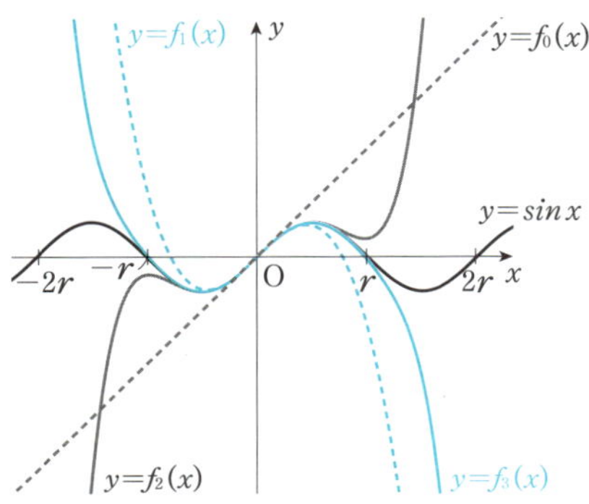

그래프에서 볼 수 있듯이, k가 커질수록 더 넓은 범위에서 $\sin x$를 원점 부근에서 더 정확하게 근사하고 있음을 알 수 있습니다. 이러한 유한 차수의 함수는 어디까지나 $\sin x$를 원점 부근에서 「근사」할 뿐입니다. 그러나 이 k를 무한대까지 확장하여 무한급수로서

$$f_\infty(x) = x - \frac{1}{3!}x^3 + \frac{1}{5!}x^5 - \cdots + (-1)^k \frac{1}{(2k+1)!}x^{2k+1} + \cdots$$

를 생각하면, 이것이 $\sin x$와 「같아진다」고 예상할 수 있습니다. 실제로 이 예상은 틀리지 않습니다. 임의의 x에 대해

$$\sin x = x - \frac{1}{3!}x^3 + \frac{1}{5!}x^5 - \cdots + (-1)^k \frac{1}{(2k+1)!}x^{2k+1} + \cdots$$

가 성립합니다[30].

일반적으로, 주어진 함수 $f(x)$를

$$f(x) = a_0 + a_1 x + a_2 x^2 + a_3 x^3 + \cdots \quad (a_0,\ a_1,\cdots 는 상수)$$

---

30. 물론 이것은 무한개의 합이기 때문에, 엄밀히 말하면 수렴과 같은 여러 가지 어려운 문제가 남아 있습니다. 하지만, 여기서는 이를 받아들이기로 하겠습니다.

의 형태로 나타낼 수 있을 때, 이러한 형태를 $f(x)$의 **거듭제곱 급수 전개**라고 합니다. 특히 고차 미분계수 $f(0)$, $f'(0)$, $f''(0)$, $f^{(3)}(0)$, …를 이용하여 계수 a_0, a_1, a_2, a_3, …를 나타낸 것을 $x=0$ 근처에서의 **테일러 전개(매클로린 전개)**라고 합니다. 예를 들어 $\sin x$ 외에도,

- $\cos x = 1 - \dfrac{1}{2!}x^2 + \dfrac{1}{4!}x^4 - \cdots + (-1)^k \dfrac{1}{(2k)!}x^{2k} + \cdots$

- $e^x = 1 + x + \dfrac{1}{2!}x^2 + \dfrac{1}{3!}x^3 + \cdots + \dfrac{1}{k!}x^k + \cdots$

- $|x| < 1$일 때

$$\log(1+x) = x - \frac{1}{2}x^2 + \frac{1}{3}x^3 - \frac{1}{4}x^4 + \cdots + (-1)^{k-1}\frac{1}{k}x^k + \cdots$$

등이 성립합니다.

14.5. 다변수 함수의 미분 적분

지금까지 다양한 미분, 적분의 개념에 대해 알아보았습니다. 이 외에도 미분, 적분의 고차원화, 즉 다변수 함수의 미분, 적분 이론을 배우는 것도 대학교 1학년 때 배우는 미분적분학의 목표 중 하나입니다. 예를 들면,

$$f(x, y) = x^2 - y^4 + 2$$

는 x와 y 두 값을 주면 하나의 값을 반환하는 이변수 함수입니다. 이 함수의 그래프 $z = f(x, y)$는 다음과 같이 xyz 공간 내에 그릴 수 있습니다.

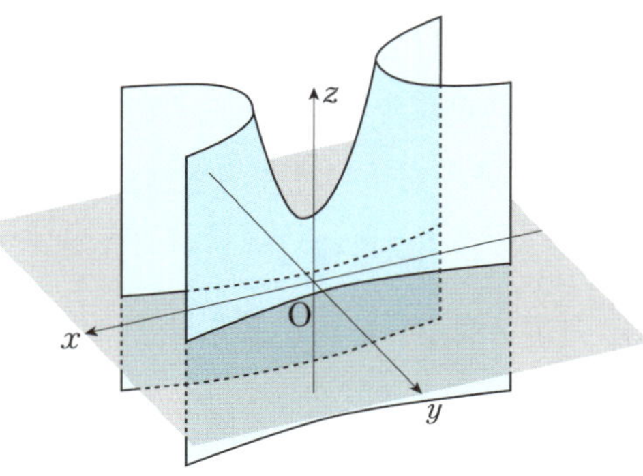

이 함수에 대해 다음과 같은 질문에 답하는 방법을 배웁니다.

- y좌표는 바꾸지 않고, x좌표만 바꾸었을 때 순간변화율은 어떻게 계산할 수 있을까요? 이것은 일변수 함수의 미분 기호와 비슷하게 생긴 $\dfrac{\partial f}{\partial x}(x, y)$로 표현되는 **편미분**이라는 것을 이용하여 계산할 수 있습니다. 예를 들어, 앞에서 나온 f에 대해 $\dfrac{\partial f}{\partial x}(x, y)$는 y를 상수로 하고, x를 변수로 간주하여 미분하면

$$\frac{\partial f}{\partial x}(x, y) = 2x$$

로 계산할 수 있습니다. 이는 y좌표는 바꾸지 않고 x좌표만 바꿨을 때 순간변화율이 $2x$가 됨을 나타냅니다.

- $2 \leq x \leq 3$ 및 $0 \leq y \leq 1$ 범위에서 xy 평면과 곡면 $z = f(x, y)$로 둘러싸인 부분의 부피는 어떻게 계산할 수 있을까요? 기호로는

$$\int_0^1 \int_2^3 f(x, y)\,dxdy$$

로 표시하는 **중적분**을 이용하여 계산합니다.

- 고등학교 수학에서는 함수의 극값이나 최댓값·최솟값은 미분을 이용하여 구했습니다. 그러면 이변수 함수의 극값이나 최댓값·최솟값은 어떻게 구할 수 있을까요?

　　미분과 적분은 함수를 「해석」하기 위한 기본적인 도구이며, 지금까지 다룬 내용은 서론에 불과합니다. 해석학이라는 분야에서는 미분과 적분의 개념을 더욱 발전시키는 연구가 이루어지는 한편, 대수학에서는 정수론(제5항)의 연구에 적분을 활용하며, 기하학에서는 다양한 도형(다양체, 제10항) 위에서 미분, 적분을 전개하는 등 그 응용 범위가 매우 넓습니다.

필자의 전문 분야 ①

다중 제타 값

석사 과정에 재학 중일 때는 정수론, 특히 「다중 제타 값」이나 「p진 적분론」에 관심이 많았습니다. 여기서는 다중 제타 값에 대해 소개하겠습니다.

제타 함수에 대해서는 **정의 28**에서 정의를 소개하고, **예 29**에서 $\zeta(2)$, $\zeta(3)$, $\zeta(4)$ 등의 값에 대해 알아보았습니다. 이를 확장한 것이 **다중 제타 값**이라고 할 수 있습니다. 이는

$$\zeta(s_1, s_2) = \sum_{0 < m_1 < m_2} \frac{1}{m_1^{s_1} m_2^{s_2}}$$

$$= \frac{1}{1^{s_1} \cdot 2^{s_2}} + \frac{1}{1^{s_1} \cdot 3^{s_2}} + \frac{1}{1^{s_1} \cdot 4^{s_2}} + \cdots$$

$$+ \frac{1}{2^{s_1} \cdot 3^{s_2}} + \frac{1}{2^{s_1} \cdot 4^{s_2}} + \cdots$$

$$+ \frac{1}{3^{s_1} \cdot 4^{s_2}} + \cdots$$

와 같은 합으로 정의됩니다(더 다중화하여 $\zeta(s_1, s_2, \cdots, s_k)$ 등도 생각할 수 있습니다).

이러한 형태의 다중 제타 값은 그 값 자체에 대해서는 알려진 것이 많지 않지만, 예를 들어

$$\zeta(1, 2) = \zeta(3)$$

$$\zeta(2) \cdot \zeta(3) = \zeta(2, 3) + \zeta(3, 2) + \zeta(5)$$

라는 관계식이 성립하는 것으로 알려져 있습니다. 다중 제타 값 연구에서는 이러한 다중 제타 값들 사이의 관계식을 찾아내는 것이 주요 연구 주제 중 하나입니다.

벡터해석

Vector Calculus

앞에서 다변수 함수의 미분과 적분에 대해 소개했습니다. 이번에는 여러 값을 입력하면 여러 값이 출력되는 함수를 생각해 보겠습니다. 예를 들어, 2개의 값을 입력하면 2개의 값이 출력되는 함수는 평면 위의 각 점에 대해 두 값의 쌍인 「벡터」를 대응시키는 것으로 볼 수 있습니다. 이처럼 벡터가 출력되는 함수의 미분과 적분을 다루는 분야가 벡터 해석입니다. 이에 필요한 개념인 「선적분」을 먼저 살펴보겠습니다.

15.1. 선 적분: 경로에 따른 적분

다음의 왼쪽 그림과 같이 xy 평면의 x축과 함수 $y = f(x)$의 그래프로 둘러싸인 부분에 크림이 발려 있다고 가정해 보겠습니다. x축에 수직으로(y축에 평행하게) 칼을 세우고, $x = a$에서 $x = b$까지 칼을 움직입니다. 이렇게 해서 걷어 낸 크림의 양(넓이)이 바로 일변수 함수 $f(x)$의 적분 $\int_a^b f(x)dx$입니다.

마찬가지로, 오른쪽 그림과 같이 xy 평면을 바닥면으로 하여 xyz 공간 내에 케이크가 놓여 있다고 해봅시다. 이 케이크는 윗면이 이변수 함수 $z = g(x, y)$의 그래프(곡면)로 이루어져 있습니다. 케이크를 (실처럼 가늘고 긴) 칼로 잘라봅시다. xy 평면에 수직으로(z축에 평행하게) 칼을 세우고, xy 평면 위의 점 A에서 점 B까지의 곡선(경로) C를 따라 케이크를 자릅니다. 그러면 칼이 지나가면서 크림을 걷어냅니다(케이크 안쪽까지 크림이 가득하다고 가정합니다). 이렇게 해서 걷어 낸 크림의 양이 바로 칼로 자른 단면의 넓이입니다. 이를 계산하는 것이 「경로」에 따른 적분입니다.

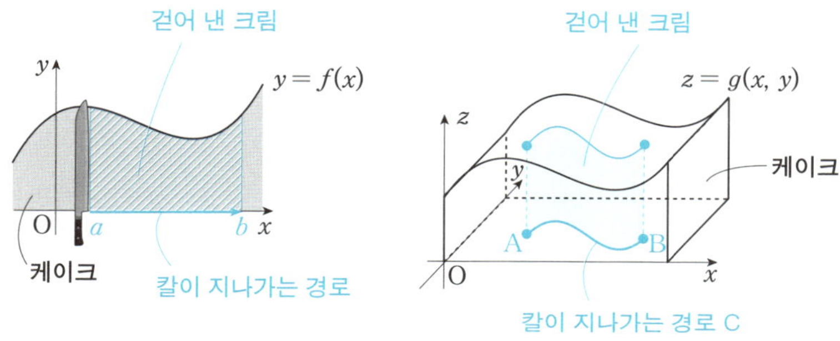

이 단면의 넓이는 어떻게 계산할 수 있을까요? 일변수 함수의 경우와 마찬가지로 수학적으로 설명해 보겠습니다. 1차원의 경우 x축을 잘게 나눠 넓이를 직사각형으로 근사했던 것처럼, 이번에도 먼저 칼이 움직인 경로 C를 잘게 잘라 꺾은선으로 근사합니다. 그리고 그 꺾은선 위에서 xy 평면과 $z = g(x, y)$의 그래프로 둘러싸인 부분을 직사각형으로 근사합니다. 이 직사각형의 넓이의 합을 생각하고, 직사각형의 폭을 무한히 좁혔을 때의 극한을 (그 극한이 경로를 나누는 방법 등에 의존하지 않을 때)

$$\int_C g(x, y)\,ds$$

로 정의합니다. 이것은 $\int_C$ 가 경로 C에 따른 적분임을 나타내며, 이러한 적분을 **선적분**이라고 합니다(ds는 곡선 C에 따른 선 요소이며, 자세한 설명은 생략합니다).

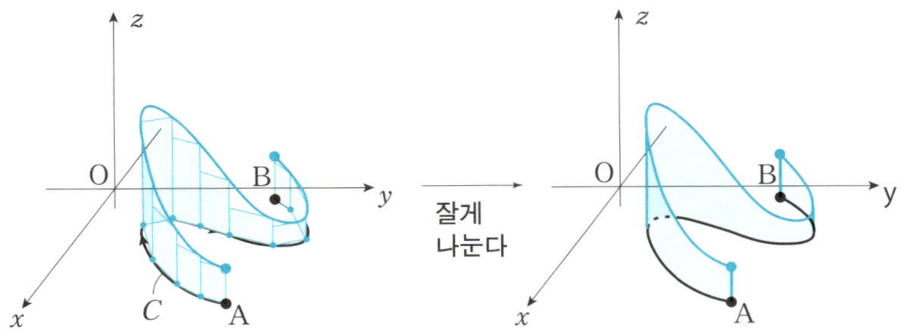

주의할 점은 같은 A에서 B까지의 적분이라 해도 어떤 경로를 따라 적분하느냐에 따라 적분값이 달라진다(어떤 경로로 칼을 움직이느냐에 따라 걸어 낸 크림의 양이 달라진다)는 것입니다.

예 86

예를 들어, $f(x, y) = x$라는 함수를 생각해 봅시다. $z = f(x, y)$의 그래프는 다음 그림과 같은 평면이 됩니다.

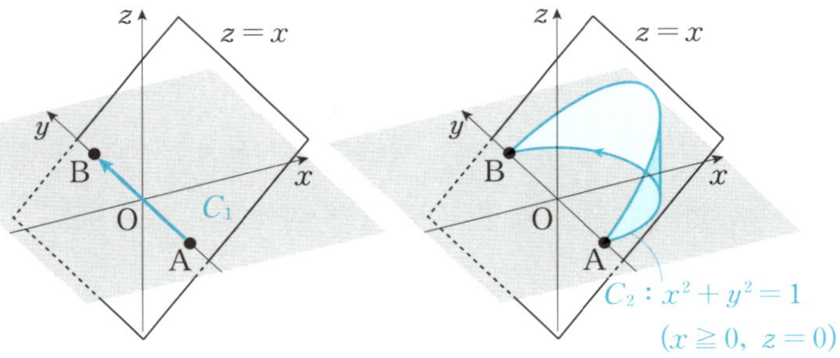

xy 평면 위의 점 A$(0, -1)$에서 B$(0, 1)$까지의 적분을 생각해 보겠습니다. 예를 들어, 선분 AB를 경로 C_1이라고 합시다. y축$(x = 0)$ 위에서는 z의 값이 항상 $f(0, y) = 0$(케이크의 높이가 없다)이므로, 잘게 나눈 직사각형의 높이도 모두 0이 됩니다. 따라서 경로 C_1에 따른 적분은 0입니다(칼로 걸어 낸 크림의 양은 0):

$$\int_{C_1} f(x, y)\,ds = 0$$

이제 원 $x^2+y^2=1$의 $x \geq 0$인 부분의 경로 C_2에 따른 적분을 생각해 봅시다. 이것은 $f(x, y)$의 값이 양수인 부분을 지나 B까지 도달하므로(케이크의 높이가 있는 부분을 자른다), 직사각형도 양의 높이를 가지며, 적분 $\int_{C_2} f(x, y)ds$의 값은 양수가 됩니다(칼로 걷어 낸 크림의 양은 양수) :

$$\int_{C_2} f(x, y)ds > 0$$

따라서

$$\int_{C_1} f(x, y)ds \neq \int_{C_2} f(x, y)ds$$

이며, 경로에 따라 적분값은 달라집니다.

15.2. 벡터장

벡터해석은 **벡터장**과 관련된 미분, 적분을 다루는 이론입니다. 「벡터장」 이란 각 점에 대해 벡터가 정의되어 있는 평면을 말합니다(이 책에서는 간단히 하기 위해 평면 위의 벡터장을 고려합니다).

벡터는 방향과 크기를 갖는 양으로, 속도나 힘을 표현할 때 사용합니다. 따라서 평면 위의 「각 점에 대해 벡터가 정의되어 있다」는 것은 「각 점에 대해 힘과 속도가 주어져 있다」고 해석할 수 있습니다. 예를 들어, 일기 예보에서는 흔히 풍속과 풍향을 나타내는 지도를 볼 수 있습니다. 바람은 공기의 흐름으로, 각 지점에서 서로 다른 방향과 세기로 흐릅니다. 각 지점에서 바람의 속도와 방향을 벡터의 길이와 방향으로 표현한 것이 다음의 그림입니다. 이는 일종의 벡터장입니다.

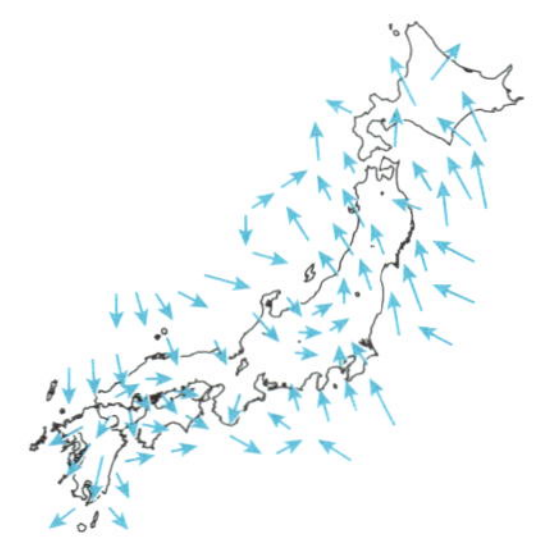

그 밖에도 자석이 놓인 공간에는 **자기장**이라는 벡터장, 지구 표면에는 중력이 일정한 방향으로 작용함을 나타내는 **중력장**이라는 벡터장이 있습니다.

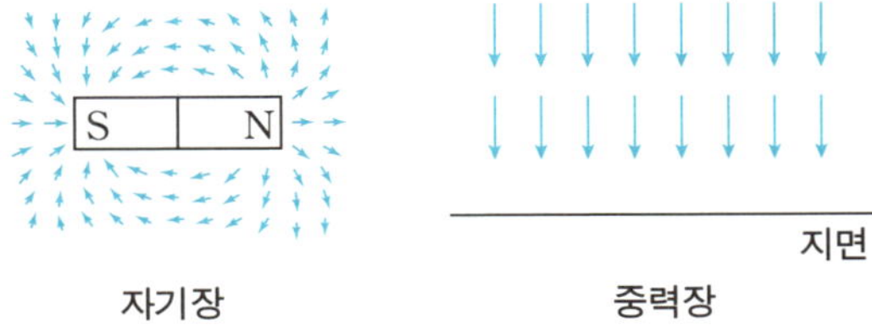

자기장   중력장

여기서는 좌표 평면 위에서 공기의 흐름을 나타내는 벡터장을 살펴보겠습니다. 벡터장은 좌표 (x, y)가 주어졌을 때, 그 위치에서 순간적으로 흐르는 공기(바람)의 양과 방향을 나타내는 벡터 $\begin{pmatrix} V_1 \\ V_2 \end{pmatrix}$를 반환하는 사상이라고 볼 수 있습니다. 이를 $\vec{V}(x, y) = \begin{pmatrix} V_1 \\ V_2 \end{pmatrix}$로 표기하겠습니다.

예 87

① 예를 들어, $\vec{V}(x, y) = \begin{pmatrix} -1 \\ 0 \end{pmatrix}$이라고 합시다. 이것은 모든 위치 (x, y)에서 바람이 일정한 벡터 $\begin{pmatrix} -1 \\ 0 \end{pmatrix}$으로 불고 있음을 나타냅니다.

② 예를 들어, $\vec{V}(x, y) = \begin{pmatrix} -y \\ x \end{pmatrix}$라고 합시다. 이것은 위치 (x, y)에서 벡터 $\begin{pmatrix} -y \\ x \end{pmatrix}$의 바람이 불고 있음을 나타냅니다. 예를 들어 점 $(1, 0)$에

서는 벡터 $\begin{pmatrix} 0 \\ 1 \end{pmatrix}$의 바람, 점 $(2, 4)$에서는 벡터 $\begin{pmatrix} -4 \\ 2 \end{pmatrix}$의 바람이 불고 있습니다.

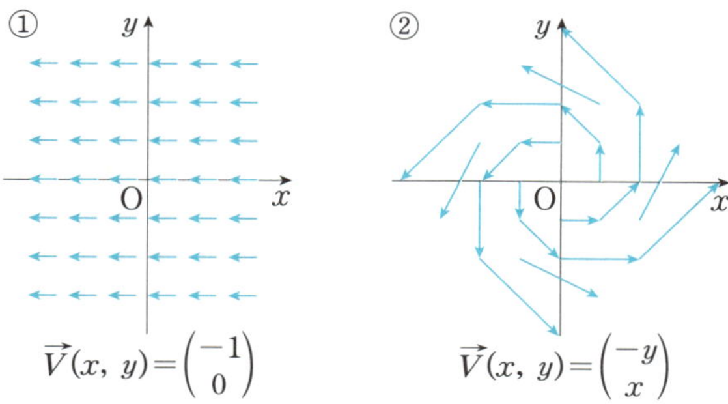

벡터해석에서는 벡터장에 관한 몇 가지 중요한 공식을 탐구해 나갑니다. 여기서는 그중 하나인 「가우스의 발산 정리」를 소개하겠습니다.

정리 88 (2차원) 가우스의 발산 정리

S를 평면 위의 매끄러운 경계 L을 가진 영역이라고 하자. $\vec{V} = \begin{pmatrix} V_1 \\ V_2 \end{pmatrix}$를 벡터장이라 할 때 아래의 공식이 성립한다[31] :

$$\int_L \vec{V} \cdot \vec{n}\, ds = \int_S \mathrm{div}\, \vec{V}\, dxdy$$

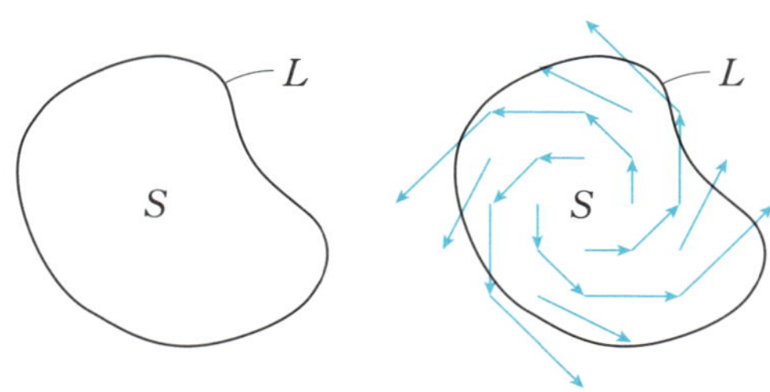

---

31. $\mathrm{div}\,\vec{V}$, $\vec{n}$의 의미는 p.183~184에서 설명합니다.

이 공식의 의미를 설명해 보겠습니다. 좌표 평면 위의 어떤 영역 S를 생각해 봅시다. 좌표 평면 위로 공기가 흐를 때, 영역 S로 공기가 드나든다고 합시다. 영역 S 내에 있는 공기의 변화량을 구하는 방법에는 어떤 것이 있을까요?

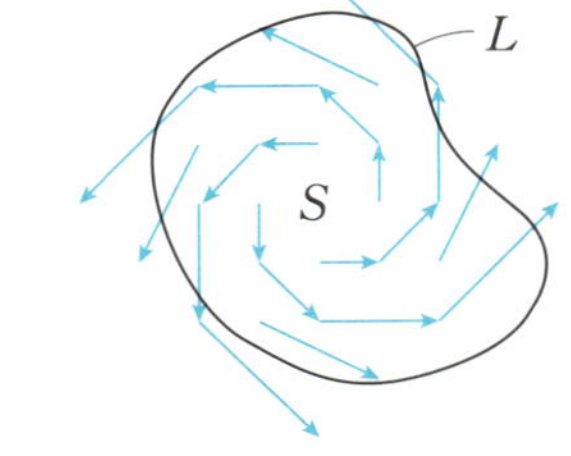

- 먼저, S의 각 지점에서의 공기의 변화량을 생각하고, 그것을 S 전체에 걸쳐 더하는 (적분하는) 방법이 있습니다. 이 방법으로 계산한 것이 공식의 우변입니다.

- 다음으로, 경계 L을 통해 드나드는 공기의 양을 알아보는 방법도 있습니다. 이 방법으로 계산한 것이 공식의 좌변입니다.

이 2가지 방법으로 계산한 영역 S의 공기의 변화량은 같다는 것이 가우스의 발산 정리입니다.

어떤 영역 내의 양의 변화를 경계에서 파악하는 친숙한 예를 소개하겠습니다. 어떤 상가에 머무는 사람의 수가 12시부터 12시 1분까지 1분 동안 얼마나 늘었는지 알고 싶다고 합시다. 상가의 각 상점과 통로에 있는 사람 수의 증감을 집계하여 이를 합산해도 되지만, 상가 출입구를 통해 몇 명이 드나들었는지를 파악하는 편이 더 효율적입니다. 가우스의 발산 정리는 대략 이런 의미입니다.

이 공식이 왜 성립하는지 좀 더 수학적으로 설명해 보겠습니다. 간단히 하기 위해 1차원으로 설정하겠습니다. 수직선이 있고, 그 위로 공기가 흐른다고 가정해 봅시다. 좌표 x를 1초 동안 통과하는 공기의 양(방향도 포함)을 $V(x)$로 나타냅니다. $V(x) > 0$이면 수직선의 양의 방향으로 1초 동안 $|V(x)|$ 만큼의 공기가 통과하고, $V(x) < 0$이면 수직선의 음의 방향으로 1초 동안 $|V(x)|$ 만큼의 공기가 통과한다는 뜻입니다.

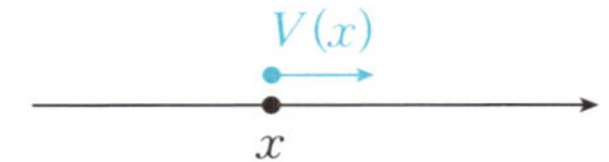

또한, S를 수직선 위의 $a \leqq x \leqq b$ 범위(구간)라고 하면, 경계 L은 지점 a, b 두 점이 됩니다.

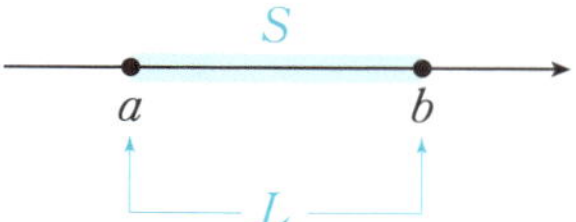

먼저, 공식의 우변을 계산합니다. S 내의 각 지점에서 공기의 변화량을 구합니다. S 내의 지점 c에서는 얼마만큼의 공기가 드나들까요? Δx를 아주 작은 양의 수로 하고, S 내의 $c \leqq x \leqq c + \Delta x$와 같이 매우 좁은 범위를 생각해 보겠습니다. 이 구간에서 가장 오른쪽 지점 $c + \Delta x$에서는 $V(c + \Delta x)$만큼 공기가 나가고, 가장 왼쪽 지점 c에서는 $V(c)$만큼 공기가 들어옵니다. 따라서 $c \leqq x \leqq c + \Delta x$에서 공기가 나가는 양은 Δx가 아주 작다면

$$V(c + \Delta x) - V(c) \fallingdotseq V'(c)\Delta x^{32}$$

로 계산할 수 있습니다($V'(x)$는 $V(x)$의 도함수). c를 S 전체에 걸쳐 움직여 이 양을 모두 더하면 (적분하면) 공식의 우변에 해당하는

$$\int_a^b V'(x)dx \qquad \qquad \cdots\cdots ①$$

를 얻을 수 있습니다.

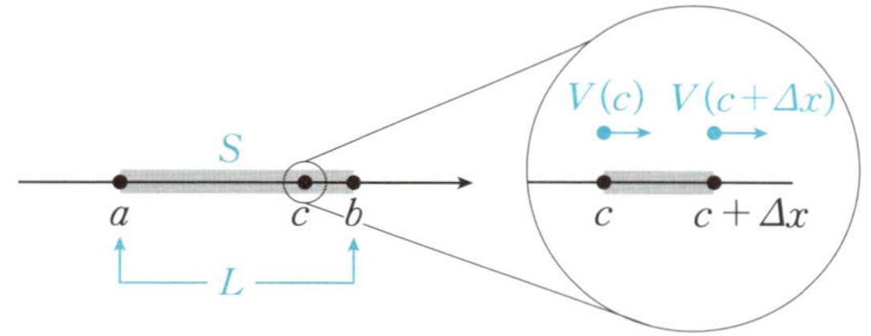

다음은 좌변의 계산입니다. S 전체에서 공기의 증감은 경계인 $x = a$,

---

32. 이 근사는 미분의 정의 $V'(c) = \lim\limits_{\Delta x \to 0} \dfrac{V(c + \Delta x) - V(c)}{\Delta x}$와 같습니다.

$x=b$ 두 지점에서 공기의 흐름만 파악하면 됩니다. 여기서 가장 오른쪽 지점 b에서는 $V(b)$만큼 공기가 나가고, 가장 왼쪽 지점 a에서는 $V(a)$만큼 공기가 들어옵니다. 따라서

$$V(b) - V(a) \qquad\qquad \cdots\cdots ②$$

만큼의 공기가 S에서 나갑니다.

①, ②로부터 다음 식을 얻을 수 있습니다 :

$$V(b) - V(a) = \int_a^b V'(x)\,dx$$

이것이 1차원 가우스의 발산 정리입니다. 이는 **정리 85** 와 $(V'(x)$의 원시함수가 $V(x)$이므로)같습니다. **정리 88** 은 이것의 2차원 형태라고 할 수 있습니다. 우변의 $\int_S \operatorname{div}\vec{V}\,dxdy$가 S 내의 각 지점에서 공기가 나가는 양을 전체에 걸쳐 적분한 것입니다. 여기서

$$\operatorname{div}\vec{V} = \frac{\partial V_1}{\partial x} + \frac{\partial V_2}{\partial y}$$

를 $\vec{V}$의 발산(divergence)이라고 하며, 단위 넓이당 솟아나는(나가는) 공기의 양을 나타냅니다. 이 양을 S에 걸쳐 적분하면 우변을 얻을 수 있습니다.

좌변의 $\int_L \vec{V}\cdot\vec{n}\,ds$는 경계의 각 지점에서 나가는 공기의 양을 L을 따라 선적분하여 모두 더한 것을 나타냅니다[33]. 이 두 값이 같음을 나타내는 것이 가우스의 발산 정리입니다.

이와 같이 벡터해석의 공식은 대부분 다음과 같은 형태로 표현됩니다.

---

33. $\vec{n}$은 L의 외향 단위 법선 벡터입니다. 이것과 내적을 구하여 경계의 곡선에서 수직으로 나가는 양을 계산합니다.

$$\boxed{\text{벡터장 } \vec{V} \text{의 미분에 관한 어떤 양의 영역 } S \text{에서의 적분}}$$

$$\boxed{= \text{ 벡터장 } \vec{V} \text{의 경계 } L \text{에서의 적분}}$$

쉽게 말해, 「어떤 영역 전체에서 양의 변화는 그 영역의 경계에서의 양으로 파악할 수 있다」는 뜻입니다. 그리고 정리88도 이런 형태를 취하고 있습니다. 이러한 공식은 더 나아가 스토크스의 정리로 통합할 수 있으며, 다양체 제10항에서의 공식으로 일반화됩니다.

15.3. 전자기학에서의 응용

벡터해석은 물리학의 여러 분야에 응용되는데, 그중에서도 대표적인 예가 전자기학입니다. 역학의 기본이 되는 방정식으로 운동방정식 $\vec{F} = m\vec{a}$가 있다면, 전자기학의 기본 방정식으로는 맥스웰 방정식이 있습니다. 4개의 맥스웰 방정식 중 앞에서 살펴본 발산(div)과 관련된 방정식 2개를 소개하겠습니다.

> **정리 89** **가우스 법칙·가우스 자기 법칙**
>
> $\vec{E}$를 전기장, $\vec{B}$를 자기장[34]이라고 하자. 이때
>
> $$\operatorname{div}\vec{E} = \frac{\rho}{\varepsilon_0} \qquad\qquad \cdots\cdots ③$$
>
> $$\operatorname{div}\vec{B} = 0 \qquad\qquad \cdots\cdots ④$$
>
> 이다. 여기서 ρ는 전하 밀도(위치에 따라 달라진다)이고,
>
> $\varepsilon_0 = 8.85\cdots \times 10^{-12}[\mathrm{F/m}]$은 진공의 유전율이라 불리는 상수이다.

---

34. 엄밀히 말하면 (고등학교 물리에서도 다루는) 「자속 밀도」를 말합니다.

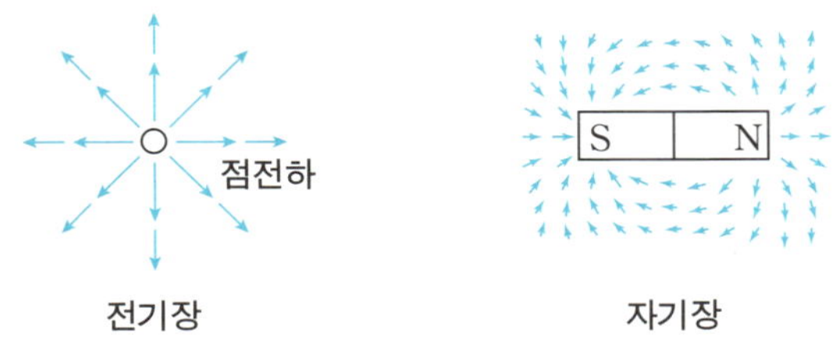

전기를 띤 입자를 전하라고 하며, 부피 없이 전하량만 가진 전하를 점전하라고 합니다. 평면에 점전하가 있으면 **쿨롱**이라 불리는 힘이 작용하여, 전기를 띤 다른 입자를 끌어당기거나 밀어냅니다. 이 쿨롱의 힘을 만들어내는 것이 **전기장**입니다. 전기장은 양의 점전하에서 방사형으로 뻗어 나가는 형태로 그려집니다. 그 퍼져나가는 양 $\operatorname{div} \vec{E}$가 $\dfrac{\rho}{\varepsilon_0}$와 같다는 것이 방정식 ③의 의미입니다.

마찬가지로, 자기를 띤 물체가 평면 내에 있으면 **자기력**이 작용하여 자기를 띤 다른 물체를 끌어당기거나 밀어냅니다. 이러한 자기력을 만들어내는 것이 **자기장**입니다. 자기장은 N극에서 나와 S극으로 들어가는 형태로 그려지는데, 방정식 (4)는 자기장은 나가는 양과 들어오는 양이 항상 같다는 것을 의미합니다. 이는 자석이 N극이나 S극 중 어느 한쪽의 성질을 가질 수 없다는 사실을 나타냅니다.

예를 들어, N극의 성질만 가질 수 있다면 그 점이 자기장이 발생하는 지점이 되어 발산이 양수가 되어야 합니다. 하지만, 자석을 절반으로 자르면 잘려진 부분에서 각각 N극과 S극이 생깁니다. 방정식 ④는 바로 이 사실을 나타냅니다.

이처럼 벡터 해석은 전자기학을 기술하는 도구로서 전자기학과 함께 발전해 왔습니다.

Essential Points on the Map

☑ **미분** … 함수의 순간변화율을 구하는 연산.

☑ **정적분** … 함수의 그래프로 그려진 도형의 넓이를 구하는 연산.

☑ **부정적분** … 미분의 역연산으로, 원시함수를 구하는 연산.

→ 역사적 기원이 다르다.

이들이 하나로 연결된 것이 미분적분학의 기본 정리 정리 84!

대학 수준의 미분적분학에서는 미분과 적분의 엄밀한 이론과 함께 편미분, 중적분 등 다변수 함수로의 일반화를 다룬다!

☑ **벡터해석** … 평면 위의 각 점에 벡터가 대응하는 벡터장에 대한 미분과 적분을 다루는 분야.

→ 가우스의 발산 정리 정리 88 등 몇 가지 중요한 공식이 있으며, 이들은 맥스웰 방정식을 비롯한 전자기학 등 다양한 분야에 폭넓게 응용되고 있다.

제16항

미분방정식론

Theory of Differential Equations

미분방정식이란 미지 함수 $y = f(x)$와 그 도함수를 포함하는 방정식입니다. 예를 들어,

$$y' = 0$$

은 함수 $y = f(x)$에 대한 가장 간단한 미분방정식입니다. 이는 「미분하여 0이 되는 x의 함수 y는 무엇인가?」라는 의미의 미분방정식입니다. 이 미분방정식(함수의 정의역이 실수 전체라면)의 해는 상수 함수

$$y = C \quad (C\text{는 상수})$$

가 됩니다.

미분방정식은 다양한 현상을 고찰할 때 등장합니다. 그중 한 가지 예를 소개하겠습니다.

16.1. 인생의 체감 시간

먼저 친근한 예를 들어보겠습니다. 나이가 들수록 시간이 더 빨리 흐르는 것처럼 느껴지곤 합니다. 이 현상을 미분 방정식을 이용하여 생각해 봅시다.

태어난 순간을 $t = 0$으로 하고, 그때부터 경과한 시간을 t년이라고 합시다. 태어난 후 t년이 경과한 것을 t살로 표현하겠습니다. 다만, 일상에서 t

살라고 하면 1년마다 1씩 늘어나지만, 여기서는 태어난 이후 경과한 시간을 연속적으로 표현하기로 합니다. 예를 들어, 태어난 지 4년 6개월 지났다면 $t = 4.5$살로 생각합니다.

그런데 10살 때 느끼는 1년과 20살 때 느끼는 1년은 크게 다릅니다. 20살 때의 1년은 몇 배는 더 빠르게 느껴집니다. 10살에게 1년은 인생의 $\frac{1}{10}$이지만, 20살에게 1년은 인생의 $\frac{1}{20}$에 불과합니다. 즉, 나이가 2배, 3배, …가 되면 1년의 체감시간은 $\frac{1}{2}$, $\frac{1}{3}$, …로 줄어드는 반비례 관계에 있다고 볼 수 있습니다.

여기서 주변 환경을 인지하기 시작하는 나이라는 4살을 기준으로 체감 시간을 계산하고, 4살 때 느끼는 1년을 「1체감년」으로 합시다. 그리고 t살이 되면 그때까지 $y(t)$체감년을 살아왔다고 느낀다고 가정합니다. $y(t)$는 t의 함수입니다. 이때, 체감 시간의 증가율은 나이에 반비례한다고 합시다. 즉, t살 때는 4살 때와 비교해 $\frac{t}{4}$배 더 오래 살아온 만큼 체감 시간은 그 시점의 실제 1년이 그 역수인 $\frac{4}{t}$체감년 정도로 느껴집니다. 물론 반론이 있을 수 있겠지만, 여기서는 이 가정이 옳다고 보고 논의를 진행하겠습니다. 그러면 이것은 도함수 $y'(t)$(체감 시간의 함수 $y(t)$의 순간증가율)를 이용하여

$$y'(t) = \frac{4}{t}$$

라는 미분방정식으로 나타낼 수 있습니다.

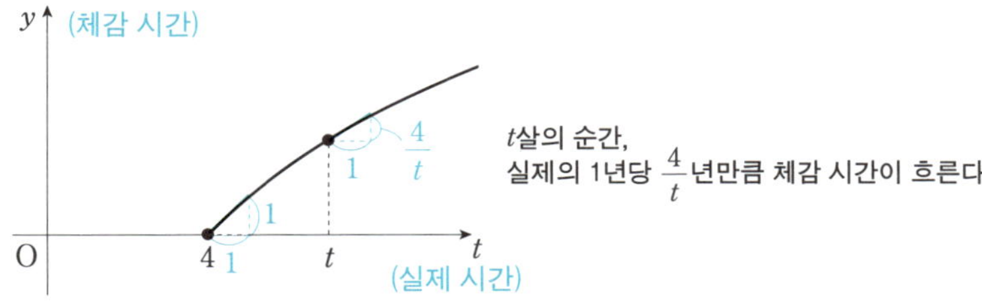

$y(4) = 0$을 이용하여 이 미분방정식을 풀면

$$y(t) = 4\log\frac{t}{4}$$

가 되며, 체감 시간의 추이를 함수로 나타낼 수 있습니다.

80년을 산다고 가정할 때, 4살부터 80살까지 76년 동안의 체감 시간의 합계는 $y(80) = 4\log 20 (\fallingdotseq 11.98)$체감년입니다. 이것의 절반인 $2\log 20$에 도달하는 나이, 즉

$$y(t) = 2\log 20 (\fallingdotseq 5.99)$$

이 되는 t는 $t = 8\sqrt{5} \fallingdotseq 17.9$가 됩니다. 이 체감 시간의 계산 방식에 따르면 체감상 대략 18살에 「인생의 반환점」을 맞이한다는 결론이 나옵니다! (이것이 실제 느낌과 일치할까요…?)

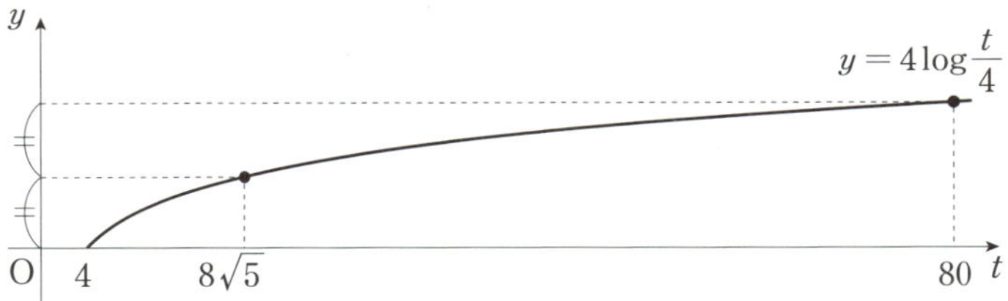

16.2. 자유 낙하 운동

물리학에서는 미분 방정식이 자주 등장합니다. 그 주된 이유 중 하나는 물체의 운동에서 위치, 속도, 가속도의 관계는 미분으로 표현할 수 있기 때문입니다. 이제 이 관계를 간단히 설명해 보겠습니다.

어떤 물체가 수직선 위에서 움직이고 있다고 해봅시다. 운동을 시작한 시간을 $t = 0$으로 하고, t초 후 이 물체의 위치를 나타내는 함수를 $y(t)$로 표기합니다.

예를 들어, $y(t) = 2t$는 운동을 시작한 시간 $t = 0$에서는 좌표 $y(0) = 0$ (즉, 원점)에 있고, t초 후에는 좌표 $2t$에 있는 물체의 운동을 나타냅니다. 이것은 물체가 일정한 속도로 움직이는 **등속도 운동**입니다.

물체의 속도란, 물체가 그 순간에 경과 시간에 대해 어느 정도의 비율로 위치를 변하게 하려는지를 나타내는, 즉 위치 $y(t)$의 순간적인 변화율을 말합니다. 다시 말해 t초 후의 속도를 나타내는 함수 $v(t)$는 위치 함수 $y(t)$의 미분

$$v(t) = y'(t)$$

라는 의미입니다. 또한, 이 속도의 순간변화율을 **가속도**라고 합니다. t초 후의 가속도를 나타내는 함수를 $a(t)$라고 하면, 이는 속도함수 $v(t)$의 미분(위치함수 $y(t)$의 2차 미분)

$$a(t) = v'(t) = y''(t)$$

이 됩니다.

운동하는 물체의 위치 함수 $y(t)$를 알면(구체적인 형태로 나타낼 수 있다면), 우리는 이 물체의 운동에 대해 이해했다고 말할 수 있을 것입니다. 따라서 $y(t)$를 구하는 것이 물체의 운동을 이해하기 위한 가장 중요한 목표가 됩니다.

이제 구체적인 물체의 운동을 생각해 봅시다. 먼저, 물체를 떨어뜨렸을 때의 **자유 낙하 운동**에 대해 알아보겠습니다.

우선, 공기 저항은 없다고 가정합니다. 질량 m[kg]인 물체를 어떤 높이

에서 떨어뜨리면(초속을 주지 않고 손에서 놓으면), 그 물체는 중력을 받아 아래로 떨어집니다. 운동 방정식 $F = ma$에서 힘 F(중력)가 일정하므로, 이 운동은 가속도 a가 일정한 **등가속도 운동**이 됩니다. 이때의 가속도를 **중력 가속도**라고 하며, $g \fallingdotseq 9.8\,[\text{m/s}^2]$으로 나타냅니다.

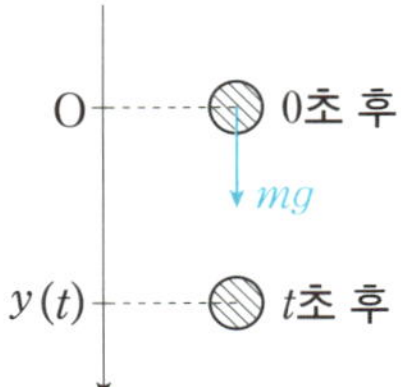

여기서 물체를 손에서 놓은 시간을 0, t초까지 물체가 낙하한 거리를 $y(t)$라고 합시다. 가속도 $a(t)$는 위치 함수 $y(t)$를 두 번 미분한 값이므로, 이 물체의 낙하 운동은

$$y''(t) = g \qquad\qquad \cdots\cdots ①$$

라는 미분방정식으로 표현할 수 있습니다. 우리의 목표는 이 미분방정식 ① 을 풀어서 물체의 운동 $y(t)$를 이해하는 것입니다. 이 방정식은 두 번 적분 하여 해를 구할 수 있으며, 시간 0에서의 위치와 속도가 0이므로

$$y(t) = \frac{1}{2}gt^2$$

이라는 해를 얻을 수 있습니다.

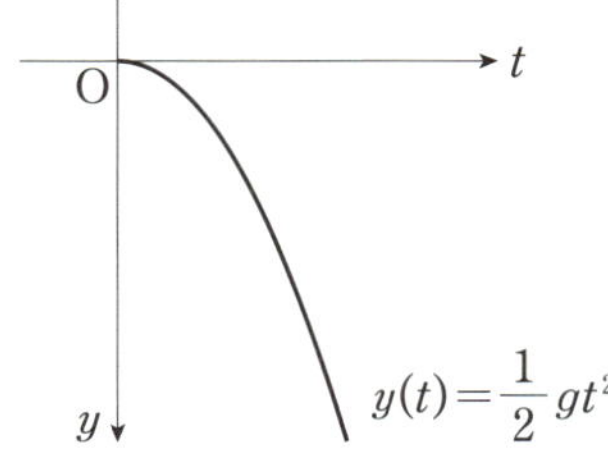

16.3. 단진동

아래 그림과 같이 용수철의 한쪽 끝은 벽에 고정하고 다른 쪽 끝에는 질
량 m인 작은 물체를 달아 마찰이 없는 지면 위에 놓습니다. 용수철이 원래
길이일 때의 작은 물체의 위치를 원점 O으로 하고, 좌표 y를 벽과 반대 방
향으로 잡습니다.

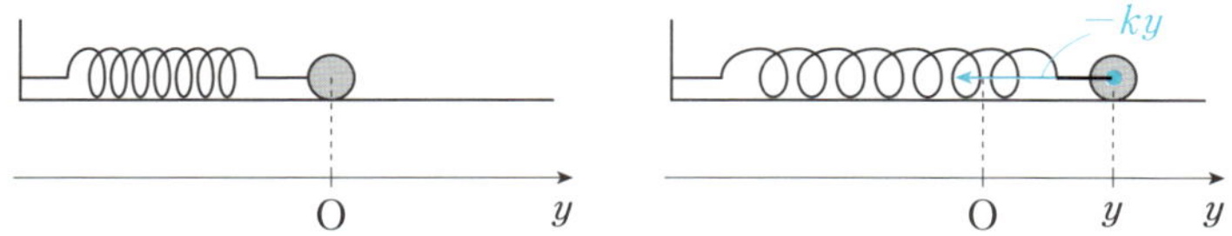

시간 0에서 용수철 끝에 달린 물체를 A만큼 잡아당겼다가 놓습니다. 그
러면 작은 물체는 좌우로 진동하는 운동을 합니다. 시간 t에서의 용수철의
위치 함수 $y(t)$에 대해 생각해 봅시다.

작은 물체의 위치가 좌표 y일 때, k를 양의 상수로 하여 $-ky$의 힘(방
향도 포함)이 작용합니다(훅의 법칙). 이를 운동방정식 $\vec{F} = m\vec{a}$에 대입하면

$$-ky = my''$$

라는 미분방정식을 얻을 수 있습니다. 이것이 작은 물체의 진동을 나타내
는 미분방정식입니다. 이 미분방정식의 해는 시간 0, 위치 A에서 속도가 0
이기 때문에

$$y = A \cos \sqrt{\frac{k}{m}}\, t$$

로 표현되는 것으로 알려져 있습니다(실제로 대입해 보면 해가 됨을 확인할
수 있습니다). 따라서 가로축을 t, 세로축을 y로 하여, 시간 t에 따른 작은
물체의 위치 좌표 그래프를 그리면 다음과 같습니다.

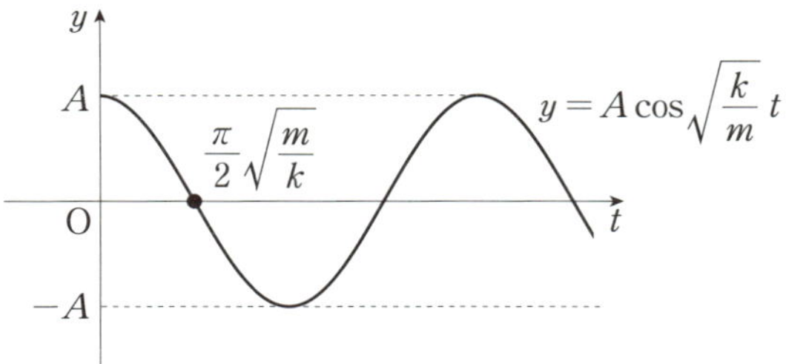

이로써 단진동의 운동에 대해 이해할 수 있습니다.

16.4. 미분방정식의 해의 존재성과 유일성

지금까지는 미분방정식이 주로 물리학에서 어떻게 등장하는지를 소개했습니다. 수학에서는 이러한 물리학에서 유래된 미분방정식에 대해 수학적으로 고찰합니다.

예를 들어, 단진동의 미분방정식

$$-ky = my''$$

은 **동차 선형 미분방정식**이라는 유형의 미분방정식입니다. 동차 「선형」1.2 이라고 불리는 이유는

- 그 미분방정식의 해가 2개 존재하면 그 두 해의 합도 해가 된다.
- 그 미분방정식의 해가 1개 존재하면 그 해의 상수배도 해가 된다.

라는 성질을 가지고 있어, 해 전체가 벡터 공간을 이루기 때문입니다.

또 **비동차 선형 미분방정식**이라는 유형의 미분방정식도 있습니다. 이것은 해 전체가 어떤 동차 선형 미분방정식의 해 각각에 하나의 특정 해를 더한 형태입니다(즉, 해 전체가 벡터 공간을 「평행이동」한 것과 같은 형태입니다). 체감 시간이나 자유 낙하 운동의 미분방정식

$$y' = \frac{4}{t}, \; y'' = g$$

등이 이에 해당합니다. 동차 및 비동차 선형 미분 방정식을 통틀어 **선형 미분 방정식**이라고 하며, 이는 비교적 쉽게 풀 수 있습니다.

중요한 것은 선형이 아닌 미분 방정식, 즉 **비선형 미분 방정식**입니다. 뒤에 소개할 나비에-스토크스 방정식이 바로 비선형 방정식입니다. 일반적으로 이러한 비선형 미분 방정식은 풀기가 매우 어렵습니다.

체감 시간이나 자유 낙하 운동 같은 경우 해를 쉽게 「구할 수 있기」 때문에 이를 통해 현상을 전체적으로 파악할 수 있었습니다. 하지만, 세상의 현상을 기술하는 미분 방정식 중에는 해를 「구할 수 없는」 경우가 많습니다. 여기서 말하는 「구할 수 있다」란 「우리에게 익숙한 함수로 해를 표현할 수 있다」는 뜻입니다.

구체적인 형태로 해를 표현할 수 없는 미분 방정식이라 하더라도, 우선 해가 존재하는지, 존재한다면 그것이 유일한지, 그리고 그 해가 어떤 성질을 가지는지를 다양한 방법으로 탐구하는 것이 미분 방정식의 연구의 주요 과제입니다.

16.5. 나비에-스토크스 방정식

앞서 예에서 다룬 미분방정식은 y가 시간 t에 의해서만 결정되는 일변수 함수입니다. 이처럼 미지 함수가 일변수 함수인 미분방정식을 **상미분방정식**이라고 합니다. 반면에 미지 함수가 다변수 함수인 미분방정식을 **편미분방정식**이라고 합니다. 예를 들어, **파동 방정식**이라 불리는 방정식은 s를 상수, $(x_1,\ x_2,\ x_3)$를 3차원 좌표, t를 시간으로 하여

$$\frac{1}{s^2}\frac{\partial^2 u}{\partial t^2} = \frac{\partial^2 u}{\partial x_1^2} + \frac{\partial^2 u}{\partial x_2^2} + \frac{\partial^2 u}{\partial x_3^2}$$

로 표현되는 선형 편미분방정식입니다. 미지의 사변수 함수 $u(x_1,\ x_2,\ x_3,\ t)$는 시간 t, 위치$(x_1,\ x_2,\ x_3)$에서의 파동의 변위를 나타냅니다. 파동 방정

식은 (3차원) 공간에서 전파되는 전자기파나 음파 등 파동의 거동을 기술하는 미분방정식입니다.

또한, 물이나 공기와 같은 흐르는 물질(유체)에 관한 미분 방정식인 나비에-스토크스 방정식이 있습니다. 이는 유체역학에서 널리 응용되는 비선형 편미분 방정식입니다.

- ν : 점성에 의한 영향을 나타내는 양의 상수
- ρ : 액체의 밀도를 나타내는 상수
- $f_i(x_1, x_2, x_3, t)(i=1, 2, 3)$: 좌표 공간 내의 위치 (x_1, x_2, x_3)와 시간 t를 변수로 하는 외력을 나타내는 함수가 주어졌다고 하자. 이때
- $u_i(x_1, x_2, x_3, t)(i=1, 2, 3)$: 위치와 시간을 변수로 하는 유체의 속도를 나타내는 함수
- $p(x_1, x_2, x_3, t)$: 위치와 시간을 변수로 하는 압력을 나타내는 함수

가 미지인 (비압축성) 나비에-스토크스 방정식이란

$$\begin{cases} \dfrac{\partial u_1}{\partial t} + \displaystyle\sum_{j=1}^{3} u_j \dfrac{\partial u_1}{\partial x_j} = \nu \varDelta u_1 - \dfrac{1}{\rho} \dfrac{\partial p}{\partial x_1} + f_1 \\[2mm] \dfrac{\partial u_2}{\partial t} + \displaystyle\sum_{j=1}^{3} u_j \dfrac{\partial u_2}{\partial x_j} = \nu \varDelta u_2 - \dfrac{1}{\rho} \dfrac{\partial p}{\partial x_2} + f_2 \\[2mm] \dfrac{\partial u_3}{\partial t} + \displaystyle\sum_{j=1}^{3} u_j \dfrac{\partial u_3}{\partial x_j} = \nu \varDelta u_3 - \dfrac{1}{\rho} \dfrac{\partial p}{\partial x_3} + f_3 \\[2mm] \operatorname{div} \vec{u} = 0 \end{cases} \quad (x \in \mathbb{R}^3, t \geq 0)$$

으로 표현되는 방정식을 말한다.

앞의 정의에서

$$\Delta u_i = \frac{\partial^2 u_i}{\partial x_1{}^2} + \frac{\partial^2 u_i}{\partial x_2{}^2} + \frac{\partial^2 u_i}{\partial x_3{}^2} \ (i = 1,\ 2,\ 3)$$

$$\mathrm{div}\,\vec{u} = \frac{\partial u_1}{\partial x_1} + \frac{\partial u_2}{\partial x_2} + \frac{\partial u_3}{\partial x_3} \quad (\ \boxed{15.2}\ )$$

입니다.

비압축성 유체란 밀도가 커지거나 작아지지 않고 일정하게 유지되는 유체를 말합니다. 이 미분방정식은 그러한 유체의 운동을 기술하는 것입니다.

미지 함수가 여러 개일 뿐만 아니라 모두 다변수 함수이며, 편미분 또한 많이 등장합니다. 하지만 물리학적으로는 이 나비에-스토크스 방정식은 운동 방정식 $\vec{F} = m\vec{a}$ 로부터 유도된 것이므로, 이 방정식을 고려하게 된 동기는 매우 단순합니다.

이 방정식의 임의의 시간까지의 일반해에 대해서는 존재 여부조차 밝혀지지 않았습니다(일부 특수한 경우는 제외합니다). 이 방정식의 해의 존재에 관한 문제는 밀레니엄 문제 중 하나로 선정되어 있습니다.

> **추측92 나비에-스토크스 방정식의 해의 존재와 매끄러움**
>
> 시간 0에서의 (매끄러운) 속도 함수 $u_i(x_1,\ x_2,\ x_3,\ 0)(i=1,\ 2,\ 3)$가 초깃값으로 주어졌다고 하자. 또한 외력 항이 없다($f_1 = f_2 = f_3 = 0$)고 가정하자. 이때, 나비에-스토크스 방정식과 몇 가지 (물리적 유래를 갖는) 성질을 만족하는 매끄러운 함수 $u_1,\ u_2,\ u_3,\ p$가 공간 전체와 임의의 시간까지 존재한다.

아직 일반해를 구하는 방법은 알려져 있지 않지만, 오랜 연구를 통해 이 방정식이 유체 현상을 정확히 설명한다는 사실이 밝혀졌습니다. 그런 의미에서 이 미분 방정식은 매우 중요합니다. 미분 방정식론에서는 이처럼 일상에서 발생하는 다양한 현상에서 유래한 미분 방정식이 활발히 연구되고 있습니다.

제17항
복소해석학
Complex Analysis

복소해석학은 **복소함수**, 즉 복소수를 입력하면 복소수가 출력되는 함수의 미분과 적분을 다루는 분야입니다. 지금까지 $y = \cos x$와 같은 삼각함수, $y = 2^x$와 같은 지수함수는 실수를 입력하면 실수가 출력되는 함수로 다뤄왔습니다. 여기서는 이러한 함수에 「복소수」를 입력하는 것을 생각해 보겠습니다. 예를 들어, $y = \cos x$에 $x = i$를 대입하면

$$\cos i = \frac{e + e^{-1}}{2} = 1.543\cdots \ (e\text{는 네이피어 수})$$

가 되어, $\cos$의 값이 1보다 커지는 실수의 세계에서는 있을 수 없는 일이 일어납니다.

이와 같이 지금까지 실수의 세계에서 익숙하게 다뤄온 함수를 복소수의 세계로 확장하는 것이 복소 해석학의 목적 중 하나입니다. 이러한 함수에 대해 복소수의 세계에서도 미분과 적분의 개념이 정의되며, 실수의 세계보다 더 아름다운 이론이 전개됩니다.

17.1. 함수의 확장

다음은 복소함수에 관한 아름다운 공식으로 자주 언급되는 방정식입니다.

 오일러의 공식

z를 복소수라 하면

$$e^{iz} = \cos z + i \sin z$$

가 성립한다. 특히, $z = \pi$일 때 $e^{i\pi} = -1$이다.

$e^{i\pi}$에는 대수적으로 정의된 허수 단위 i, 기하학적으로 정의된 원주율 π, 해석학적으로 정의된 네이피어 수 e가 등장합니다(p.16 참조). 수학에서 매우 중요한 상수가 조합되어 이처럼 간결하고 단순한 공식이 된다는 것이 오일러의 공식의 놀라운 점입니다.

이제 오일러의 공식을 설명해 보겠습니다. 먼저 e^{iz}는 e의 복소수 거듭제곱을 생각한 것입니다. 이것은 어떻게 정의되는 걸까요?

처음 거듭제곱을 배울 때, e^n은 e를 n번 곱하는 것으로 정의했기 때문에 「복소수를 몇 번 곱한다」는 것이 어떤 의미인지 짐작하기 어려울 수 있습니다. **14.4**에서 함수의 테일러 전개를 소개했습니다. 복소함수로서 삼각함수나 지수함수 등을 정의할 때는 이를 반대로 「정의」로 사용합니다. 즉, 복소수 z에 대해

$$\sin z = z - \frac{1}{3!}z^3 + \frac{1}{5!}z^5 - \cdots + (-1)^k \frac{1}{(2k+1)!}z^{2k+1} + \cdots \qquad \cdots\cdots ①$$

$$\cos z = 1 - \frac{1}{2!}z^2 + \frac{1}{4!}z^4 - \cdots + (-1)^k \frac{1}{(2k)!}z^{2k} + \cdots \qquad \cdots\cdots ②$$

$$e^z = 1 + z + \frac{1}{2!}z^2 + \frac{1}{3!}z^3 + \cdots + \frac{1}{k!}z^k + \cdots \qquad \cdots\cdots ③$$

로 정의합니다[35](복소함수에서는 함수의 변수로 x 대신 주로 z를 사용하므

---

35. 물론 우변의 무한급수가 복소수 범위에서도 수렴하는지에 대한 문제가 있지만, 여기서는 그것을 다루지 않도록 하겠습니다.

로 여기에서도 그것을 따릅니다). 예를 들어, 앞서 등장한 $\cos i$도 이 정의를 이용하여

$$\cos i = 1 - \frac{1}{2!}i^2 + \frac{1}{4!}i^4 - \cdots + (-1)^k \frac{1}{(2k)!}i^{2k} + \cdots$$
$$= 1 + \frac{1}{2!} + \frac{1}{4!} + \cdots + \frac{1}{(2k)!} + \cdots$$
$$= \frac{e + e^{-1}}{2}$$

로 계산할 수 있습니다(마지막 등호는 위의 e^z의 정의에서 얻을 수 있습니다. 자세한 설명은 생략합니다). 또한, 이 $\cos z$의 실수부의 그래프는 다음과 같습니다. 복소함수는 복소수를 입력하면 복소수가 출력되는 함수입니다. 복소수는 2개의 실수 a, b를 이용하여 $a + bi$로 표현되는 수이므로, 복소함수는 2개의 실수에 대해 2개의 실수가 대응하는 함수로 볼 수 있습니다. 그렇다면 복소함수의 그래프는 2+2=4차원 공간으로 표현되어야 하지만, 3차원 세계에 살고 있는 우리가 그런 그래프를 그리는 것은 불가능합니다! 따라서 아래 그림은 입력은 복소수로 하고, 출력은 실수부($a + bi$의 a)만 나타낸 그래프입니다.

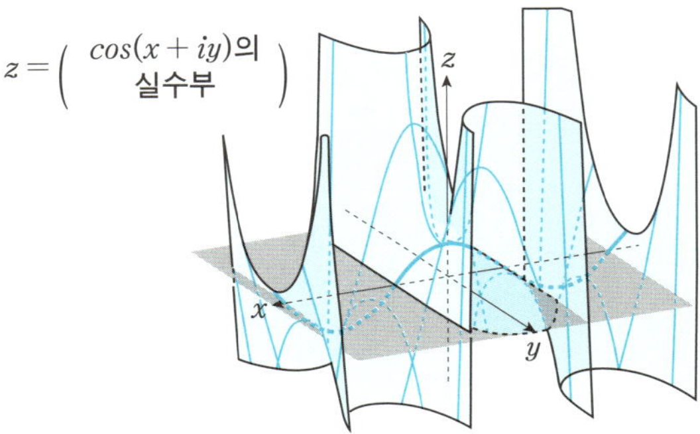

이제 오일러의 공식의 증명 과정을 따라가 보겠습니다. 앞에서 살펴본 $\cos z$의 테일러 전개식 ②와 $\sin z$의 테일러 전개식 ①에 i를 곱한 것을 더하면

$$\cos z + i \sin z$$

$$= \left(1 - \frac{1}{2!}z^2 + \frac{1}{4!}z^4 - \cdots + (-1)^k \frac{1}{(2k)!}z^{2k} + \cdots\right)$$

$$+ i\left(z - \frac{1}{3!}z^3 + \frac{1}{5!}z^5 - \cdots + (-1)^k \frac{1}{(2k+1)!}z^{2k+1} + \cdots\right)$$

$$= 1 + iz - \frac{1}{2!}z^2 - i\frac{1}{3!}z^3 + \frac{1}{4!}z^4 + i\frac{1}{5!}z^5 - \cdots$$

가 됩니다. 이는 e^z의 테일러 전개식 ③의 z 대신 iz를 넣은

$$e^{iz} = 1 + iz + \frac{1}{2!}(iz)^2 + \frac{1}{3!}(iz)^3 + \frac{1}{4!}(iz)^4 + \frac{1}{5!}(iz)^5 + \cdots$$

$$= 1 + iz - \frac{1}{2!}z^2 - i\frac{1}{3!}z^3 + \frac{1}{4!}z^4 + i\frac{1}{5!}z^5 - \cdots$$

와 일치합니다. 따라서

$$e^{iz} = \cos z + i \sin z$$

를 얻을 수 있습니다.

17.2. 복소함수의 미분과 적분

이제 복소함수의 미분과 적분에 대해 알아보겠습니다. 먼저 복소함수의 미분은 실함수(실수 함수)와 똑같이 정의되며,

$$(x^n)' = nx^{n-1}, \qquad (\sin x)' = \cos x$$

등의 계산도 가능합니다. 다만, 미분가능한 복소함수에는 정칙함수라는 특별한 이름이 붙습니다. 그 이유는 다음과 같은 강한 성질이 성립하기 때문입니다 :

 복소함수의 미분

복소함수가 어떤 영역 D에서 미분 가능하다면, 몇 번이고 미분 가능하다.

이것은 실함수에서는 성립하지 않습니다. 실함수의 경우 한 번 미분 가능하더라도 두 번 미분 가능하지 않은 함수가 존재하기 때문입니다.

예 95

$$f(x) = \begin{cases} x^2 & (x \geq 0) \\ 0 & (x < 0) \end{cases}$$

은 미분가능하고,

$$f'(x) = \begin{cases} 2x & (x \geq 0) \\ 0 & (x < 0) \end{cases}$$

이 되지만, $x = 0$에서 $f'(x)$는 미분가능하지 않습니다.

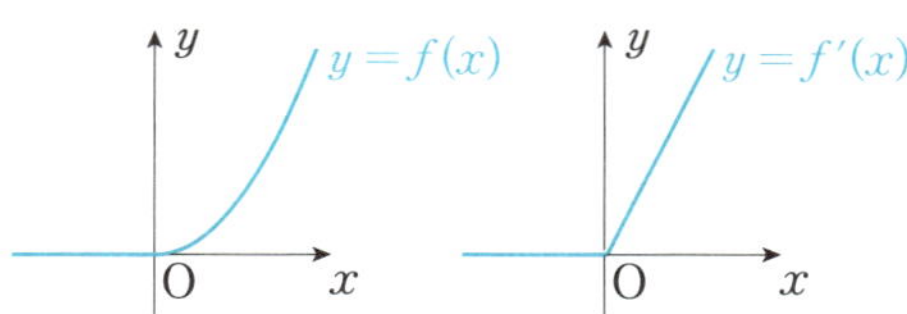

다음으로 복소함수의 적분에 대해 알아보겠습니다. 복소함수는 복소수 「평면」 위의 영역을 정의역으로 하는 함수입니다. 따라서 이변수 함수의 적분 15.1 과 마찬가지로 복소수 평면 위의 경로 C를 따른 함수 $f(z)$의 적분 (선적분)을 생각할 수 있습니다. 이를

$$\int_C f(z)\,dz$$

로 나타냅니다. 그리고 이 복소함수의 선적분에서는 정말 놀라운 일이 일어납니다. 바로 다음의 코시의 적분 정리입니다.

정리 96 코시의 적분 정리

복소수 평면 내의 단일 연결 11.4 영역 D에서 정칙인 함수 $f(z)$와 D 내의 닫힌곡선(시작점과 끝점이 같은 곡선) C에 대해

$$\int_C f(z)\,dz = 0$$

이 성립한다.

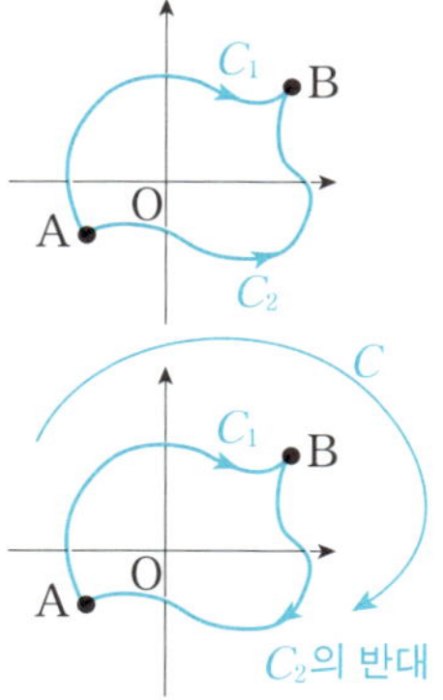

이것은 「정칙함수를 닫힌곡선을 따라 한 바퀴 돌면서 적분하면 반드시 0이 된다」는 뜻입니다. 이 정리를 통해 다음과 같은 사실도 알 수 있습니다.

실숫값을 갖는 이변수 함수의 적분에서는 시작점과 끝점이 같더라도 경로가 다르면 적분값이 달라진다는 것을 예 86 을 통해 확인했습니다. 그러면 정칙함수의 적분에서는 어떨까요? 마찬가지로 시작점이 A, 끝점이 B인 두 경로 C_1, C_2가 있다고 해봅시다. C_1과 C_2를 합친, 즉 「시작점 A에서 C_1을 따라 이동하여 B를 지나 C_2의 방향과 반대 방향으로 이동하여 끝점 A로 돌아오는」 경로 C를 생각해 봅시다. 이는 코시의 적분 정리에 따라

$$\int_C f(z)\,dz = 0$$

을 만족합니다. 여기서 C에 따른 적분은 C_1에 따른 적분에 C_2의 반대 방향 경로에 따른 적분을 더한 것입니다. 그런데 C_2의 반대 방향 경로에 따른 적

분은 C_2에 따른 적분값의 -1배가 되므로,

$$\int_C f(z)dz = \int_{C_1} f(z)dz - \int_{C_2} f(z)dz$$

가 성립합니다. 이 2가지를 합치면

$$\int_{C_1} f(z)dz - \int_{C_2} f(z)dz = 0 \ \ \text{즉} \int_{C_1} f(z)dz = \int_{C_2} f(z)dz$$

를 얻을 수 있습니다.

C_1, C_2는 시작점이 A, 끝점이 B라면 어떤 경로를 따르든 상관없다는 뜻입니다. 따라서 이는 임의의 두 경로에 따른 적분은 서로 같음을 의미합니다. 즉, **정칙 함수의 적분값은 경로와 무관하게 시작점과 끝점에 의해서만 결정된다**는 것을 나타냅니다. 이것이 정칙 함수가 지닌 아름다운 성질 중 하나입니다.

그러면 복소함수에 관한 또 하나의 신비로운 정리를 소개하겠습니다.

정리 97 **리우빌의 정리**

복소수 전체에서 정의된 유계인 정칙 함수는 상수 함수밖에 없다.

「유계 함수」란 함숫값의 절댓값이 어떤 한정된 범위 내에 항상 포함되는 함수를 말합니다.

예 98

- 실함수로서의 함수 $f(x) = \sin x$의 값은 $|f(x)| \leq 1$인 범위 안에서 모든 값을 가집니다. 따라서 $f(x)$는 실함수로서 유계입니다.
- $g(x) = x^2$은 $x = 10, 100, 1000, \cdots$와 같이 계속 대입해 보면 알 수 있듯이, $g(x)$의 값(의 절댓값)은 얼마든지 커질 수 있습니다. 이러한 함수 $g(x)$는 유계가 아닙니다.

복소함수 $\sin z$는 (실수의 경우와 마찬가지로) 미분하면 $\cos z$가 되는 복소수 전체에서 정의된 정칙함수입니다. $\sin z$는 상수함수가 아니므로, 리우빌의 정리(의 대우)에 따르면 $\sin z$는 유계가 아닙니다. 따라서 $\sin z$의 값의 절댓값은 얼마든지 커질 수 있음을 알 수 있습니다.

실함수의 경우에는 $-1 \leqq \sin x \leqq 1$의 값만 가질 수 있었지만, 복소함수 $\sin z$는 예를 들어,

$$\sin z = 2$$

를 만족하는 복소수 z가 존재하며, 실제로 임의의 복소숫값을 가질 수 있는 것으로 알려져 있습니다(이는 p.200의 그래프에서도 알 수 있습니다). 우리에게 익숙한 함수들을 복소함수로 확장하면 이와 같은 신기한 성질을 가지게 되는 것입니다.

17.3. 대수학의 기본 정리

정리 99 **대수학의 기본 정리**

$n \geqq 1$일 때, 복소수 계수의 n차방정식

$$a_n x^n + a_{n-1} x^{n-1} + \cdots + a_1 x + a_0 = 0$$

$$(a_0,\ a_1 \cdots,\ a_n \text{은 복소수 상수이며},\ a_n \neq 0)$$

은 반드시 복소수해를 가진다.

예 100

- 방정식 $x^2 - 2 = 0$을 생각해 봅시다. 이것은 유리수 범위에서는 되는 해를 가지지 않지만, 실수 범위에서 생각하면 $x = \pm\sqrt{2}$라는 해를 가집니

다. 따라서 「유리수 계수의 n차방정식은 반드시 유리수해를 가진다」
는 거짓입니다.

- 방정식 $x^2 + 1 = 0$을 생각해 봅시다. 이것은 실수 범위에서는 해를 가지지 않지만, 복소수 범위에서 생각하면 $x = \pm i$라는 해를 가집니다. 따라서 「실수 계수의 n차방정식은 반드시 실수해를 가진다」는 거짓입니다.

이처럼 유리수나 실수의 세계에서는 n차방정식이 반드시 해를 가진다고는 할 수 없습니다. 대수학의 기본 정리는 「복소수 범위에서 생각하면 n차방정식은 반드시 해를 가진다」는 것을 의미합니다.

유리수 범위에서는 제곱해서 2가 되는 수가 없으므로, 이를 표현하기 위해 무리수라는 새로운 수를 추가해 수의 세계를 실수까지 확장했습니다. 마찬가지로 실수 범위에서는 제곱해서 -1이 되는 수가 없으므로, 이를 표현하기 위해 허수라는 새로운 개념을 도입하여 수의 세계를 복소수까지 확장했습니다.

이와 같이 수를 확장하는 목적 중 하나는 「n차방정식의 해가 반드시 존재하도록 하기 위한 것입니다. 이러한 관점에서 보자면 대수학의 기본 정리는 「복소수보다 더 큰 수로 확장할 필요가 없다」는 것을 의미한다고 할 수 있습니다. 이것이 복소수가 완성된 세계[36]로 불리는 이유입니다.

이 정리는 「대수학의 기본 정리」라는 이름이 붙었지만, 현대에는 일반적으로 복소해석을 이용하여 증명합니다. 마지막으로 이 정리의 증명에 관한 개요를 소개하며 마무리하겠습니다.

---

36. 복소수 전체가 이루는 체제4항는 대수적으로 닫힌 체라고 합니다.

대수학의 기본 정리(정리 99)의 증명에 관한 개요

$f(z) = a_n z^n + a_{n-1} z^{n-1} + \cdots + a_1 z + a_0 \ (n \geq 1)$라고 하자. $f(z) = 0$이 되는 복소수 z가 존재하지 않는다면 $g(z) = \dfrac{1}{f(z)}$을 고려할 수 있고, 이는 복소수 전체에서 정칙함수가 된다. 그러면 $g(z)$가 유계임을 증명할 수 있다 (이 부분이 조금 어렵다). 따라서 리우빌의 정리에 따라 $g(z)$는 상수이다. 즉, 그 역수인 $f(z)$도 상수가 되므로 $f(z) = a_0$의 형태가 된다. 그러나 이 것은 $n \geq 1$라는 조건과 모순된다.

따라서 $f(z) = 0$을 만족하는 복소수 z가 존재한다.

Essential Points on the Map

☑ **미분방정식론** ⋯ 미지 함수와 그 도함수를 포함하는 방정식을 고찰하는 분야.

· **선형 미분방정식** ⋯ 해의 집합이 선형성 `1.2` (을 약간 변형한 성질)을 갖는 미분방정식.

· **비선형 미분방정식** ⋯ 선형이 아닌 미분방정식.

· **상미분방정식** ⋯ 일변수 함수의 미분방정식.

· **편미분방정식** ⋯ 다변수 함수의 미분방정식으로, 여러 개의 변수의 편미분을 포함하는 방정식.

〈미분방정식의 분류〉

	상	편
선형	인생의 체감 시간 `16.1` 자유 낙하 운동 `16.2` 단진동 `16.3`	파동 방정식 `16.5` 열전도 방정식 `18.3`
비선형	$y' + y = y^2$ 등 (이 책에서는 다루지 않는다)	나비에-스토크스 방정식 `16.5`

☑ **복소해석학** ⋯ 복소함수의 미분과 적분을 다루는 분야.

· 한 번 미분가능한 함수는 무한 번 미분가능하다(정칙함수).

· 복소함수는 미분가능한 영역에서 한 바퀴 돌면서 적분하면 반드시 0이 된다.

· 복소수 전체에서 미분 가능하고 유계인 함수는 상수함수 밖에 없다.

→ 많은 아름답고 놀라운 성질이 성립한다!

제18항

푸리에 해석

Fourier Analysis

푸리에 해석은 푸리에 급수나 푸리에 변환을 이용하여 함수를 연구하는 분야입니다. 다양한 함수를 주기적인 삼각 함수의 중첩으로 간주하여 함수를 급수의 형태로 나타내거나, 다른 함수로 변환하는 방법을 다룹니다. 공학을 중심으로 매우 널리 응용되는 분야입니다.

18.1. 푸리에 급수

테일러 전개 14.4 는 함수를 거듭제곱 급수로 나타내는 방법의 하나였습니다. 예를 들어,

$$e^x = 1 + x + \frac{1}{2!}x^2 + \frac{1}{3!}x^3 + \frac{1}{4!}x^4 + \cdots + \frac{1}{k!}x^k + \cdots$$

와 같이 $1, x, x^2, x^3, \cdots$의 (실수 계수의) 무한합으로 나타내는 것입니다. 이 외에도 함수를 특정 종류의 기본 함수의 무한합의 형태로 나타내는 방법이 있습니다.

오른쪽 그래프의 함수와 같이 일정한 간격으로 값이 반복되는 함수를 **주기함수**라고 합니다. 그리고 반복되는 구간의 최소 길이를 **주기**라고 합니다. 여기서는 주기 2π인 함수($-\pi \leq x \leq \pi$ 부분이 반복되는

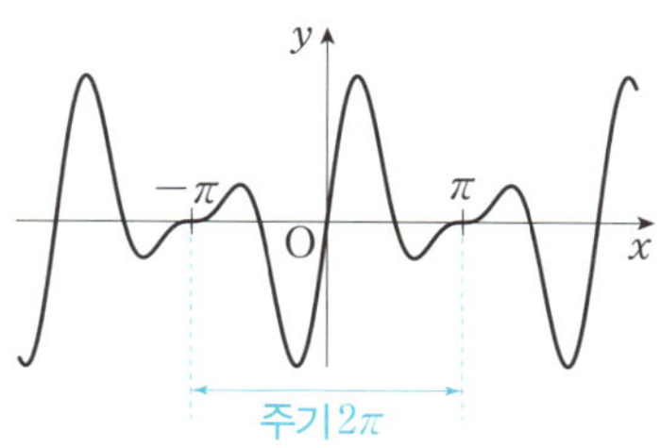

함수)를 생각해 보겠습니다.

(응용 시 사용하는) 주기함수는 대부분 삼각함수의 무한합으로 나타낼 수 있다는 것이 알려져 있습니다. 이것이 바로 **푸리에 급수**입니다.

> **정의 101** 함수 $f(x)$가 주기 2π를 갖는다고 하자. $f(x)$가
>
> $$f(x) = \frac{a_0}{2} + \sum_{k=1}^{\infty} (a_k \cos kx + b_k \sin kx) \ (a_0, a_k, b_k \text{는 상수})$$
>
> $$= \frac{a_0}{2} + a_1 \cos x + b_1 \sin x + a_2 \cos(2x)$$
>
> $$+ b_2 \sin(2x) + a_3 \cos(3x) + b_3 \sin(3x) + \cdots$$
>
> 의 형태로 표현될 때[37], 우변을 $f(x)$의 **푸리에 급수 전개**라고 한다.

$y = \sin x$나 $y = \cos x$는 주기가 2π인 함수입니다. 이를 「주파수 1」인 함수라고 부르겠습니다. $y = \sin(2x)$나 $y = \cos(2x)$는 주기가 π인 함수로, $y = \sin x$나 $y = \cos x$가 2π의 구간을 한 번 왕복할 때, 이 함수들은 같은 구간에서 두 번 왕복하므로 「주파수 2」인 함수라고 하겠습니다. 마찬가지로 $y = \sin(kx)$나 $y = \cos(kx)$는 2π의 구간을 k번 왕복하므로 「주파수 k」인 함수입니다.

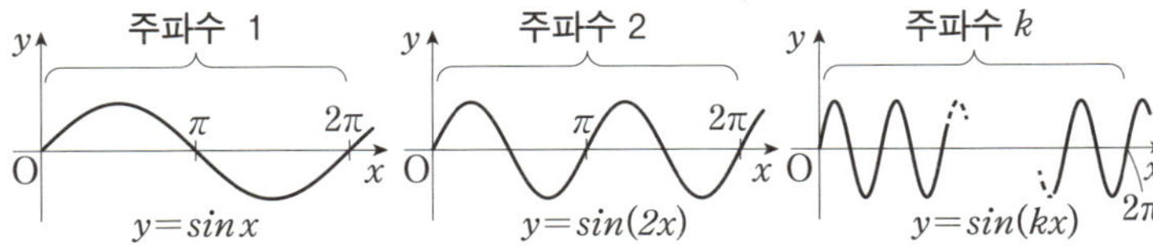

다양한 주파수를 가진 삼각 함수의 파형을 적절히 진폭을 변화시켜 겹쳐 놓으면, 여러 가지 형태의 그래프를 얻을 수 있습니다. 이와 같이 주어진

---

37. 엄밀히 말하면, 모든 x에 대해 등식이 성립해야 하는 것이 아니라, 다음 **예 102**와 같이 예외 점을 허용하고, 어떤 의미에서 우변의 급수가 $f(x)$에 수렴한다고 정의하는 것이 일반적입니다(예를 들어 **21.3**의 위상에서의 수렴: L^2 수렴). 엄밀하게 논의하기에는 세부적인 문제가 너무 많으므로, 여기서는 이를 대략적으로 「같다」고 간주하기로 합니다.

함수를 삼각 함수의 중첩 형태로 표현하는 것이 푸리에 급수 전개입니다.

a●, b●의 계수는 각 주파수의 파형에서 진폭을 얼마나 증가시켰는지를 나타내는 값입니다. 예를 들어, 다음 그림에서 오른쪽 그래프의 함수 $y = f(x)$는

$$f(x) = \sin x + 2\sin(2x) + \sin(3x)$$

로 나타낼 수 있습니다. 즉, $y = f(x)$의 그래프는 주파수 1인 파형, 주파수 2인 파형의 진폭을 두 배로 한 파형, 주파수 3인 파형이 중첩되어 만들어졌음을 나타냅니다.

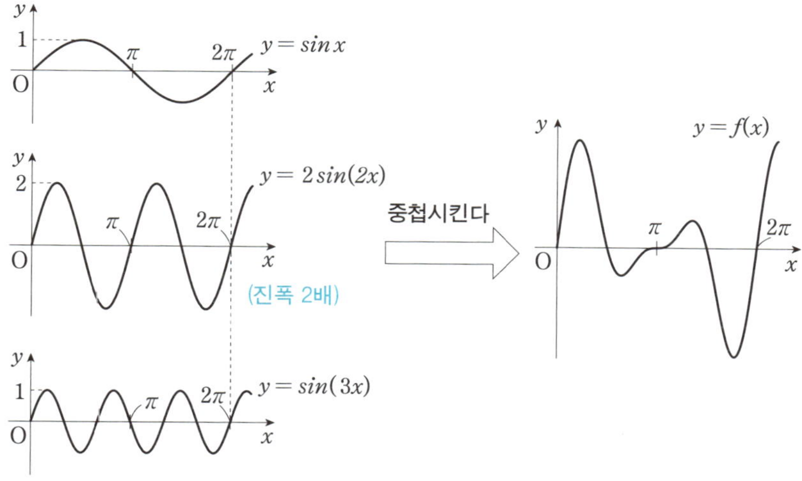

이어서 무한개의 삼각 함수의 파형을 중첩해 보겠습니다.

예 102

$-\pi \leq x < \pi$ 부분이

$$f(x) = \begin{cases} -1 & (-\pi \leq x < 0) \\ 1 & (0 \leq x < \pi) \end{cases}$$

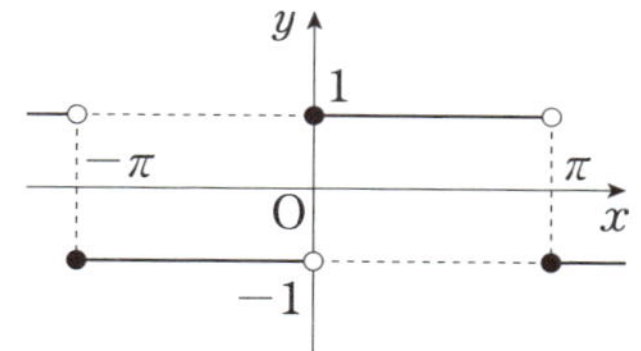

로 정의되어 있고, 이것이 반복되는 주기

함수(오른쪽 그래프)를 생각해 봅시다. 이러한 형태의 파형은 디지털 신호에서 자주 사용됩니다.

이 함수의 푸리에 급수는

$$f(x) = \frac{4}{\pi} \sum_{k=1}^{\infty} \frac{\sin(2k-1)x}{2k-1}$$

$$= \frac{4}{\pi} \sin x + \frac{4}{3\pi} \sin(3x) + \frac{4}{5\pi} \sin(5x) + \frac{4}{7\pi} \sin(7x) + \cdots$$

$$(\text{단, } x = \cdots, -\pi, 0, \pi, \cdots \text{는 제외한다}) \cdots\cdots ①$$

가 됩니다[38]. 항을 유한개로 자르고

- $f_1(x) = \dfrac{4}{\pi} \sin x$

- $f_2(x) = \dfrac{4}{\pi} \sin x + \dfrac{4}{3\pi} \sin(3x)$

- $f_3(x) = \dfrac{4}{\pi} \sin x + \dfrac{4}{3\pi} \sin(3x) + \dfrac{4}{5\pi} \sin(5x)$

- $f_4(x) = \dfrac{4}{\pi} \sin x + \dfrac{4}{3\pi} \sin(3x) + \dfrac{4}{5\pi} \sin(5x) + \dfrac{4}{7\pi} \sin(7x)$

와 같이 점차 항의 개수를 늘려 나가면 다음과 같은 그래프가 됩니다. 이 극한이 바로 $f(x)$입니다.

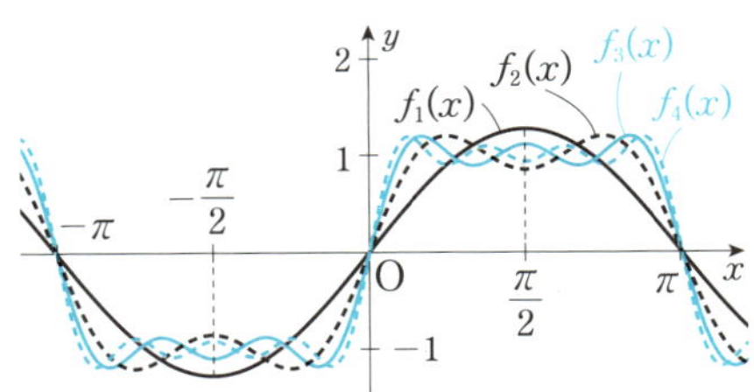

---

38. $x = 0$일 때,
$f(0) = 1$, (①의 우변) $= 0$
이 되어 ①은 성립하지 않습니다. 이는 $f(x)$가 $x = 0$에서 불연속이기 때문입니다.
①은 $x = \cdots, -\pi, 0, \pi, \cdots$ 이외의 x(거의 모든 x)에 대해 성립합니다(주석 ※37 참조).

푸리에 급수의 계수 a_0, a_1, a_2, $\cdots$, b_1, b_2, $\cdots$는 원래 함수 $f(x)$에 각 주파수 성분이 얼마나 포함되어 있는지를 나타냅니다. 따라서 함수를 푸리에 급수로 표현한다는 것은 그 함수에 포함된 각 주파수의 세기를 구하는 것과 같습니다.

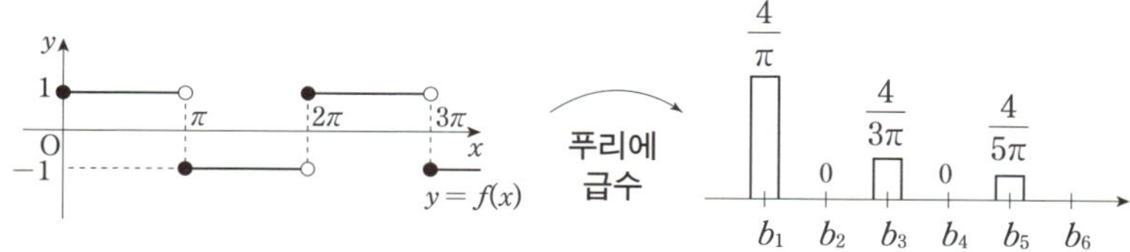

그렇다면 실제로 함수 $f(x)$에 포함된 각 주파수의 세기를 나타내는 a_k, b_k는 어떻게 구할 수 있을까요? 이것은 다음과 같은 적분을 계산하여 구할 수 있습니다.

$$a_k = \frac{1}{\pi}\int_{-\pi}^{\pi} f(x)\cos(kx)\,dx, \qquad b_k = \frac{1}{\pi}\int_{-\pi}^{\pi} f(x)\sin(kx)\,dx \quad \cdots\cdots ②$$

예 103

예를 들어, 예 102 의 함수

$$f(x) = \begin{cases} -1 & (-\pi \leq x < 0) \\ 1 & (0 \leq x < \pi) \end{cases}$$

의 푸리에 급수의 $\sin(3x)$의 계수 b_3은 $\dfrac{4}{3\pi}$였습니다. 이 $\dfrac{4}{3\pi}$는

$$b_3 = \frac{1}{\pi}\int_{-\pi}^{\pi} f(x)\sin(3x)\,dx = -\frac{1}{\pi}\int_{-\pi}^{0}\sin(3x)\,dx + \frac{1}{\pi}\int_{0}^{\pi}\sin(3x)\,dx$$

를 계산하여 구할 수 있습니다.

18.2. 푸리에 변환

$\sin(kx)$, $\cos(kx)$(k는 자연수)는 모두 주기가 2π인 함수이므로, 이들을 더한 푸리에 급수 역시 반드시 주기가 2π가 됩니다. 따라서 푸리에 급수로는 주기 2π를 갖는 함수만 표현할 수 있습니다. 그러나 실제로는 주기성이 없는 함수를 다뤄야 할 때가 있습니다. 그런 함수에 대해서는 푸리에 변환이라는 방식으로 변환합니다.

정의 104 함수 $f(x)$에 대해

$$\widehat{f}(t) = \frac{1}{\sqrt{2\pi}} \int_{-\infty}^{\infty} f(x)e^{-itx}\,dx$$

로 정의되는 함수 $\widehat{f}(t)$를 $f(x)$의 푸리에 변환이라고 한다.

위의 정의에 나오는 i는 허수 단위입니다. 오일러의 공식 **정리 93**에 따라 $e^{iz} = \cos z + i\sin z$로 표현되었으므로, 우변의 적분은

$$\int_{-\infty}^{\infty} f(x)e^{-itx}\,dx = \int_{-\infty}^{\infty} \{f(x)\cos(tx) - if(x)\sin(tx)\}\,dx$$

가 됩니다. 대략적으로 보면, $f(x)$에 $\cos(tx)$ 등의 삼각함수를 곱한 것을 적분한 식이 되며, 이는 푸리에 급수의 계수 a_k, b_k를 구할 때 사용한 식 ②와 비슷합니다. 예를 들어, $t = 2$일 때

$$\widehat{f}(2) = \frac{1}{\sqrt{2\pi}} \int_{-\infty}^{\infty} \{f(x)\cos(2x) - if(x)\sin(2x)\}\,dx$$

가 되며, 주파수 2의 세기를 구하는 것이 됩니다. 즉, 푸리에 변환이란 $f(x)$를 다양한 주파수의 삼각함수로 분해했을 때, 주파수 t의 세기 $\widehat{f}(t)$를 함수로 구하는 과정이라고 할 수 있습니다.

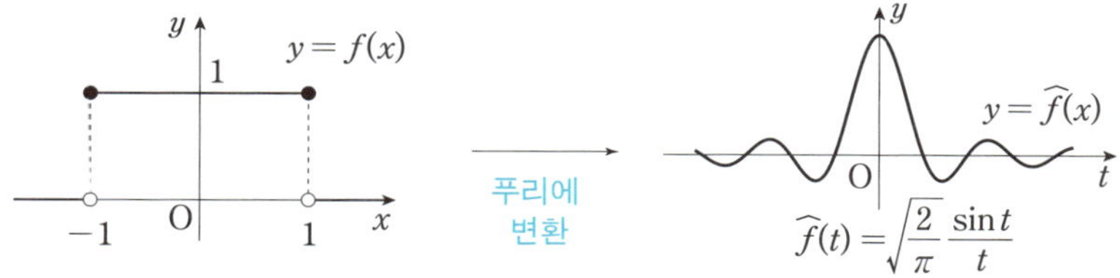

18.3. 푸리에 해석의 응용

푸리에Fourier, 1768-1830가 푸리에 급수의 개념을 도입한 것은 **열전도 방정식**이라는 미분방정식을 풀기 위해서였습니다. 열은 온도가 높은 곳에서 낮은 곳으로 전달됩니다. 열전도 방정식은 이러한 열의 전달 방식에 관한 미분 방정식입니다.

가령 단열되어 있는 길이 L의 원통형 금속 막대가 있다고 합시다. 그리고 막대의 양 끝은 항상 0도를 유지한다고 가정합니다.

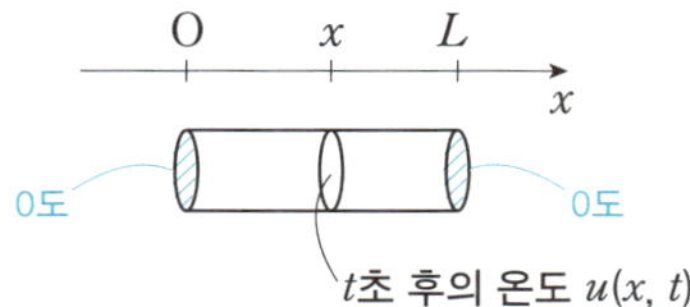

막대의 왼쪽 끝을 좌표 0, 오른쪽 끝을 좌표 L로 하여 막대의 길이 방향으로 좌표를 도입하면 위치 x에서의 t초 후의 온도 $u(x,\ t)$는

$$\frac{\partial^2 u}{\partial x^2} = k\frac{\partial u}{\partial t} \quad (k \text{는 양의 상수})$$

라는 편미분 방정식을 만족합니다. 우변은 위치를 고정했을 때의 온도 상승 속도를 나타내고, 좌변은 시간을 고정하고 위치를 변화시켰을 때 온도 기울기의 변화율을 나타냅니다.

아래 그림의 왼쪽과 같이 온도를 나타내는 곡선의 기울기 변화율이 완만한 경우보다 오른쪽과 같이 가파른 경우 중앙부의 온도가 더 빨리 떨어집니다. 이 관계를 나타낸 것이 위의 열전도 방정식입니다.

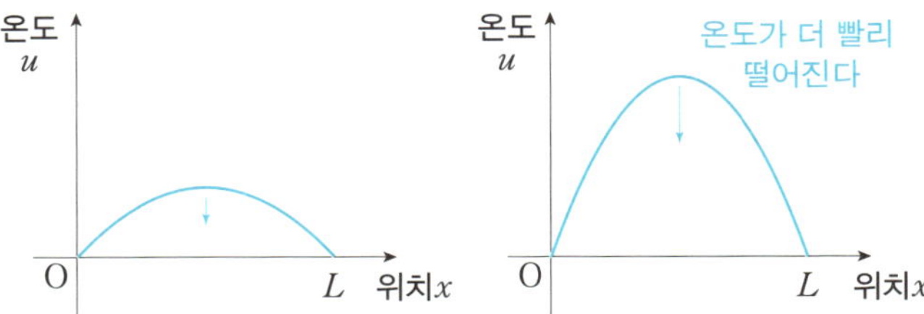

미지 해 u를 푸리에 급수로 표현하면 열전도 방정식을 풀 수 있습니다. 푸리에 급수나 푸리에 변환은 현대에 와서는 열전도 방정식 외에도 다양한 미분 방정식을 풀기 위한 도구로 사용되고 있으며, 이를 이용하여 함수를 연구하는 분야가 **푸리에 해석**입니다.

참고로 저는 수학 관련 유튜브 채널을 운영하며 강의 영상을 공개하고 있는데, 이 영상의 편집 과정에도 푸리에 해석의 기술이 활용됩니다.

동영상의 음성은 「음파」입니다. 이 파형을 푸리에 변환하면, 각 주파수의 음이 얼마나 포함되어 있는지를 계산할 수 있습니다. 이를 통해 하나의 음성 데이터에 포함된 다양한 음을 분류할 수 있습니다. 여기서 잡음을 발생시키는 주파수를 제거하면 시청자는 깨끗한 음질의 영상을 시청할 수 있습니다.

이 외에도 이미지 처리나 의료용 컴퓨터 단층촬영(CT) 기술에도 활용되는 등 푸리에 해석은 일상생활에서 폭넓게 활용되고 있습니다.

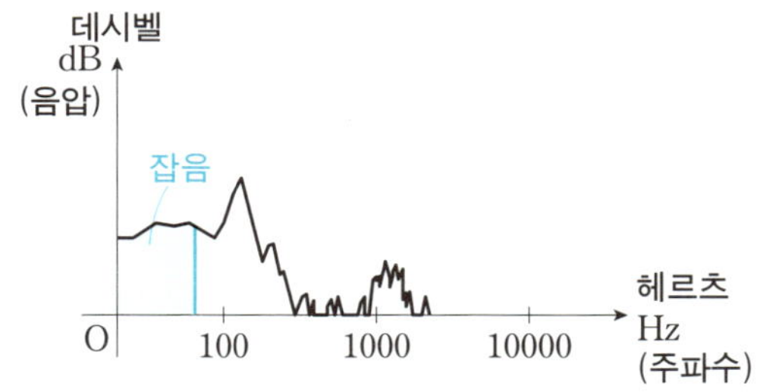

p진수

Column 1에 이어 저의 전문 분야에 관한 이야기를 해보겠습니다. 여기서는 「p진수」를 소개하겠습니다.

p를 소수라고 합시다. p진수의 세계는 p로 나누어떨어지는 횟수가 많을수록 0에 가까워지는 신기한 세계입니다.

예를 들어, 3진수의 세계에서는 1, 3, 9, 27, 81, 243…은 0에 수렴하는 수열입니다. 처음 들을 때는 무슨 뜻인지 잘 이해할 수 없을지도 모릅니다. 오히려 0에서 멀어지는 것이 아니냐고 생각할 수도 있습니다. 하지만 이는 우리에게 가장 익숙한 유클리드 거리 예 52 라는 개념으로 수 사이의 거리를 인식하기 때문입니다. 이 p진수의 세계는 유리수 전체의 집합 $\mathbb{Q}$에 유클리드 거리와는 다른 p진 거리라는 개념을 도입한 것입니다.

두 유리수 a, b에 대해 그 차인 $a-b$의 절댓값이 작을수록 a와 b가 「가깝다」고 정의하는 것이 유클리드 거리였습니다. 반면에 p진 거리는 차 $a-b$가 p로 나누어떨어지는 횟수가 많을수록 a와 b가 「가깝다」고 정의하는 거리입니다. 그리고 유클리드 거리를 이용하여 완비화라는 작업을 수행하면 유리수 $\mathbb{Q}$는 실수 $\mathbb{R}$로 수가 확장되는 반면, p진 거리를 이용하여 완비화를 하면 유리수 $\mathbb{Q}$는 p진수 $\mathbb{Q}_p$라는 수로 확장됩니다. p진수의 세계는 정수론 연구에서 매우 중요한 역할을 합니다.

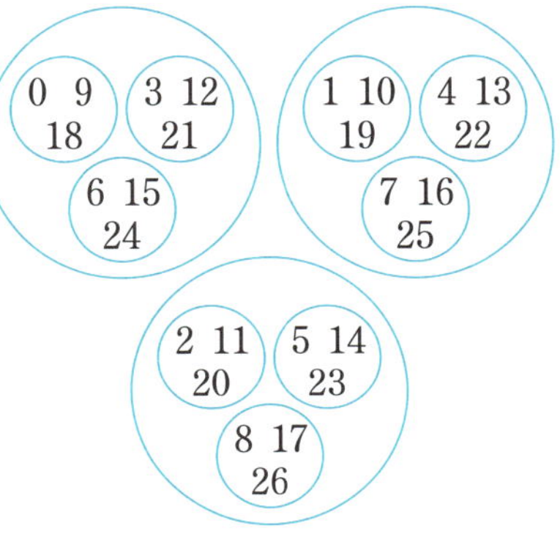

p진수 세계의 이미지($p=3$의 예)
같은 원 안에 있는 것들끼리 더 「가깝다」.
이 중첩 구조가 안쪽으로 무한히 이어진다.

르베그 적분론

Lebesgue Integration Theory

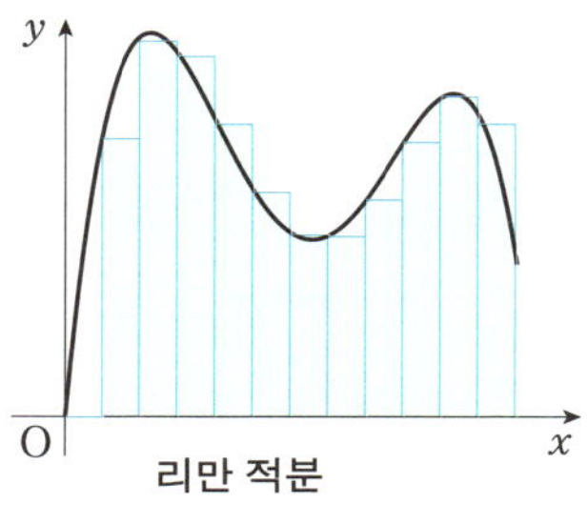

프랑스 수학자 르베그Lebesgue, 1875-1941가 제시한 **르베그 적분**은 리만 적분과는 다른 방식으로 정의된 적분입니다. 함수 $y = f(x)$의 $a \leqq x \leqq b$에서의 리만 적분은 $a \leqq x \leqq b$의 부분을 세로로 잘게 자른 직사각형으로 넓이를 근사하는 방식이었습니다. 반면에 르베그 적분은 y축 쪽을 잘게 자르는 방식으로 넓이를 근사하는 것입니다.

19.1. 르베그 적분의 개념

예를 들어, 아래 왼쪽 그림과 같은 그래프의 함수 $f(x)$를 생각해 봅시다. $0 \leqq y < 1$의 부분을 $y = 0$으로, $1 \leqq y < 2$의 부분을 $y = 1$로 만드는 식으로, y좌표의 값을 소수점 이하를 버린 값으로 변경한 그래프를 생각합니다 (다음 그림에서 오른쪽 그림). 이는 $y = f(x)$의 그래프를 높이가 1인 계단 형태로 근사하는 이미지를 떠올리면 됩니다. 이것이 함수 $y = [f(x)]$의 그래프입니다. ($[z]$는 z 이하의 최대 정수를 나타내는 가우스 기호입니다).

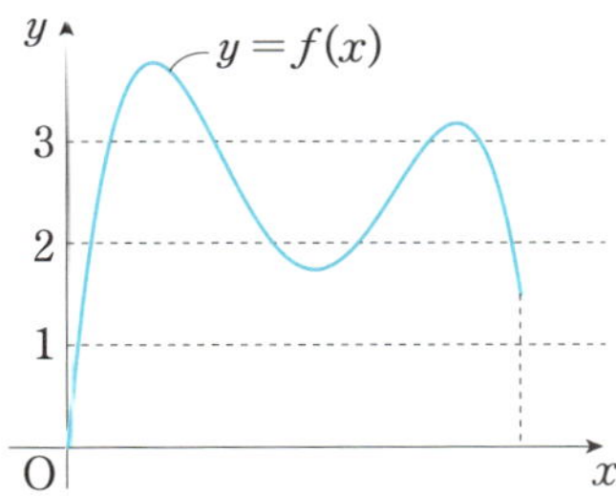

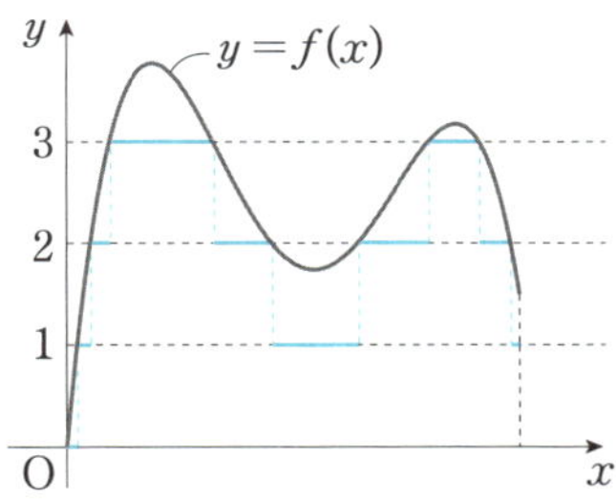

$y=f(x)$의 그래프와 x축으로 둘러싸인 부분의 넓이는 $y=[f(x)]$의 그래프와 x축으로 둘러싸인 계단 형태의 부분의 넓이로 근사할 수 있습니다. 이 계단의 넓이는 오른쪽 그림과 같이 각각의 높이를 가진 계단 ⓪~③에 대해 그 높이와 폭의 곱을 계산한 것을 모두 더하여 계산할 수 있습니다. 즉,

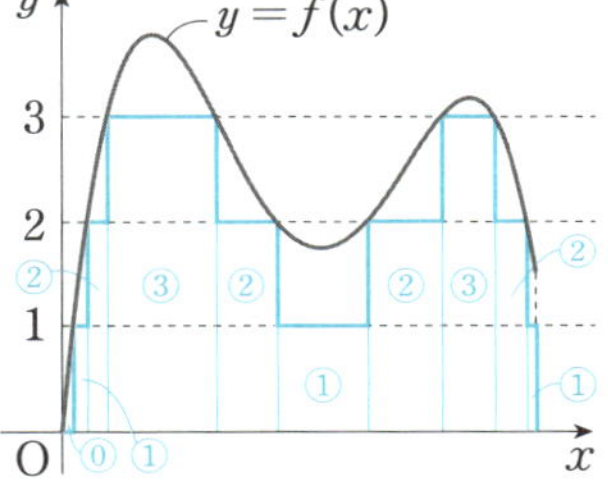

(높이 0인 계단 ⓪의 가로 폭)$\times 0$

$+$(높이 1인 계단 ①의 가로 폭)$\times 1$

$+$(높이 2인 계단 ②의 가로 폭)$\times 2$

$+$(높이 3인 계단 ③의 가로 폭)$\times 3$

이 됩니다. 이것은 다음 식과 같습니다.

($0 \leqq f(x) < 1$이 되는 x의 범위의 길이)$\times 0$

$+$($1 \leqq f(x) < 2$가 되는 x의 범위의 길이)$\times 1$

$+$($2 \leqq f(x) < 3$이 되는 x의 범위의 길이)$\times 2$

$+$($3 \leqq f(x) < 4$가 되는 x의 범위의 길이)$\times 3$

　다음으로 y축을 나누는 간격을 좁혀 $y=0$, $\dfrac{1}{2}$, 1, $\dfrac{3}{2}$, 2, $\cdots$에서 자릅니다. 즉, 오른쪽 그림과 같이 $0 \leqq y < \dfrac{1}{2}$의 값의 부분을 $y=0$, $\dfrac{1}{2} \leqq y < 1$의 값의 부분을 $y=\dfrac{1}{2}$ 등으로 하여 높이가 $\dfrac{1}{2}$인 계단으로 근사합니다. 그리고 앞서와 마찬가지로 각 계단의 넓이를 계산하면 다음과 같이 구할 수 있습니다.

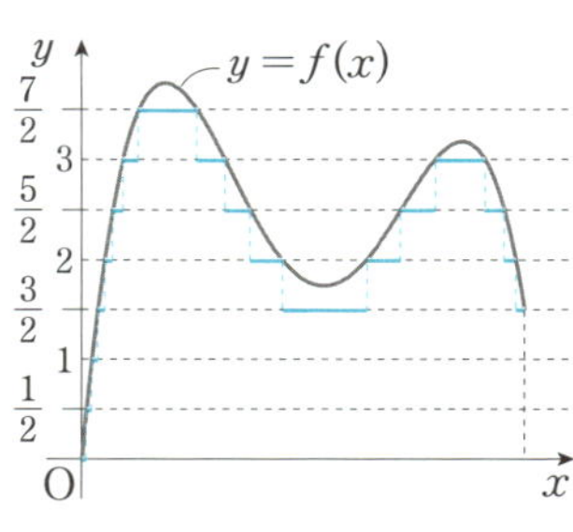

$$\left(0 \leqq f(x) < \dfrac{1}{2} \text{이 되는 } x \text{의 범위의 길이} \right) \times 0$$

$$+ \left(\dfrac{1}{2} \leqq f(x) < 1 \text{이 되는 } x \text{의 범위의 길이} \right) \times \dfrac{1}{2}$$

$$+ \left(1 \leqq f(x) < \dfrac{3}{2} \text{이 되는 } x \text{의 범위의 길이} \right) \times 1 + \cdots$$

$$+ \left(\dfrac{7}{2} \leqq f(x) < 4 \text{이 되는 } x \text{의 범위의 길이} \right) \times \dfrac{7}{2}$$

　이와 같이 y축을 잘게 나눠 폭(계단의 높이 차)을 무한히 좁힐수록 더 정확하게 $y=f(x)$의 그래프를 근사할 수 있습니다. 이와 같이 근사의 극한을 취해 엄밀하게 정식화한 적분을 르베그 적분이라고 합니다.

　르베그 적분 계산에서는 각 계단의 가로 폭을 어떻게 구할 것인지가 문제가 됩니다. 예를 들어, 「$\left(\dfrac{1}{2} \leqq f(x) < 1 \text{이 되는 } x \text{의 범위의 길이} \right)$」를 어떻게 구할 것인가 하는 점입니다. 이는 「길이」가 무엇인지, 「길이」를 어떻게 측정할 것인지와 직결되는 문제입니다. 연속 함수와 같이 이해하기 쉬운 함수라면 문제가 없겠지만, 다음과 같은 예에서는 어떨까요?

다음과 같은 복잡한 함수 $f(x)$를 생각해 봅시다.

$$f(x) = \begin{cases} 0 & (x \text{는 유리수}) \\ 1 & (x \text{는 무리수}) \end{cases}$$

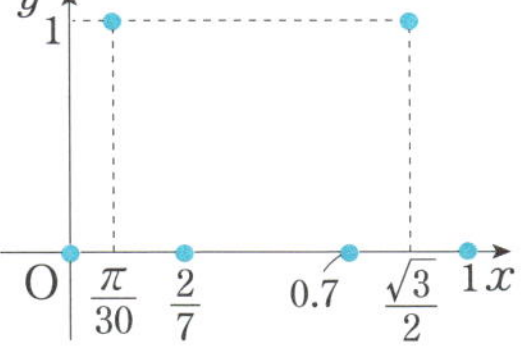

이는 x가 유리수일 때는 0, 무리수일 때는 1의 값을 가지는 함수입니다. 어떤 서로 다른 두 유리수 사이에는 항상 무리수가 있고, 어떤 서로 다른 무리수 사이에도 항상 유리수가 있습니다. $0 \leq x \leq 1$ 범위에는 무한히 많은 유리수와 무리수가 뒤섞여 있습니다. 따라서 이 함수의 그래프를 매우 정확하게 「그리는」 것은 불가능합니다.

하지만 $0 \leq x \leq 1$에서 $f(x)$의 르베그 적분은 계산할 수 있습니다. 르베그 적분을 계산하기 위해서는 $0 \leq x \leq 1$ 범위에서 $y = f(x)$의 그래프를 계단 형태로 근사했었습니다. 이번 예에서는 $f(x)$의 값이 0 또는 1이므로, x가 유리수가 되는 부분을 모은 높이가 0인 계단과 x가 무리수가 되는 부분을 모은 높이가 1인 계단, 두 종류의 계단이 됩니다. 앞으로 설명하겠지만 (르베그의 방법에서는), $0 \leq x \leq 1$의 범위에서 「x가 유리수인 부분의 길이」는 0이고, 「x가 무리수인 부분의 길이」는 1입니다. 물론 x가 유리수가 되는 점도 무한히 많지만, 그것들을 모두 더해도 「길이」가 되기에는 부족하므로 「x가 유리수인 부분의 길이」는 0으로 간주합니다. 따라서 $f(x)$를 근사하는 계단은 가로 폭 0, 높이 0인 계단과, 가로 폭 1, 높이 1인 계단이 있다고 생각하여

$$\int_0^1 f(x)\,dx = 0 \times 0 + 1 \times 1 = 1 \text{ (좌변은 르베그 적분)}$$

로 계산할 수 있습니다.

이 함수 $f(x)$는 리만 적분이 불가능[39] 하지만, 르베그 적분은 가능한 함수의 대표적인 예입니다. 르베그 적분을 통해 이러한 일부 복잡한 함수의 적분도 계산할 수 있습니다.

19.2. 측도

앞서 등장한 「x가 유리수인 부분」과 같은 복잡한 「도형」의 길이는 어떻게 정의할 수 있는지 조금 더 살펴보겠습니다. 이 질문에 대한 하나의 엄밀한 정식화가 이루어진 것이 바로 측도라는 개념입니다. 측도는 길이나 넓이를 확장한 개념이라고 할 수 있습니다.

먼저, 넓이를 측정하는 방법을 몇 가지 살펴보겠습니다. 대표적으로는 조르당Jordan, 1838-1922의 방법과 르베그의 방법이 있습니다(물론 르베그의 방법은 르베그 적분으로 이어집니다).

먼저 조르당의 방법을 살펴보겠습니다.

다음과 같이 평면 내에 유계인(무한히 뻗어나가지 않는) 도형 E가 있고, 이 도형의 넓이를 측정한다고 해봅시다. 여기서 E의 내부에 유한개의 정사각형(경계 포함)을 채웁니다. 정사각형의 크기를 줄일수록 E와의 틈이 줄어들고 정사각형의 넓이의 합은 증가하기 때문에 더 정확하게 근사할 수 있습니다. 이때, 그 상한(넓이의 합이 무한히 커질 때 가까워지는 값)을 $S_내(E)$로 표현하기로 합니다.

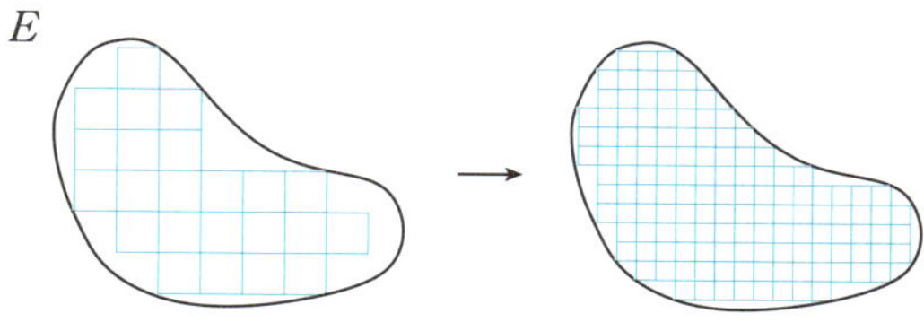

---

39. 자세한 이유는 생략하지만, 리만 합 14.2 이 수렴하지 않기 때문입니다.

다음으로 E의 외부를 유한개의 정사각형으로 덮는 경우를 생각해 봅시다. 마찬가지로 정사각형의 크기를 줄일수록 정사각형의 넓이의 합은 감소하기 때문에 그 하한(넓이의 합이 무한히 작아질 때 가까워지는 값)을 $S_{외}(E)$로 표현하기로 합니다.

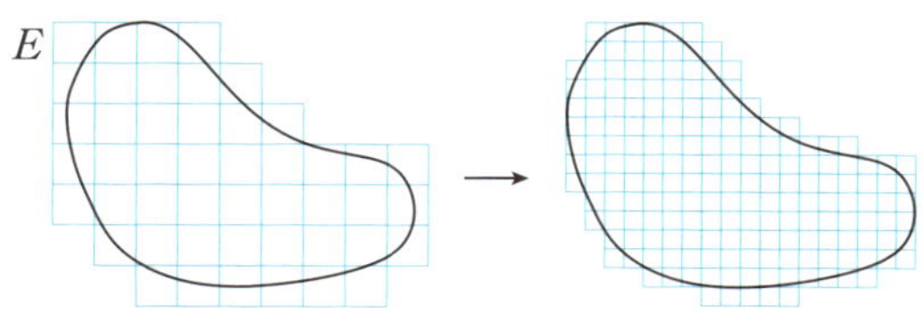

그리고 $S_{내}(E)$와 $S_{외}(E)$가 같아질 때(즉, 내부와 외부에서 계산한 넓이의 근삿값이 같을 때), 그 값을 E의 (조르당의 의미에서의) 넓이로 합니다.

이어서 르베그의 방법을 살펴보겠습니다.

앞서와 같은 도형 E를 크기가 다양한 가산 무한개 **24.1**의 정사각형 E_1, E_2, …로 외부에서 덮습니다. 이때, 그 넓이의 합

$$S(E_1) + S(E_2) + S(E_3) + \cdots$$

를 생각하고, 그 하한을 $S_{외}(E)$로 합니다(E의 외부에서 넓이를 근사한다). 반대로 E가 어떤 큰 직사각형 U 안에 완전히 포함되어 있다면, U 안의 E 외부 부분인 $\overline{E}$를 가산 무한개의 정사각형 F_1, F_2, …로 바깥쪽에서 덮습니다. 이때 그 넓이의 합

$$S(F_1) + S(F_2) + S(F_3) + \cdots$$

를 생각하고, 그 하한을 I라고 합니다. 이는 E의 외부 부분을 측정한 것이 되므로, U의 넓이에서 I를 뺀 $S(U) - I$의 값을 $S_{내}(E)$로 합니다. $S_{내}(E)$는 E를 내부에서 근사하는 것과 같으므로, $S_{내}(E) \leqq S_{외}(E)$가 성립합니다. 여기서 더 나아가 $S_{내}(E) = S_{외}(E)$가 성립하면 그 값을 E의 (르베그의 의미에서의) 넓이로 합니다.

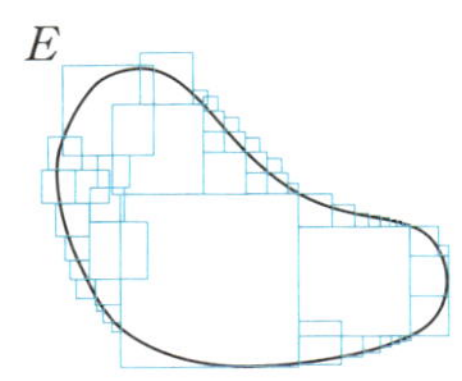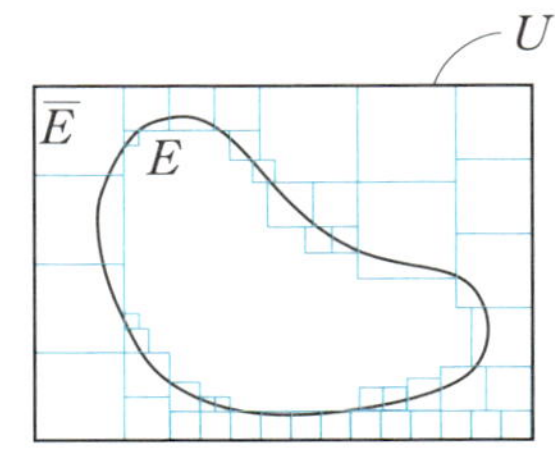

조르당의 방법과 르베그의 방법의 큰 차이는 유한개의 정사각형으로 덮는 것을 생각하느냐, 가산 무한개의 정사각형으로 덮는 것을 생각하느냐에 있습니다. 무한개의 대상을 정의 안에서 다룸으로써, 르베그의 방법은 '무한 번의 연산'에도 유연하게 대응할 수 있게 되었습니다.

지금까지 넓이를 구하는 2가지 방법을 살펴보았는데, 「길이」는 어떨까요? 마찬가지로, 정사각형 대신 유한개 또는 가산 무한개의 선분을 덮음으로써 각각 조르당과 르베그의 방법으로 길이를 구할 수 있습니다.

예 106

$0 \leqq x \leqq 1$ 범위의 유리수 전체 집합 E의 「길이」는 조르당의 방법으로는 측정할 수 없지만, 르베그의 방법으로는 0으로 계산할 수 있습니다.

먼저 조르당의 방법을 살펴보면, E를 유한개의 선분으로 덮는다고 할 때, 유한개의 선분만 사용할 수 있으므로 어쩔 수 없이 $0 \leqq x \leqq 1$ 전체를 덮어야 합니다. 따라서 $S_외(E) = 1$입니다.

한편 E의 내부에는 선분을 채울 수 없습니다. 모든 선분은 항상 무리수를 포함하기 때문입니다. 따라서 $S_내(E) = 0$이며, $S_내(E)$와 $S_외(E)$의 값은 같지 않습니다. 그러므로 조르당의 방법으로는 넓이를 정의할 수 없습니다.

그러면 르베그의 방법은 어떨까요? 유리수는 가산 무한개 24.1 존재합니다. 따라서 다음과 같이 유리수에 순서를 부여하여

$$a_1, a_2, \cdots$$

로 합니다. ε을 양수로 두고, 유리수 a_1을 길이 $\dfrac{\varepsilon}{2}$으로 덮고, 유리수 a_2를 길이 $\dfrac{\varepsilon}{4}$으로 덮고, 유리수 a_3을 길이 $\dfrac{\varepsilon}{8}$으로 덮고… 하는 식으로 유리수를 차례로 이전의 절반 길이의 선분으로 덮어 나가면, 모든 유리수 E는 총길이가

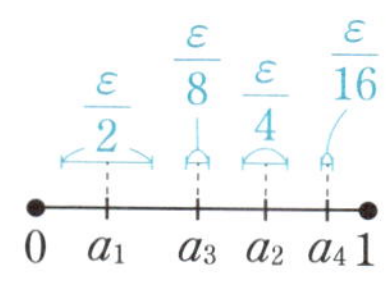

$$\frac{\varepsilon}{2} + \frac{\varepsilon}{4} + \frac{\varepsilon}{8} + \cdots = \varepsilon$$

이 되는 선분들로 덮을 수 있습니다! 이 ε을 한없이 작게 하여 0에 가깝게 만들면, 전체 길이가 얼마든지 짧은 선분들로 E를 덮을 수 있습니다. 이 경우 하한을 취하면, $S_외(E) = 0$이 됩니다.

또한, $0 \leq S_내(E) \leq S_외(E) = 0$에 의해 $S_내(E) = 0$이 되어 $S_내(E)$와 $S_외(E)$가 같으므로, 르베그의 방법에서는 $S(E) = 0$입니다.

르베그의 방법이 중요한 이유는 다음과 같은 성질이 성립하기 때문입니다. 이 성질은 **측도**의 중요한 성질 중 하나로, 이 성질이 성립하기 때문에 르베그의 의미에서의 S를 **르베그 측도**라고 부릅니다(조르당의 의미에서의 S는 측도라고 하지 않습니다). 「측도」란 집합의 크기를 측정하는 방법을 말합니다.

E_1, E_2, E_3, …와 같은 서로 겹치지 않는 가산 무한 개의 도형이 있을 때, 그것들을 합친 도형(합집합) $E = E_1 \cup E_2 \cup E_3 \cup \cdots$의 르베그의 의미에서의 넓이 $S(E)$는 E_1, E_2, E_3, …의 넓이의 합과 같다. 즉,

$$S(E) = S(E_1) + S(E_2) + S(E_3) + \cdots$$

이다.

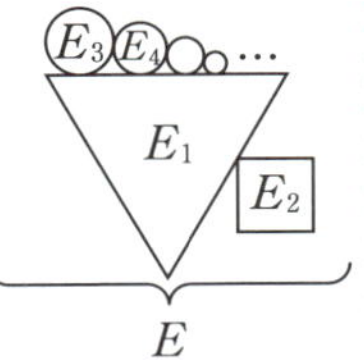

르베그 적분은 「넓이」나 「길이」를 이러한 「무한 번의 연산」과 잘 어울리도록 재정의하고, 이를 이용하여 적분의 개념을 정의한 것입니다. 그 결과, 르베그 적분은 수렴에 관한 문제에도 유연하게 대응할 수 있어 현재까지도 유용하게 사용되고 있습니다.

제20항

확률론

Probability Theory

20.1. 확률은 넓이다

주사위를 굴린다고 해봅시다. 이로써 일어날 수 있는 결과는 1의 눈, 2의 눈, 3의 눈, 4의 눈, 5의 눈, 6의 눈이 나오는 6가지가 있습니다. 이때 주사위를 굴리는 것과 같은 행위를 **시행**, 그에 따라 일어날 수 있는 결과(를 몇 개 묶은 것)를 **사건**이라고 합니다.

모양이 삐뚤어진 불량품 주사위가 아니라면, 이 6개 사건은 모두 같은 비율로 일어날 것입니다. 전사건(일어날 수 있는 모든 결과)의 확률은 1로 정해져 있으므로, 6개의 사건에 각각 확률 $\frac{1}{6}$을 할당함으로써 모든 사건에 확률이 할당됩니다.

이 「같은 비율로 일어날 것이다」라는 것을 **발생 가능성이 동일**하다(등확률)라고 합니다. 실제로는 주사위의 모든 눈이 똑같은 비율로 나오는 것은 불가능합니다. 하지만 수학적으로 엄밀한 논의를 전개하기 위해 발생할 가능성이 동일한 것은 모두 동일한 확률을 갖는다고 정의합니다. 그럼으로써 각각의 눈이 나오는 사건에 확률 $\frac{1}{6}$을 할당하여 수학적으로 다양한 계산을 할 수 있게 되는 것입니다.

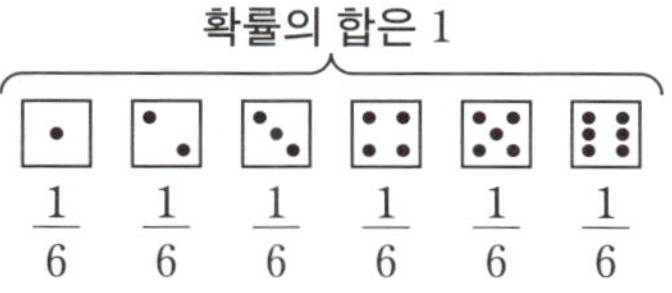

그렇다면 사건이 무한개인 경우는 어떨까요?

예를 들어, 0 이상 1 이하의 실수 중에서 무작위로 1개의 실수 N을 선택한다고 해봅시다. 이 시행에서 일어날 수 있는 결과는 $N=0$, $N=\dfrac{1}{2}$, $N=\dfrac{1}{\sqrt{2}}$, …등 무한히 많습니다. 여기서 이 모든 결과가 양의 등확률로 발생한다고 가정해 보겠습니다. 예를 들어, 1개의 N을 선택할 확률을 $\dfrac{1}{1000000}$이라 해도 N이 가질 수 있는 값이 무한개이기 때문에, 이 경우 확률의 합은 1을 넘게 됩니다. 확률은 전사상의 확률이 1이 되도록 해야 하기 때문에, 이와 같은 일은 불가능합니다. 따라서 수학적으로는 「$N=0$, $N=\dfrac{1}{2}$, $N=\dfrac{1}{\sqrt{2}}$ 등 N이 특정한 하나의 값을 가질 확률은 각각 0이다」라고 생각합니다.

각각의 N 값에 양의 확률을 할당할 수는 없지만, 예를 들어 「N이 $\dfrac{1}{2}$ 이상이 될 확률」이라면 고려할 수 있습니다. 수직선 위의 0 이상 1 이하의 부분에서 $\dfrac{1}{2}$ 이상인 부분이 차지하는 비율이 $\dfrac{1}{2}$이므로, 이 확률은 $\dfrac{1}{2}$이라고 보는 것이 자연스럽습니다. 마찬가지로 N이 $\dfrac{1}{6}$ 이상 $\dfrac{5}{6}$ 이하가 될 확률은 $\dfrac{2}{3}$로 볼 수 있는 등 일반적으로 $a \leq N \leq b$가 될 확률은 이 범위의 「길이」인 $b-a$로 생각할 수 있습니다.

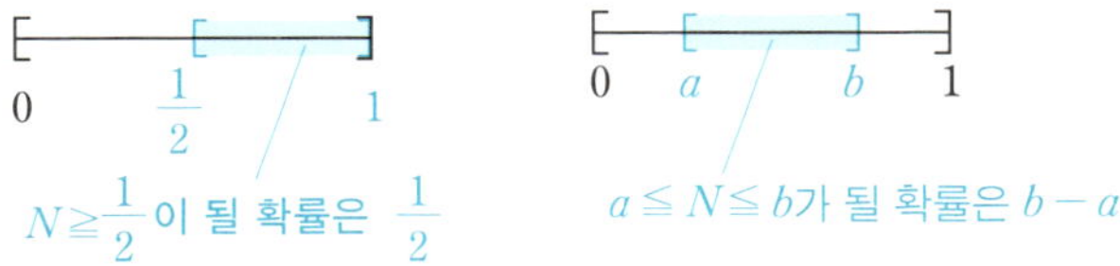

그렇습니다. 확률은 일반적으로 이러한 「길이」나 「넓이」와 같은 역할을 하는 것으로 정의됩니다. 앞에서 설명했듯이 「길이」나 「넓이」는 **정리 107**과 같이 몇 가지 성질을 만족하면서 「도형」에 대해 할당되는 수였습니다. 마찬가지로 「확률」도 「사건」에 대해 할당되는 수입니다. 이 경우, **정리 107**에 해당하는 것은 확률의 합의 법칙

사건 E_1, E_2가 서로 배반이라면, $P(E_1 \cup E_2) = P(E_1) + P(E_2)$입니다(사실 확률의 경우에도 서로 배반인 가산 무한개 24.1 의 사건에 대해 합의 법칙이 성립합니다). 「확률」도 「넓이」도 모두 측도의 예라는 점에서 비슷한 것이라고 할 수 있습니다.

20.2. 큰 수의 법칙

확률론의 기초라고 할 수 있는 중요한 정리를 몇 가지 소개하겠습니다.

주사위를 굴려 1의 눈이 나올 확률은 수학적으로 $\frac{1}{6}$입니다. 하지만 실제로는 주사위를 던진 횟수 중 정확히 $\frac{1}{6}$의 비율로 1의 눈이 나오지는 않습니다. 다시 말해, 주사위를 600번 굴려도 1의 눈이 정확히 100번만 나오는 것이 아니라 실제로는 96번이나 102번 나오는 등 오차가 발생합니다. 그런데 주사위를 굴리는 횟수를 점점 늘리면 이 오차 비율이 점차 줄어듭니다. 이러한 현상을 표현한 것이 다음 큰 수의 법칙입니다.

> **정리 108** **큰 수의 (약)법칙(주사위의 예)**
>
> 주사위를 굴려 N번째까지 1의 눈이 나오는 횟수를 X_N이라고 하자. 임의의 $\varepsilon > 0$에 대해
>
> $$\lim_{N \to \infty} P\left(\left| \frac{X_N}{N} - \frac{1}{6} \right| > \varepsilon\right) = 0$$
>
> 이 성립한다.

$\frac{X_N}{N}$은 주사위를 N번 굴렸을 때 1의 눈이 나오는 횟수의 비율입니다. 이는 대략 $\frac{1}{6}$일 것으로 기대됩니다. 이 기댓값과의 오차가 $\left| \frac{X_N}{N} - \frac{1}{6} \right|$입니다. 그 오차가 ε보다 더 커질 확률 $P\left(\left| \frac{X_N}{N} - \frac{1}{6} \right| > \varepsilon\right)$는 ($\varepsilon$이 아무리 작더라도) 주사위를 굴리는 횟수 N을 늘리면 0에 수렴한다는 것이 이 정리

의 의미입니다.

20.3. 중심극한정리

주사위를 1번 굴려 나오는 눈과 그 확률을 정리하면 다음의 「$N=1$」과 같은 막대그래프가 됩니다.

다음으로 주사위를 2번 굴려 나오는 눈의 합과 그 확률을 정리하면 「$N=2$」의 막대그래프가 됩니다. 예를 들어, 나온 눈의 합이 8인 경우는 $(2,\,6)$, $(3,\,5)$, $(4,\,4)$, $(5,\,3)$, $(6,\,2)$로 5가지이며, 확률은 $\dfrac{5}{36}$입니다.

이와 같이 주사위를 굴리는 횟수를 늘려가며 N번 주사위를 굴려 나오는 눈의 합과 그 확률을 정리하면(각각의 값과 확률을 모두 정리한 것을 **확률분포**라고 합니다), 점차 예쁜 종 모양의 곡선이 됩니다(「$N=4$」의 막대그래프에 겹쳐 그렸습니다).

이 곡선[40]으로 표현되는 확률분포를 **정규분포 29.4** 라고 합니다.

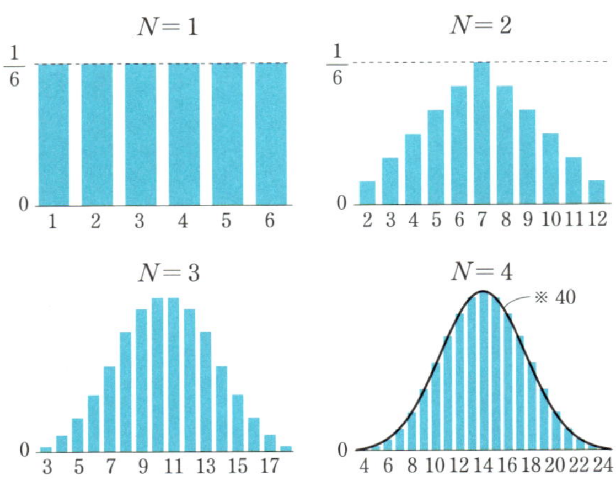

40. $y=\dfrac{1}{\sqrt{2\pi\sigma^2}}\exp\left(-\dfrac{(x-\mu)^2}{2\sigma^2}\right)$의 그래프입니다. 여기서 μ는 평균, $\sigma>0$은 표준편차(σ^2은 분산)를 나타내는 상수입니다.

이번에는 주사위가 불량품인 경우를 생각해 보겠습니다. 주사위를 굴려 나오는 눈은 1~6으로 6가지가 있는데, 각각의 눈이 나올 확률은 다릅니다.

나오는 눈	1	2	3	4	5	6
확률	$\dfrac{1}{4}$	$\dfrac{1}{24}$	$\dfrac{1}{3}$	$\dfrac{1}{6}$	$\dfrac{1}{6}$	$\dfrac{1}{24}$

이처럼 편향된 값이 나오는 불량품 주사위를 사용할 경우에도, 마찬가지로 N번 주사위를 굴려 나온 눈의 합과 그 확률을 정리하면 아래 그래프와 같습니다.

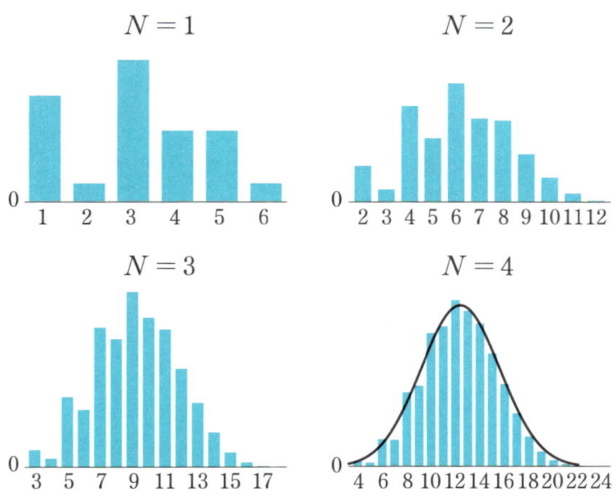

이와 같이 불량품 주사위를 사용하더라도 주사위를 N번 굴려 나오는 눈의 합의 확률분포는 정규분포에 가까워진다는 사실이 증명되었습니다. 이것이 중심극한정리입니다.

정리 109 중심극한정리(주사위의 예)

주사위를 N번 굴려 나오는 눈의 합의 확률분포는 어떤 주사위를 사용하든 N을 늘리면 정규분포에 가까워진다.

중심극한정리는 어떤 무작위적 현상이 누적되면 정규분포에 가까워진다는 것을 나타냅니다.

큰 수의 법칙이나 중심극한정리는 통계학 **제29항**에서 매우 유용한 정리입니다.

20.4. 브라운 운동

이제 확률론에서 활발하게 연구되고 있는 구체적인 현상에 대해 살펴보겠습니다.

먼저 브라운 운동에 대해 알아보겠습니다. 식물학자 브라운은 꽃가루에 포함된 미세 입자가 물속에서 불규칙하게 움직이는 현상을 발견했습니다.

이후 아인슈타인은 이 불규칙한 움직임이 열운동을 하는 물 분자가 입자에 충돌하면서 일어난다는 것을 이론적으로 설명했고, 이는 분자의 존재를 입증하는 결정적인 증거가 되었습니다. 오늘날 이 운동은 **브라운 운동**이라고 불립니다.

이제 브라운 운동을 수학적으로 구성하는 방법을 설명하겠습니다. 이를 위해 먼저 **랜덤 워크**(무작위 행보)에 대해 알아보겠습니다. 여기서는 문제를 단순화하기 위해 1차원 운동을 다뤄보겠습니다.

수직선 위에서 점 P가 다음 규칙에 따라 움직입니다 :

● 시간 0에서는 원점에 있다.

● 1초마다 확률 $\frac{1}{2}$로 $+1$만큼 이동, 확률 $\frac{1}{2}$로 -1만큼 이동

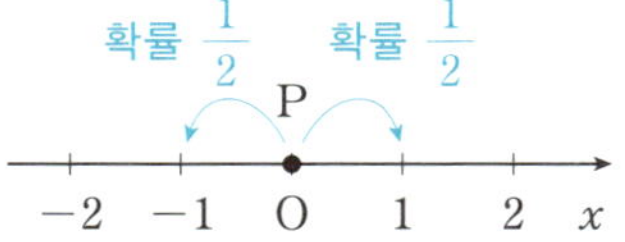

예를 들어, 다음 그래프는 100초 후까지의 랜덤 워크의 한 예를 나타낸 것입니다(가로축은 시간(초), 세로축은 좌표를 나타냅니다).

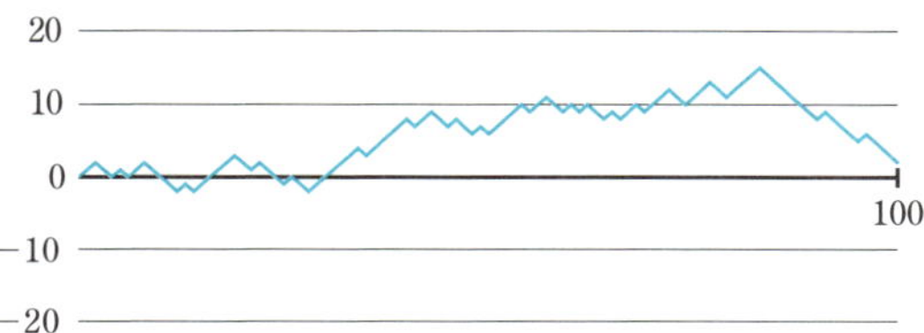

이제 브라운 운동을 고려하기 위해 다음과 같이 변형된 랜덤 워크를 생각해 봅시다(N은 자연수).

- 1초마다 이동한다 → $\dfrac{1}{N}$초마다 이동한다

- 이동 폭은 ± 1 → 이동 폭은 $\pm\dfrac{1}{\sqrt{N}}$

이러한 랜덤 워크에서 1초 후까지(N번 이동할 때까지)의 모습에 주목해 봅시다. $N = 100$ 및 $N = 1000$인 경우에는 다음 그림과 같습니다($N = 1000$인 경우에는 3가지 예를 소개합니다).

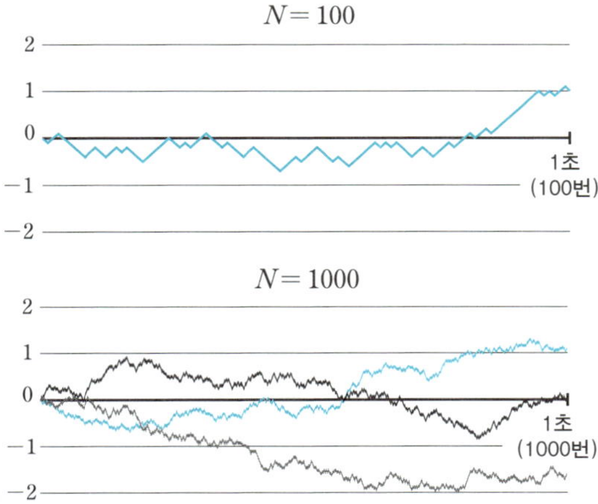

중요한 점은 1초 동안의 이동 횟수가 N의 변경에 맞춰 이동 폭을 $\dfrac{1}{\sqrt{N}}$로 변경한 것입니다. 만약 이동 폭을 1로 유지하면 N을 늘릴수록 이동 범위도 그만큼 넓어집니다. 따라서 이동 폭을 $\dfrac{1}{\sqrt{N}}$로 설정함으로써 표준편차를 1로 유지하면서 이동 횟수 N을 늘릴 수 있습니다.

여기서 $N \to \infty$로 가는 극한을 생각한 것이 브라운 운동(**위너 과정**)입니다. 이산적(불연속적)으로 이동하는 랜덤 워크와 달리 브라운 운동은 매 순간 연속적이고 랜덤(무작위적)으로 이동합니다. 따라서 브라운 운동의 곡선은 (확률 1로) 연속이지만, 모든 점에서 미분 불가능한 등 해석학적으로는 매우 특이한 성질을 가지고 있습니다.

브라운 운동과 같은 랜덤한 항을 포함하는 미분방정식을 **확률 미분방정식**이라고 합니다. 확률 미분방정식은 브라운 운동이 갖는 그 특이성 때문에 일반적인 미분, 적분을 적용할 수 없습니다. 이에 일본의 수학자 이토 기요시伊藤清, 1915-2008는 브라운 운동에 대해 **확률 적분**이라는 새로운 적분을 도입하여, 확률 미분방정식을 수학적으로 정식화하고 그 해법에 대해 연구했습니다. 이토가 도입한 이 이론은 **확률해석**이라 하며, 현대 확률론에 지대한 영향을 미쳤습니다. 이 이론은 주가의 움직임을 연구하는 **수리금융학** 등 다양한 분야에서 응용되고 있습니다.

20.5. 퍼콜레이션

또 다른 구체적인 현상으로 퍼콜레이션 이론을 소개하겠습니다. 퍼콜레이션은 「침투」라는 의미로, 예를 들어 모래 알갱이 사이로 물이 스며드는 현상을 설명하는 수학적 모델 이론입니다. 격자 위에 늘어선 점과 그 점들을 연결하는 경로의 개폐(열리고 닫힘)를 이용하여 이 과정을 생각해 보겠습니다.

먼저 1차원의 예로 설명하겠습니다. 수직선이 주어져 있고, 좌표가 정수인 점을 격자점이라 하겠습니다. 인접한 격자점을 연결하는 「경로」는 각각 독립적으로 확률 p로 열려 있어 통과할 수 있고, 확률 $1-p$로 닫혀 있어 통과할 수 없다고 합시다. 이때, 원점에서 출발하여 경로를 따라 무한히 멀리 이동할 수 있는 확률 θ_p는 얼마일까요?

다음 그림과 같이 경로의 개폐가 정해져 있는 경우, 원점에서 좌표 -2까지는 갈 수 있지만, 그 이상은 갈 수 없습니다.

$p=1$이라면, 모든 경로는 반드시 열려 있습니다. 따라서 이 경로는 좌우 어느 쪽으로든 무한히 멀리 갈 수 있습니다. 하지만 $p<1$이라면

- 좌표 1까지 도달할 수 있는 확률은 1개의 경로가 열려 있을 확률로 p
- 좌표 2까지 도달할 수 있는 확률은 2개의 경로가 열려 있을 확률로 p^2
- 좌표 N까지 도달할 수 있는 확률은 N개의 경로가 열려 있을 확률로 p^N

이 되고, 이 확률은 0에 수렴합니다. 따라서 양의 방향으로는 무한히 멀리 갈 수는 없습니다(음의 무한대도 마찬가지입니다).

그렇다면 2차원에서는 어떨까요? 좌표평면이 주어져 있고, x, y좌표가 모두 정수인 점을 격자점이라고 합시다. 각 격자점에는 상하좌우로 인접한 격자점을 연결하는 경로가 있고, 모든 경로는 각각 독립적으로 확률 p로 열려 있어 통과할 수 있으며, 확률 $1-p$로 닫혀 있어 통과할 수 없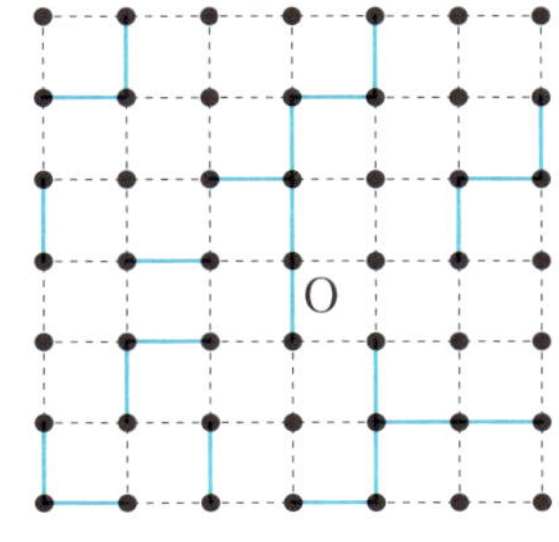다고 가정합니다. 이때, 원점에서 출발하여 경로를 따라 무한히 멀리 갈 수 있는 확률 θ_p는 얼마일까요?

1차원의 경우, 얼마든지 멀리 갈 수 있는 선택지가 $+\infty$ 또는 $-\infty$ 2가

지뿐이었지만, 2차원의 경우 가능성이 크게 늘어나면서 문제가 어려워집니다. 이 문제의 결론은 이미 다음과 같이 증명되었습니다.

 퍼콜레이션의 임계점

- $p < \dfrac{1}{2}$ 일 때 $\theta_p = 0$ 이 된다.

  (무한히 멀리까지 경로가 이어질 확률은 0)

- $p > \dfrac{1}{2}$ 일 때 $\theta_p > 0$ 이 된다.

  (무한히 멀리까지 경로가 이어질 확률은 양수)

$p = \dfrac{1}{2}$ 이라는 임계점을 경계로 상황이 크게 달라지는 것이 신기합니다.

이 퍼콜레이션 모델은 코로나바이러스감염증-19(코로나19)와 같은 감염병에도 적용할 수 있습니다. 다음 그림과 같이 각 격자점이 사람을 나타내고, 각각의 사람이 자신의 주변 4명과 접촉하는 상황을 생각해 봅시다. 경로의 개폐는 각각의 사람에게 감염병이 전파되는지 여부에 해당하며, 접촉한 사람에게 전파될 확률을 p 라고 합니다.

이 정리의 의미는 다음과 같습니다.

- $p < \dfrac{1}{2}$ 일 때는 「$\theta_p = 0$」, 즉 멀리 있는 사람에게는 전파되지 않고 제한된 범위에서 감염이 수렴한다.

- $p > \dfrac{1}{2}$ 일 때는 「$\theta_p > 0$」, 즉 멀리 있는 사람에게까지 전파되며, 이른바 감염폭발이 일어날 가능성이 있다.

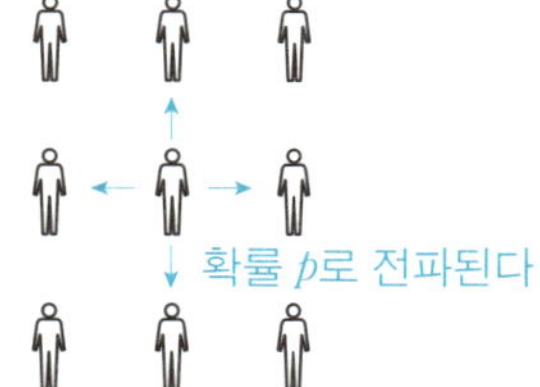

따라서 감염을 억제하기 위해서는 $p < \dfrac{1}{2}$, 즉 접촉하는 4명 중 평균 2명 미만으로 전파되는 것을 목표로 해야 한다는 사실을 알 수 있습니다.

물론 이것은 단순화된 모델로, 현실은 훨씬 더 복잡합니다. 여기서 설정을 조금씩 복잡하게 한 퍼콜레이션 모델을 고려함으로써, 현실 문제에도 이를 응용할 수 있습니다.

☑ **푸리에 해석** … 주기함수를 삼각함수의 무한합으로 나타내는 푸리에 급수와 이를 일반 함수로 확장한 푸리에 변환을 다루는 분야.
→ 함수를 주파수별로 분해하는 변환.

☑ **리만 적분** … 함수가 나타내는 영역을 세로로 잘게 자른 직사각형으로 근사하는 적분(고등학교 수학에서 배우는 적분).

☑ **르베그 적분** … 함수를 일정한 높이별로 나눈 계단 형태로 근사하는 적분.
→ 무한 연산과 잘 맞는다.
→ 넓이의 일반화인 측도를 사용하여 정의된다.

☑ **확률론** … 확률을 엄밀하게 정식화하여 그 성질을 연구하는 분야.
→ 확률은 특별한 측도로 정의된다.
→ 브라운 운동, 퍼콜레이션 등 다양한 구체적 이론에 응용되고 있다.

제21항

함수해석학
Functional Analysis

함수해석학은 함수가 이루는 공간에 대해 연구하는 분야입니다. 「무한 차원의 선형대수」라고 불리기도 합니다.

21.1. 함수는 벡터다

벡터 공간 **1.5**을 떠올려 봅시다. 예를 들어, 벡터 $\begin{pmatrix} 4 \\ -3 \\ 5 \end{pmatrix}$는 첫 번째 성분에 4, 두 번째 성분에 -3, 세 번째 성분에 5를 할당한 벡터입니다. 이는 자연수 1, 2, 3을 입력하면 각각 4, -3, 5를 출력하는 함수로 볼 수 있습니다. 마찬가지로, n차원 벡터 $\begin{pmatrix} x_1 \\ x_2 \\ \vdots \\ x_n \end{pmatrix}$은 첫 번째 성분에 x_1, 두 번째 성분에 x_2, $\cdots$ n번째 성분에 x_n을 할당한 벡터로, 자연수 1, 2, $\cdots$, n을 입력하면 각각 x_1, x_2, $\cdots$, x_n을 출력하는 함수로 볼 수 있습니다.

마찬가지로, n개에서 멈추지 않고 첫 번째 성분에 x_1, 두 번째 성분에 x_2, $\cdots$와 같이 가산 무한개 **24.1**의 수를 나열한 「벡터(같은 것)」 $\begin{pmatrix} x_1 \\ x_2 \\ \vdots \end{pmatrix}$를 생각할 수 있습니다. 이는 자연수 1, 2, 3, $\cdots$를 입력하면 각각 어떤 수를 출력하는 함수입니다.

나아가 「$\frac{1}{2}$번째 3」이나 「$\sqrt{2}$번째 -2」$\cdots$와 같이 생각하면, 비가산 무한개(실수의 개수)의 수를 나열한 「벡터(같은 것)」도 생각해볼 수 있습니다.

이는 실수를 입력하면 각각 어떤 수를 출력하는 것입니다. 우리에게 익숙한 「함수」의 개념과 다르지 않습니다. 그렇습니다. 함수 역시 벡터처럼 다룰 수 있는 것입니다.

예를 들어, 함수 $f(x)=2x+1$은 첫 번째 성분이 $f(1)=3$, $\sqrt{2}$ 번째 성분이 $f(\sqrt{2})=2\sqrt{2}+1$, $-\dfrac{1}{10}$ 번째 성분이 $f\left(-\dfrac{1}{10}\right)=\dfrac{4}{5}$, $\cdots$인 벡터로 간주할 수 있습니다.

21.2. 함수가 이루는 벡터 공간

실수를 입력하면 실수를 출력하는 함수 f, g가 주어졌을 때 두 함수의 합 $f+g$를 정의할 수 있습니다. 즉, 새로운 함수 $f+g$는 x를 입력하면 f의 출력값 $f(x)$와 g의 출력값 $g(x)$의 합 $f(x)+g(x)$를 출력하는 함수입니다.

마찬가지로 함수 f와 실수 k가 주어졌을 때, 함수의 실수배 kf를 정의할 수 있습니다. 즉, 새로운 함수 kf는 x를 입력하면 f의 출력값 $f(x)$의 k배인 $k\cdot f(x)$를 출력하는 함수입니다.

예를 들어, 함수 $f(x)=2x+1$과 $g(x)=x^2$의 합 $f+g$와 f의 2배인 $2f$는

$$(f+g)(x)=2x+1+x^2=x^2+2x+1, \quad (2f)(x)=4x+2$$

입니다.

이와 같이 두 함수의 덧셈과 실수배를 생각할 수 있으며, 실수를 입력하면 실수를 출력하는 함수 전체의 집합은 벡터 공간이 됩니다. 이 벡터 공간을 $\mathcal{F}(\mathbb{R})$로 나타내기로 합니다.

이러한 「함수를 원소로 갖는 벡터 공간」(이하 함수 공간)을 연구하는 분야가 함수해석학입니다. 다만, $\mathcal{F}(\mathbb{R})$은 일반적인 집합이므로, 실제로는 좀 더 특징적인 함수의 집합, 예를 들어 「연속함수 전체의 집합」이나 「미분가능한 함수 전체의 집합」 등을 고려하는 경우가 많습니다. 여기서는 앞으로 등장하는 집합을

$$C(\mathbb{R}) = \{ f \mid f \text{는 실수를 입력하면 실수가 출력되는 연속함수}\}$$

로 합니다.

21.3. L^2 공간

여기서는 특히 중요한 함수 공간인 L^2 공간을 소개하겠습니다. 함수의 정의역은 $[0, 1]$이고, 함수는 실숫값을 가진다고 합시다. f가 가측함수[41]이고,

$$\int_0^1 |f(x)|^2 dx$$

의 값이 유한한 함수를 제곱 적분 가능 함수라고 하고, 제곱 적분 가능 함수 전체의 집합을 $L^2[0, 1]$로 표기하기로 합니다[42].

---

41. 엄밀한 정의는 생략하지만, 측도 19.2 의 구조를 유지하는 함수를 말합니다. 달리 말해, 19.1 에서 설명했듯이 「계단」 형태로 근사할 수 있는 함수를 말합니다. (고등학교나 대학 수학 초급에서 등장하는) 대부분의 함수는 가측함수입니다(가측이 아닌 함수를 만들기는 쉽지 않습니다).

42. 정확하게는 「거의 모든 곳에서 값이 같은 함수」는 같은 것으로 간주해야 하지만, 여기서는 무시하도록 하겠습니다.

$L^2[0, 1]$의 함수 f에 대해, 그 L^2노름을

$$\|f\|_2 = \sqrt{\int_0^1 |f(x)|^2 dx}$$

로 정의합니다. **노름**(norm)이란 각 함수의 「크기」와 같은 것입니다. 또한, $L^2[0, 1]$ 함수에 대해서는 내적을 생각할 수 있습니다. 즉, 함수 f, g의 내적 $\langle f, g \rangle$를

$$\langle f, g \rangle = \int_0^1 f(x)g(x)dx$$

로 정의합니다. 위의 노름에 대한 정의를 함께 고려하면 노름과 내적의 관계는

$$\|f\|_2 = \sqrt{\langle f, f \rangle}$$

가 됩니다(**12.3** 에서도 비슷한 것이 등장합니다).

예 114

고등학교 수학 시간에 배운 벡터의 내적을 떠올려 봅시다.

예를 들어, 벡터 $\vec{a} = \begin{pmatrix} 4 \\ -3 \\ 5 \end{pmatrix}$와 $\vec{b} = \begin{pmatrix} 1 \\ -1 \\ 2 \end{pmatrix}$의 내적 $\langle \vec{a}, \vec{b} \rangle$[43]는

$$\langle \vec{a}, \vec{b} \rangle = 4 \cdot 1 + (-3)(-1) + 5 \cdot 2 = 17$$

과 같이 각 성분끼리 곱한 후 이들을 모두 더한 것이었습니다. 마찬가지로, 함수의 내적도 각 x에 대해 값을 곱한($f(x)g(x)$) 후 이들을 「모두 더한」 것으로 정의됩니다. 다만, 연속적인 무한개의 값을 고려하기 때문에 「모두 더하는」 것은 「적분」이 됩니다.

그리고 벡터의 크기 $|\vec{a}|$는 자기 자신과의 내적의 양의 제곱근, 즉

---

43. 고등학교 수학에서는 일반적으로 $\vec{a} \cdot \vec{b}$로 표기합니다.

$$|\vec{a}| = \sqrt{\langle \vec{a}, \vec{a} \rangle} = 5\sqrt{2}$$

로 구할 수 있습니다. $\|f\|_2$도 「함수 f의 크기」를 나타내며, 벡터의 경우와 마찬가지로

$$\|f\|_2 = \sqrt{\langle f, f \rangle} = \sqrt{\int_0^1 |f(x)|^2 dx}$$

로 정의됩니다.

노름이 주어진 함수 공간은 그 노름에 따라 거리**정의 51**를 도입할 수 있습니다. 즉, 두 함수 f, g 사이의 거리 $d(f, g)$를

$$d(f, g) = \|f - g\|_2$$

로 정의하면, $L^2[0, 1]$은 거리 공간이 되며, 따라서 위상 공간**정의 56**이 됩니다. 이러한 내적이 주어진 (다른 몇 가지 성질을 가진) 공간을 **힐베르트 공간**이라고 하며, 함수해석학에서 가장 중요한 함수 공간 중 하나입니다.

두 벡터의 내적이 0이면 두 벡터가 직교한다고 말하는 것과 마찬가지로 두 함수의 내적이 0이면 두 함수는 **직교한다**고 합니다.

예 115

- $f(x) = 2x + 1$에 직교하는 1차 함수로는 예를 들어 $g(x) = 12x - 7$ 이 있습니다. 실제로

$$\langle f, g \rangle = \int_0^1 f(x)g(x)dx = \int_0^1 (2x + 1)(12x - 7)dx = 0$$

입니다. 「그래프의 직교」와는 다른 의미라는 점에 유의해야 합니다.
- 서로 직교하는 함수로 중요한 것이 삼각함수입니다. 두 자연수 k, ℓ 에 대해

$$\langle \sin(2k\pi x),\ \cos(2l\pi x) \rangle = \int_0^1 \sin(2k\pi x)\cos(2l\pi x)\,dx = 0$$

이 성립하므로, $\sin(2k\pi x)$와 $\cos(2l\pi x)$는 직교합니다. 또 $\sin$함수끼리는 $\sin(2k\pi x)$와 $\sin(2l\pi x)$가 $k \neq l$일 때 직교하며, $k = \ell$일 때는 직교하지 않습니다(자기 자신과는 직교하지 않습니다). $\cos$함수에 대해서도 마찬가지입니다. 즉, 무한개의 함수

$$\sin(2\pi x),\ \ \sin(4\pi x),\ \ \sin(6\pi x),\ \cdots,$$
$$\cos(2\pi x),\ \ \cos(4\pi x),\ \ \cos(6\pi x),\ \cdots$$

는 서로 직교하는 함수들의 집합입니다.

유한차원의 벡터 공간에서는 해당 차원의 개수만큼의 일차독립인 벡터가 있다면, 모든 벡터를 그 벡터들의 일차결합으로 나타낼 수 있습니다 1.4. 마찬가지로, 무한차원의 벡터 공간에서는 무한개의 특정 벡터가 있다면, 모든 벡터를 그 무한개의 벡터들의 일차결합으로 나타낼 수 있는지 여부가 문제가 됩니다. 앞서 나온 $\sin(2k\pi x)$, $\cos(2l\pi x)$를 이용하면, 사실 $L^2[0, 1]$의 함수는

$$f(x) = \frac{a_0}{2} + a_1\cos(2\pi x) + a_2\cos(4\pi x) + a_3\cos(6\pi x) + \cdots$$
$$+ b_1\sin(2\pi x) + b_2\sin(4\pi x) + b_3\sin(6\pi x) + \cdots$$

로 나타낼 수 있는 것으로 알려져 있습니다[44]. 이것이 바로 푸리에 급수 전개 정의 101 입니다. $L^2[0, 1]$의 함수를 푸리에 급수 전개한다는 것은 함수를 1, $\sin(2k\pi x)$, $\cos(2l\pi x)$와 같은 무한개의 일차 결합(무한합)의 형태로 표현하는 것으로, 이는 무한 차원 선형대수의 한 예에 불과합니다.

함수 해석학에서는 이러한 무한 차원의 선형대수를 다룹니다. 다만 그

---

44. 제18항의 주석37과 마찬가지로, 이것은 엄밀한 등식이 아닙니다.

것만으로는 일반적인 상황밖에 다루지 못합니다. 따라서 앞에서 언급한 것처럼 위상을 도입하여 함수열의 극한과 수렴을 생각하거나 위상이 주어진 선형대수(연속성에도 주목하는 선형대수)를 다루게 됩니다. 이를 통해 함수 공간에 관한 여러 가지 흥미로운 성질을 얻을 수 있습니다.

21.4. 작용소

지금까지 다양한 맥락에서 「공간」과 이를 연결하는 「사상」에 대해 살펴보았습니다. 함수 해석학에서 「공간」에 해당하는 것은 함수 공간입니다. 이는 벡터 공간이면서 위상 공간이기도 합니다. 따라서 이들을 연결하는 「사상」으로는 연속인 선형사상 정의 6, 정의 60 을 생각할 수 있습니다. 함수 공간 사이의 이러한 사상은 작용소라는 특별한 이름을 가지고 있습니다. 함수에 「작용」하여 다른 함수로 바꾸는 것과 같은 이미지를 떠올리면 됩니다.

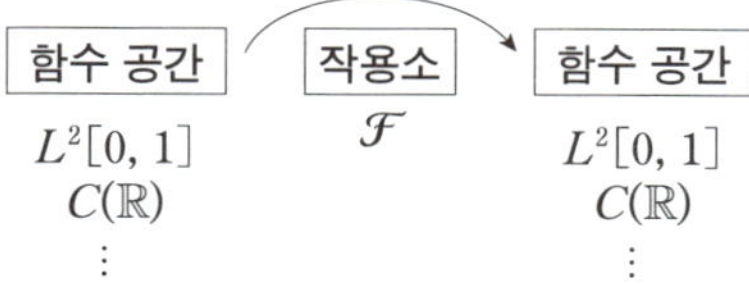

여기서는 미분 방정식의 해의 존재에 관한 함수 해석학의 응용 예를 통해 작용소를 소개하겠습니다. 예를 들어, 단진동의 미분 방정식

$$-ky = my''$$

을 만족하는 해가 존재한다는 것은 16.3 에서 소개했습니다. 이 방정식은 쉽게 해를 구할 수 있으므로, 그 표현을 찾는 것만으로 충분합니다. 하지만 모든 미분 방정식이 항상 쉽게 해를 구할 수 있는 것은 아닙니다. 그런 경우에는 해를 직접적으로 표현하지 않고 그 존재만을 증명할 수 있습니다. 단진동 미분 방정식으로 그 방법을 설명하겠습니다.

단진동의 미분방정식은 $z = y''(t)$로 두면 적분방정식

$$z(t) + \frac{k}{m}\int_0^t (t-s)z(s)ds = -\frac{kA}{m}$$

로 바뀝니다(m, k, A는 16.3 과 마찬가지로 상수입니다). 이제 적분 방정식의 일부를 떼어낸 형태로 정의되는 다음 작용소 $\mathcal{F}$를 생각해 봅시다 :

$$\mathcal{F}[f](t) = \frac{k}{m}\int_0^t (t-s)f(s)ds$$

이것은 연속함수 $f(t)$에 대해 위와 같이 정의된 연속함수 $\mathcal{F}[f](t)$를 부여하는 작용소입니다. 함수해석학의 방법을 사용하여 이 적분 작용소의 성질을 연구하면 단진동 미분방정식의 해의 존재를 증명할 수 있습니다. 여기서 고려한 적분 방정식은 **볼테라형 적분방정식**의 일종으로 비교적 자세히 연구되고 있습니다.

이처럼 함수 해석학에서는 함수 공간이나 작용소의 성질을 연구하여 미분 방정식 등 다양한 해석학 문제에 응용합니다.

21.5. 작용소 대수론

함수해석학에서 확장된 분야를 살펴보겠습니다[45]. 작용소가 이루는 환 정의 8 의 성질을 추출하여 더 일반적으로 정의된 것으로는 C^* 대수와 그 특수한 형태인 폰 노이만 대수가 있습니다. 이것들을 연구하는 것이 **작용소 대수론**입니다.

일반적인 C^* 대수는 곱셈의 교환법칙이 일반적으로 성립하지 않는 비가환 대수입니다. 그중에서 가환 C^* 대수는 특정 유형의 위상 공간 X 위의 복소숫값 연속함수가 이루는 함수대수(함수 공간) $C(X)$와 본질적으로 동일

---

45. 여기에 등장하는 용어의 자세한 의미는 설명하지 않습니다. 대략적인 윤곽만 파악해 보시기 바랍니다.

한 것으로 간주할 수 있습니다. 따라서, 일반적인(비가환일 수 있는) C^* 대수 역시 어떤 「비가환 공간」 X와 같은 것을 고려하여, 그 X 위에 존재하는 함수대수와 본질적으로 동일한 것으로 간주할 수 있을 것입니다. 이러한 아이디어는 콘Connes, 1947-에 의해 **비가환 기하학**으로 이어져 양자역학 등에도 영향을 미치고 있습니다.

제22항

역학계

Dynamical Systems

역학계란 일정한 규칙에 따라 시간의 경과와 함께 상태가 변화하는 모델, 혹은 이를 연구하는 분야를 말합니다. 이름만 보면 물리학의 한 분야로 생각할 수 있지만, 물리학의 「역학」과는 다릅니다[46]. 역학계는 푸앵카레 Poincaré, 1854-1912의 삼체문제(세 천체의 운동)에 관한 연구를 통해 비약적으로 발전했으며, 생물의 개체수 증감 등 다양한 현상의 모델로 활용되고 있습니다.

22.1. 역학계의 정의

먼저 역학계의 정의를 소개하겠습니다.

정의 116 S를 복소수의 집합[47]으로 하고, $f : S \to S$를 함수로 한다. (S, f)의 쌍을 함수 f에 의해 정의되는 S 위의 **이산 역학계**라고 한다. 초깃값 x_0를 주고, 점화식 $x_{n+1} = f(x_n)$에 의해 수열 $x_0, x_1, x_2, \cdots$를 정의한다. 즉,

---

46. 참고로 동역학은 dynamics, 역학계는 dynamical system을 번역한 용어입니다.

47. 여기서는 S를 복소수의 집합으로 하는 **복소 역학계**에 대해 다룹니다. 이외에도 S를 다양체 **10.1** 나 측도 **19.2** 가 주어진 공간(측도 공간) 등으로 설정할 수 있습니다. 따라서 역학계는 기하학과도 관련이 있는 분야입니다.

$$x_1 = f(x_0), \quad x_2 = f(f(x_0)), \quad x_3 = f(f(f(x_0))), \quad \cdots$$

로 수열 $\{x_n\}$을 정의한다. 이 수열(점열)을 x_0의 **궤도**라고 한다.

집합 S는 상태 변화의 무대를, 함수 f는 상태 변화의 메커니즘을 나타냅니다. 초깃값 x_0를 정의하면(앞으로 $n=0$일 때를 첫째 항으로 합니다), x_1, x_2, x_3, …와 같이 단계마다 값이 변화합니다. 이 시스템이 이산 역학계입니다.

이때 상태가 변화할 때마다 f가 변하는 것은 아니므로, 일정한 메커니즘에 따라 일어나는 상태 변화에 대해 고찰하는 것이 역학계 이론이라고 할 수 있습니다. 연속적인 시간 변화를 고려하는 **연속 역학계**도 있지만, 여기서는 이산 역학계에 대해 살펴보기로 하겠습니다.

22.2. 쥘리아 집합과 프랙탈

여기서는 $S = \mathbb{C}$, $f(x) = x^2 + c$(c는 복소수 상수)로 하는 역학계에 대해 살펴보겠습니다. 즉, 점화식 $x_{n+1} = f(x_n)$, 다시 말해 $x_{n+1} = x_n^2 + c$($n \geq 0$)로 표현되는 수열 $\{x_n\}$을 생각해 봅시다.

예 117

다음 예에서는 모두 $c = 0$으로 하고, 점화식 $x_{n+1} = x_n^2$을 고려합니다. 다음 표에 첫째 항 x_0를 다양하게 변경했을 때의 x_n 값을 정리했습니다.

x_0	1	1.01	0.99
x_1	1	1.0201	0.9801
x_2	1	$1.0406\cdots$	$0.9605\cdots$
x_3	1	$1.0828\cdots$	$0.9227\cdots$

x_4	1	$1.1725\cdots$	$0.8514\cdots$
x_5	1	$1.3749\cdots$	$0.7249\cdots$
x_6	1	$1.8904\cdots$	$0.5255\cdots$

x_0를 양의 실수로 하여 다양하게 변화시켰을 때 어떤 일이 일어나는지 생각해 봅시다. $x_0 = 1$일 때는 항상 $x_n = 1$이지만, x_0가 1보다 조금이라도 크면 x_n은 점차 커지면서 결국 무한대로 발산합니다. 반대로 x_0가 1보다 조금이라도 작으면 x_n은 점차 작아지면서 0으로 수렴합니다. $x_0 = 1$을 경계로 그보다 큰 경우와 작은 경우에 상황이 크게 달라집니다.

마찬가지로 x_0로 다양한 복소숫값을 고려했을 때 $|x_n|$의 값이 무한대로 발산하는지[48] 여부를 생각해 봅시다. 그리고

「$|x_n|$이 무한대로 발산하지 <u>않는</u>」 초깃값 x_0 전체의 집합

을 K_0라고 하고, 이를 복소수 평면($x_0 = a + bi$(a, b는 실수)로 나타냈을 때의 ab 평면) 위에 나타내면, 다음 그림과 같이 K_0는 단위원(원주 및 내부)이 됩니다.

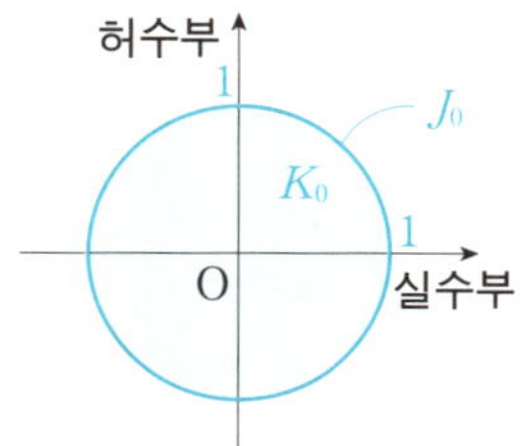

위 예의 K_0를 $c = 0$이 아닌 경우에도 일반화해 봅시다. 점화식

---

48. 복소수 $z = a + bi$(a, b는 실수)에 대해, 그 절댓값을 $|z| = \sqrt{a^2 + b^2}$로 정의합니다. 이는 원점으로부터의 거리를 나타냅니다. 따라서 「$|x_n|$이 무한대로 발산한다」는 것은 x_n이 원점에서 무한히 멀어진다는 것을 나타냅니다.

$x_{n+1} = x_n^2 + c$에서 「$|x_n|$이 무한대로 발산하지 않는」 초깃값 x_0 전체의 집합을 K_c라고 하고, K_c를 **충만한 쥘리아 집합**이라 합니다. 그리고 그 경계 J_c를 **쥘리아 집합**이라 합니다.

예를 들어, $C = 0$일 때의 쥘리아 집합 J_0는 앞의 예에서 단위원주가 됩니다. 아래 그림은 여러 c 값에 대한 쥘리아 집합 J_c입니다.

$$c = -1 \qquad c = i \qquad c = -0.4 + 0.58i$$

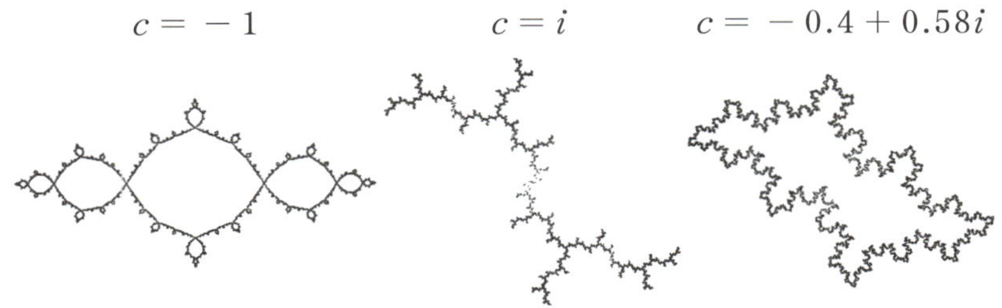

(충만한) 쥘리아 집합은 초깃값에 따라 수열의 궤도 $x_0,\ x_1,\ x_2,\ x_3,\ \cdots$가 「무한대로 발산하는지 여부」에 주목하여 표현한 도형입니다. 이처럼 다양한 초깃값에 따른 궤도의 모습을 분류하는 것이 역학계의 연구 주제 중 하나입니다.

참고로 J_c는 **프랙탈**이라고 불리는 도형입니다. 프랙탈이란 부분이 전체와 닮은 모양으로 끊임없이 반복되는 구조를 말합니다. 로마네스코라는 채소가 프랙탈 구조를 지닌 것으로 유명합니다. 오른쪽 그림 역시 정삼각형에서 닮음비 $\frac{1}{2}$의 정삼각형을 제거하는 과정을 반복하면 만들 수 있는 프랙탈 도형으로, **시에르핀스키 삼각형**이라고 합니다.

프랙탈은 일상적인 현상으로 나타난다는 점이 지적되면서 연구가 시작되었으며, 프랑스 수학자 망델브로Mandelbrot, 1924-2010에 의해 **프랙탈 기하학**이 창시되었습니다. 현재도 역학계와의 연관성을 바탕으로 연구가 진행되고 있습니다.

22.3. 로지스틱 사상과 카오스

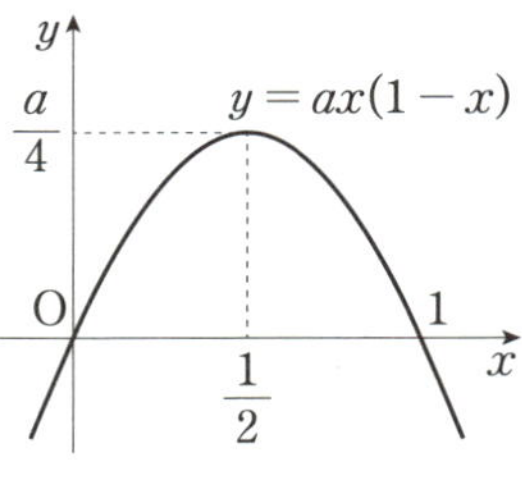

로지스틱 사상은 $0 < a \leq 4$일 때

$$f(x) = ax(1-x) \quad (0 \leq x \leq 1)$$

로 정의되는 함수입니다(그래프는 오른쪽 그림). 정의 116의 S를 $S = \{x \mid 0 \leq x \leq 1\}$로 하고, 로지스틱 사상을 f로 하는 이산 역학계를 생각합니다. 즉, 점화식

$$x_{n+1} = ax_n(1-x_n)$$

로 표현되는 수열 $\{x_n\}$의 궤도에 대해 알아보겠습니다.

이것은 생물의 개체수 증감을 나타내는 모델이 됩니다. 어떤 생물의 n번째 세대의 개체수(에 해당하는 변수)를 x_n이라 하면, n번째 세대와 $n+1$번째 세대의 개체수 관계가 이 점화식으로 표현됩니다. 이 점화식은 대략적으로 「개체수가 너무 많아지면 먹이가 줄어들어 개체수가 감소한다」는 것을 나타냅니다.

이하, 초깃값 x_0의 값을 고정합니다(다음 그림에서는 모두 $x_0 = 0.3$으로 합니다). $\{x_n\}$의 궤도는 a의 값에 따라 상황이 크게 달라지는 것으로 알려져 있습니다.

(i) $0 < a < 1$일 때

단조감소하면서 0에 수렴한다.

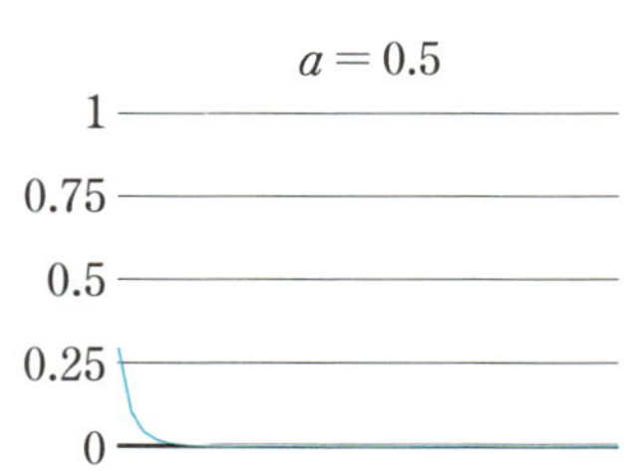

(ii) $1 \leq a \leq 2$일 때

단조증가 혹은 단조감소하면서 $1 - \dfrac{1}{a}$에 수렴한다.

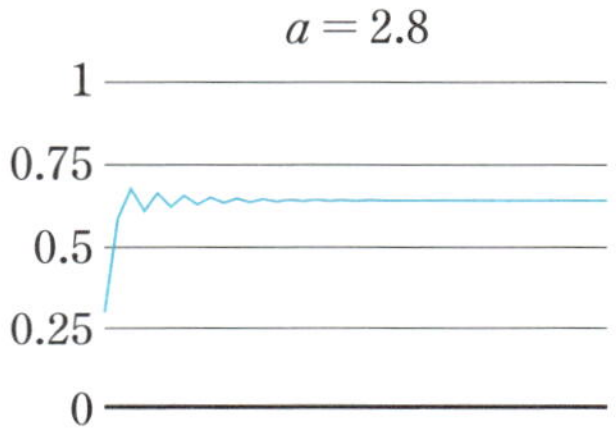

(iii) $2 < a < 3$일 때

감쇠진동하면서 $1 - \dfrac{1}{a}$에 수렴한다.

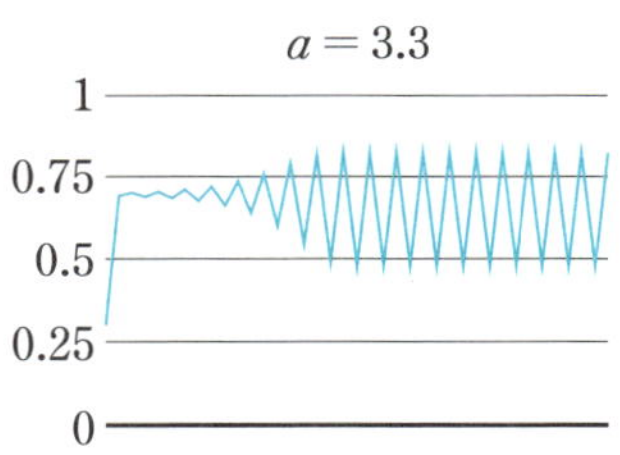

(iv) $3 \leq a < 1 + \sqrt{6}$일 때

대략 2개의 값 사이에서 진동한다.

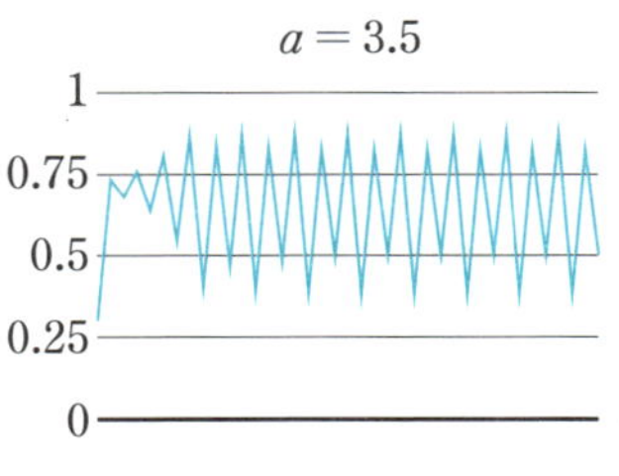

(v) $1 + \sqrt{6} \leq a \leq 3.5699\cdots$일 때

앞에서는 2개의 값 사이에서 진동했으나 $a_1 = 1 + \sqrt{6} = 3.4494\cdots$를 넘으면 오른쪽 그림과 같이 대략 4개의 값 사이에서 진동하게 된다. 더 나아가 $a_2 = 3.5440\cdots$를 넘으면 8개의 값 사이에서 진동하고, a를 계속해서 늘리면 16, 32, $\cdots$개의 값 사이에서 진동하게 된다. 그 분기의 개수가 전환되는 지점을 a_k라 하면,

$$\lim_{k \to \infty} a_k = 3.5699\cdots$$

가 된다.

(vi) $3.5699\cdots < a \leqq 4$일 때

거의 불규칙한 움직임을 나타낸다.

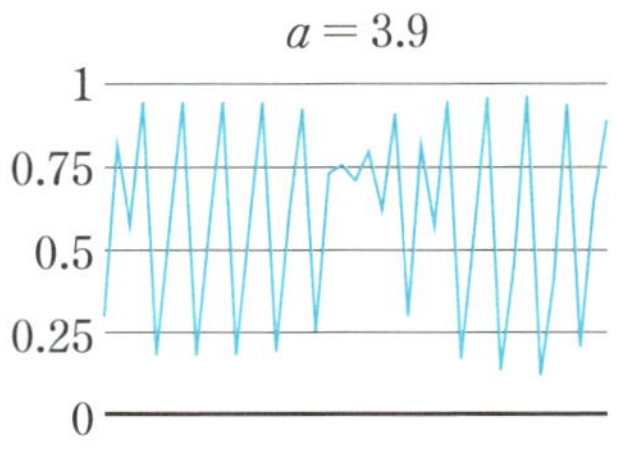

이와 같이, 매개변수(로지스틱 사상의 경우는 a, 줄리아 집합의 경우는 c)가 주어진 역학계에서 매개변수의 값에 따라 역학계의 상태가 어떻게 변하는지를 고찰하는 것도 역학계의 과제 중 하나입니다.

특히 $3.5699\cdots < a \leqq 4$와 같은 경우 역학계에서 매우 불규칙한 거동이 발생하는 현상을 **카오스**라고 합니다. 초깃값이 결정되면 점화식에 의해 이후의 거동이 완전히 결정되어야 하지만, 그 거동은 주기를 가지지 않기 때문에 파악하기 어렵습니다.

이번에는 a의 값은 그대로 유지하고 초깃값 x_0를 약간 변경해 보겠습니다. 예를 들어, $a=3.9$로 하고, $x_0=0.3$(앞의 예와 같습니다)과 $x_0=0.2999$로 한 경우의 궤도를 겹쳐보면 오른쪽 그림과 같은 결과

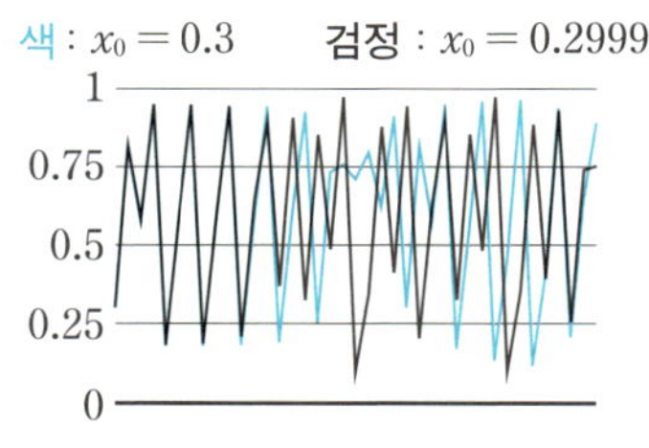

가 나옵니다. n이 작은 초기에는 한동안 거의 값이 변하지 않지만, n이 어느 정도 커지면 궤도가 완전히 달라집니다.

이처럼 초깃값의 작은 차이가 이후 거동에 큰 차이를 가져오는 성질을 **초깃값 민감성**이라고 하며, 이는 카오스의 가장 중요한 특징입니다. 일반적으로 역학계에서는 초깃값을 약간 변경했을 때 궤도가 어떻게 변화하는지를 고찰하는 것도 중요합니다.

대기 현상 역시 복잡한 유체역학에 기반한 카오스적 현상 중 하나입니다. 따라서 날씨를 예측할 때도 입력하는 초깃값(즉, 특정 시점의 대기 상태)에 약간의 오차가 포함되면 이후에 큰 영향을 미칠 수 있습니다. 기상학자

로렌츠는 이를 "브라질에서 나비 한 마리가 일으킨 날갯짓이 텍사스에서 토네이도를 일으킨다(**나비 효과**)"라고 비유했습니다. 이러한 초깃값 민감성으로 인해 장기 예측은 사실상 불가능한 것으로 알려져 있습니다.

Essential Points on the Map

☑ **함수해석학** … 함수를 벡터로 간주하는 공간(함수 공간)에서 위상, 극한 등을 이용하여 그 성질을 탐구하는 분야.

- 「무한차원의 선형대수」
  → 푸리에 급수 역시 기저인 삼각함수의 무한합으로 주기함수를 나타낼 수 있다는 선형대수 제1항적 현상이다.
- 작용소(주로 함수 공간 사이의 연속 선형사상)를 다룬다.
  → 작용소 대수론 등 물리학과 밀접한 관련이 있는 분야도 있다.

☑ **역학계** … 시간에 따라 상태가 변화하는 공간에 대해 연구하는 분야 또는 그 시스템을 말한다.

- → 자기 닮음 도형(프랙탈)이 현상으로 나타나기도 하며, 프랙탈 기하학과 연결된다.
- → 매우 불규칙한 카오스가 현상으로 나타나기도 하며, 일기예보 등 다양한 예측에 응용되고 있다.

수학기초론

Foundations of Mathematics

수학기초론이나 응용수학은 대수학, 기하학, 해석학의 세 분야 (이를 통틀어 순수수학이라고 합니다)의 큰 흐름과는 별개로, 개인의 흥미에 따라 공부를 시작하는 경우가 많습니다.

수학기초론은 수학적 사고방식을 다루는 수리논리학이나 수학의 가장 기본적인 「언어」인 집합론이 중심이 됩니다. 그 밖에도 최근 중요성이 높아지고 있는, 대상과 대상의 관계성을 기술하는 수학의 새로운 체계인 범주론 등이 포함됩니다.

이러한 분야는 수학기초론 이외의 수학 분야를 공부하거나 전공하는 학생이라면 자신의 연구에 이용할 정도로만 간단히 공부하는 경우가 많습니다. 반면에 수학기초론을 전공하며 깊이 있게 연구하는 학생들도 많습니다.

제23항
</br>
수리논리학
Mathematical Logic

논리학은 말 그대로 「논리」를 다루는 학문입니다. 논리란 사고나 추론을 이끌어나가는 원리나 규칙을 말합니다. 넓은 의미의 논리학은 철학에 속하며, 예로부터 많은 철학자들이 논리에 대한 사유를 거듭해 왔습니다. 여기서는 논리를 수학적으로 고찰하는 수리논리학을 다룹니다.

23.1. 명제논리와 술어논리

수리논리학에서 가장 먼저 배우는 것은 명제논리와 술어논리입니다. 이들은 고전논리[49]에 속하며, 순수수학을 다루는 데 사용합니다.

옳고 그름을 분명하게 판단할 있는 수학적 주장을 명제라고 합니다[50]. 옳은 명제를 참 명제, 옳지 않은 명제를 거짓 명제라고 합니다. 예를 들어, 다음 2가지 주장

$$1+1=2, \quad 12\text{는 5의 배수이다.}$$

는 각각 참 명제와 거짓 명제입니다. 이러한 명제들은 「~이 아니다 ¬」, 「그리고 ∧」, 「또는 ∨」, 「만일 ~이라면 →」과 같은 논리 연산자로 연결하여 새로운

---

49. 고전논리가 아닌 논리로는 나중에 간단히 언급될 직관주의 논리, 필연성과 가능성을 다루는 양상 논리 등이 있습니다. 여기서는 고전논리를 중심으로 설명합니다.
50. 우리가 아직 참인지 거짓인지 알지 못하는 추측(리만 가설 추측 30 등)이나, 애초에 참과 거짓에 대한 판단이 불가능하다고 알려진 주장(연속체 가설 24.4 등)도 명제로 간주하는 등 사실 명제의 정의는 복잡합니다.

명제를 만들어낼 수 있습니다. 예를 들어,

$$1+1=2 \text{ 그리고 12는 5의 배수이다.}$$

는 거짓 명제입니다. 여기서 「$1+1=2$」나 「12는 5의 배수이다」와 같은 기본 요소가 되는 명제를 P, Q, R, $\cdots$로 형식화하고[51], 이들을 논리 연산자로 연결한

$$P \wedge Q, \quad (P \to Q) \vee R$$

등의 **논리식**이 어떻게 동작하는지를 다루는 것이 **명제논리**입니다.

그러나 순수수학에서 등장하는 주장을 서술하기 위해서는 명제 논리만으로는 부족합니다. 명제 외에도 변수 x를 포함하는 주장, 예를 들어

$$x+1=2, \; x \text{는 5의 배수이다}$$

와 같은 주장이 있을 경우, 여기에 「모든 x에 대해($\forall x$)」나 「어떤 x에 대해($\exists x$)」와 같은 **정량자**를 추가합니다. 예를 들어,

$$\text{모든 실수 } x \text{에 대해, } x+1=2 \text{이다}$$

는 거짓 명제입니다. 이처럼 변수를 포함하는 주장이나 명제를 형식화하고, 이를 논리 연산자나 정량자로 연결한 것의 동작을 연구하는 것이 **술어논리**입니다. 집합론의 ZF 공리계 24.2 등은 모두 술어논리를 사용하여 기술되므로, 현대 수학은 술어 논리를 기반으로 하고 있다고 할 수 있습니다.

예 118

예를 들어, 집합론 제24항 에서 소개할 짝 공리 24.2 는 다음과 같이 술어논리로 기술됩니다(↔는 동치 기호) :

$$\forall x \forall y \exists z \forall w \, (w \in z \leftrightarrow (w=x \vee w=y))$$

---

51. 즉, P, Q, R이 구체적으로 어떤 주장인가 하는 내용이나 주제에 대해서는 논하지 않고, P, Q, R 자체를 변수로 간주합니다.

23.2. 의미론과 구문론

명제논리나 술어논리에는 크게 **의미론**과 **구문론**이라는 2가지 논증 방식이 있습니다.

의미론은 명제의 참과 거짓에 대해 고찰하는 방법을 말하고, 구문론은 형식적인 추론 방식을 고찰하는 방법을 말합니다. 여기서는 각각의 방법으로

$$\text{「}P\text{라면 }P\text{이다}(P \to P)\text{」} \quad (P\text{는 명제})$$

라는 명제를 고찰해 보겠습니다.

먼저, 의미론에서는 P의 참과 거짓에 따라 전체 「$P \to P$」의 참과 거짓이 어떻게 변하는지를 살펴봅니다. 이를 위해, 논리 연산자 「P라면 $Q(P \to Q)$」의 참과 거짓에 대해 다시 생각해 보겠습니다.

P, Q는 형식적으로 표현된 명제로, 각각 참 또는 거짓이 할당되기 때문에 이들의 참과 거짓의 조합은 4가지가 있습니다. 각각의 경우에 대해 명제 $P \to Q$에 참과 거짓을 어떻게 할당할지를 정한 것이 오른쪽 위의 표입니다[52].

P	Q	$P \to Q$
참	참	참
참	거짓	거짓
거짓	참	참
거짓	거짓	참

이번에 다루는 「$P \to P$」는 오른쪽 위의 표에서 Q를 P로 바꾼 경우입니다. 따라서 P가 참일 때는 1번째 줄의 경우, P가 거짓일 때는 4번째 줄의 경우와 같은 상황이 되므로, 참과 거짓

P	$P \to P$
참	참
거짓	참

의 여부는 오른쪽 아래의 표와 같이 결정됩니다. 이에 따르면, P의 참과 거짓에 상관없이 $P \to P$는 참이 됩니다. $P \to P$와 같이 형식화한 명제 P, Q,

---

52. 「P라면 Q」는 「P가 참일 때, Q도 참이다」라는 의미입니다. P가 참이고 Q가 거짓인 2번째 줄의 경우 $P \to Q$는 거짓이 됩니다. 또한, 3번째 줄과 4번째 줄의 경우처럼 P가 거짓일 때는 Q의 참과 거짓에 상관없이 $P \to Q$는 참이 됩니다. 가정이 거짓이면 결론이 무엇이든 명제가 참이 되는 점은 일상 언어적 감각과 다릅니다.

…의 참과 거짓에 상관없이 항상 참이 되는 주장을 **토톨로지**(항진명제)라고 합니다. $P \to P$가 토톨로지라는 것이 의미론적 고찰의 결론입니다.

다음으로 구문론에 대해 알아보겠습니다. 구문론에서는 먼저 논증의 출발점이 되는 몇 개의 논리식인 **논리적 공리**와 **추론**의 방법을 정하고, 이로부터 도출되는 내용에 주목합니다.

예를 들어, 힐베르트식 체계에서는 다음 3가지 논리적 공리를 설정합니다.[53]

$$① \quad A \to (B \to A)$$

$$② \quad (A \to (B \to C)) \to ((A \to B) \to (A \to C))$$

$$③ \quad (\neg A \to \neg B) \to (B \to A)$$

그리고 추론 규칙으로는

$$P와 \ulcorner P \to Q \lrcorner 를 \ 전제로 \ Q를 \ 도출한다$$

라는 **모더스 포넌스**(전건 긍정, 이하 MP로 표기합니다) 하나만을 설정합니다. 그러면 $P \to P$는 다음과 같이 「증명」됩니다.

(1) $P \to ((P \to P) \to P)$

　(①에서 A에 P를, B에 $P \to P$를 대입)

(2) $(P \to ((P \to P) \to P)) \to ((P \to (P \to P)) \to (P \to P))$

　(②에서 A와 C에 P를, B에 $P \to P$를 대입)

(3) $(P \to (P \to P)) \to (P \to P)$

　(물결선 밑줄 부분이 같다는 것에 주목하여 (1), (2)에 대해 MP를 사용한다)

(4) $P \to (P \to P)$

　(①에서 A, B에 P를 대입)

---

53. 이들은 모두 토톨로지입니다. 언뜻 복잡해 보이는 이 논리적 공리들 덕분에, 이후 소개할 추론 규칙은 하나로 간소화되었습니다.

(5) $P \to P$

　　(이중 밑줄 부분이 같다는 것에 주목하여 (3), (4)에 대해 MP를 사용한다)

이 식들은 논리적 공리와 추론으로부터 $P \to P$가 성립함을 설명한 것입니다. 이러한 논리식의 나열을 $P \to P$의 **증명**이라고 하며, 이때 $P \to P$는 **증명 가능**하다고 합니다. 이것이 구문론적 고찰의 결론입니다.

지금까지 2가지 방법으로 $P \to P$를 고찰해 보았습니다. 중요한 점은 「참인 것(의미론)」과 「증명 가능한 것(구문론)」은 본질적으로 다른 것이라는 사실입니다. 그러나 다음의 **완전성 정리**는 양쪽을 연결하여 이 2가지가 같은 것임을 주장합니다 :

> **정리 119** (명제논리의) 완전성 정리
>
> 명제가 토톨로지라는 것과 증명 가능하다는 것은 동치이다.

엄밀히 말하면, 토톨로지라면 증명 가능하다는 것을 **완전성**, 증명 가능하다면 토톨로지라는 것을 **건전성**이라고 합니다.

구문론에서는 논리적 공리나 추론을 선택하는 방법이 여러 가지가 있으며(여기서는 그중 하나를 소개했을 뿐입니다), 이 완전성 정리는 그 선택 방법의 타당성을 나타낸다고 할 수 있습니다.

23.3. 힐베르트 프로그램

현대 수학에서 집합론**제24항**은 수학의 기초로서 매우 중요한 위치를 차지합니다. 그러나 20세기 초, 집합 개념이 아직 명확히 정립되지 않았던 시기에 집합에 대한 여러 가지 모순이 발견되면서 수학의 기초에 대한 「위기」
가 찾아왔습니다. 이러한 상황에서 논리주의, 직관주의, 형식주의라는 3가
지 사상이 등장하게 되었습니다.

논리주의의 러셀Russell, 1872-1970과 프레게Frege, 1848-1925 등은 수학은 논
리학의 일부라고 주장했습니다. 프레게는 논리의 체계를 정립하고, 논리의
원칙으로부터 수학의 기초적인 사항을 도출하려고 했지만, 이후 러셀의 역
설24.2등 중요한 문제가 발견되었습니다.

직관주의의 브라우어르Brouwer, 1881-1966는 수학의 기초는 직관, 즉 인간
의 정신에 있다고 주장했습니다. 가장 큰 특징은 배중률(명제 P에 대하여
「P이거나 P가 아니다」는 항상 참이다)을 인정하지 않는다는 것입니다. 하
지만 이를 따른다면 많은 수학적 지식을 포기해야 한다는 한계를 가지고 있
어, 주류 사상으로 받아들여지지 못했습니다.

이 브라우어와 치열한 논쟁을 벌인 인물이 형식주의의 힐베르트Hilbert,
1862-1943입니다. 힐베르트는 수학의 증명을 형식적인 기호들의 나열로 표현
하고, 그것들을 형식적이고 유한한 방식으로 처리하여 논의하는 입장을 취
했습니다. 힐베르트 프로그램은 그러한 입장에서 수학의 무모순성을 증명
하려는 계획이었습니다. 하지만 이 힐베르트 프로그램도 괴델Gödel, 1906-1978
이 1931년에 발표한 불완전성 정리에 의해 큰 타격을 입게 됩니다.

23.4. 괴델의 불완전성 정리

이제 괴델의 불완전성 정리에 대해 알아보겠습니다. 이에 앞서 「무모순」,
「불완전」이라는 용어에 대해 설명하겠습니다.

술어 논리의 체계에서 논증의 전제로 인정하는 몇 가지 논리식(공리)의

집합을 **공리계**라고 합니다[54]. 무모순과 불완전성은 이 공리계와 관련된 용어입니다.

예 120

환의 공리계는 논리 기본적인 기호인 $=$ 외에 $+$, $-$, $*$, 0, 1이라는 특별한 기호로 기술된 다음과 같은 공리로 구성된 공리계입니다(환에 대해서는 **제3항**) :

- 모든 x, y, z에 대해, $(x+y)+z = x+(y+z)$

  ($+$의 결합법칙)

- 모든 x, y, z에 대해, $(x*y)*z = x*(y*z)$

  ($*$의 결합법칙)

- 모든 x, y에 대해, $x+y = y+x$ ($+$의 교환법칙)
- 모든 x, y, z에 대해, $x*(y+z) = x*y+x*z$ (분배법칙)
- 모든 x, y, z에 대해, $(x+y)*z = x*z+y*z$ (분배법칙)
- 모든 x에 대해, $x+0 = 0+x = x$
- 모든 x에 대해, $x*1 = 1*x = x$
- 모든 x에 대해, 어떤 $-x$가 존재하여 $x+(-x) = (-x)+x = 0$

이 공리의 $+$, $-$, $*$나 0, 1은 이 시점에서는 아무런 의미가 없습니다(「$=$(같다)」는 모든 공리계에서 사용되는 가장 기본적인 관계 기호입니다). 이 공리계에서 정수 전체의 집합 $\mathbb{Z}$를 생각하고 $+$를 일반적인 덧셈, $*$를 일반적인 곱셈, 0, 1을 일반적인 정수 0, 1로 할당하면, 정수 전체가 이루는 환 $\mathbb{Z}$로 위의 공리계가 구체화됩니다. 이외에도 사원수 **3.3** 전체의 집합에 대해 $+$를 사원수의 덧셈, $*$를 사원수의 곱셈, 0, 1을 정수 0, 1로

---

54. 앞서 등장한 논리적 공리와는 다릅니다. 논리적 공리란 논리의 체계를 정립하기 위한 것입니다. 여기서 공리란 그 논리의 체계 안에서 특정 이론을 생각할 때 논증의 출발점으로 설정하는 것을 말합니다.

할당하면, 사원수 전체의 환으로 위의 공리계가 구체화됩니다.

이처럼 공리계란 논리 기호와 몇 가지 새로운 특수한 기호를 사용하여 기술된 (실체가 없는) 추상적인 주장에 불과합니다.

정의 121 T를 공리계라고 하자. T로부터 어떤 논리식 Φ와 그 부정 $\neg\Phi$가 모두 증명 가능할 때, T는 **모순**이라고 한다. T가 모순이 아닐 때, T는 **무모순**이라고 한다.

예 122

예를 들어, 공리계 T에 어떤 명제 P와 그 부정 $\neg P$(P가 아니다)가 포함되면, 이 공리계 T는 명백히 모순됩니다. 이렇게까지 명백하지 않은 경우라도, 예를 들어

$$P, \quad Q, \quad Q \to \neg P$$

의 3가지를 공리계로 하면, Q와 $Q \to \neg P$로부터 $\neg P$를 추론할 수 있으므로, 결국 P와 $\neg P$가 모두 증명되어 이 역시 모순된 공리계가 됩니다.

위의 예와 같이 공리계를 마음대로 설정하면 모순이 발생할 수 있습니다. 따라서 힐베르트가 고찰한 무모순성에 대한 문제는 수학에서 사용되는 공리계가 과연 모순이 없는 공리계인지를 묻는 것이었습니다.

정의 123 T를 공리계라고 하자. 모든 논리식 Φ에 대해 Φ 또는 그 부정 $\neg\Phi$ 중 하나를 증명할 수 있을 때, T는 **완전**하다고 한다. T가 완전하지 않을 때, 즉 Φ도 그 부정 $\neg\Phi$도 증명할 수 없는 논리식 Φ가 존재할 때, T는 **불완전**하다고 한다.

환의 공리계 예 120 를 구체화한 것으로, 곱셈의 교환법칙

$$\text{모든 } x,\ y \text{에 대해, } x * y = y * x$$

가 성립하는 정수 전체가 이루는 환 $\mathbb{Z}$와, 성립하지 않는 사원수 전체가 이루는 환, 2가지가 존재합니다. 이 사실은 환의 공리계에서는 「모든 x에 대해, $x * y = y * x$」라는 논리식과 그 부정을 둘 다 증명할 수 없음을 나타냅니다. 즉, 환의 공리계는 불완전합니다.

「무모순」과 「불완전」이라는 용어의 의미를 알면, 다음 괴델의 불완전성 정리를 이해하는 데 도움이 될 것입니다.

정리 125 **괴델의 제1 불완전성 정리**[57]

페아노 산술을 포함한 재귀적[56] 공리계 T가 무모순이라고 하자. 이때, T는 불완전하다.

정리 126 **괴델의 제2 불완전성 정리**

페아노 산술을 포함한 재귀적 공리계 T가 무모순이라고 하자. 이때, T가 무모순임을 나타내는 명제의 증명은 T에는 존재하지 않는다.

제1 불완전성 정리의 「불완전」이라는 말을 들으면 「수학(이라는 학문)은 불완전한가」라고 생각하는 사람도 있을 수 있습니다. 하지만 앞의 예 124

---

55. 이는 괴델의 증명보다 조금 더 일반적인 것으로, 존 버클리 로서가 증명했습니다(괴델의 발표로부터 5년 후).
56. 여기서는 설명을 생략합니다.

와 같이 불완전한 공리계는 흔히 볼 수 있습니다. 그리고 불완전성 정리는 단지 「어떤 성질을 만족하는 형식적인 공리계는 불완전하다」는 사실을 말할 뿐입니다. 불완전이라는 말에 초점을 맞추기보다는 정의에 따라 이해하는 것이 중요합니다.

이 정리에서 특히 중요한 것은 페아노 산술을 포함한다고 가정한다는 점입니다. 페아노 산술이란 덧셈과 곱셈, 등호에 관한 규칙, 수학적 귀납법 등 자연수가 가지는 기본적인 성질을 나열한 공리계를 말합니다.

그렇다면 제1 불완전성 정리는 어떻게 증명되었을까요?

컴퓨터의 경우 한자나 알파벳 등 모든 문자에 특정 숫자가 할당되어 있고, 컴퓨터 내부에서는 그 숫자를 이용하여 처리합니다. 이와 마찬가지로 논리식을 기술하는 데 필요한 각각의 기호에 대해 「모든 $\forall$」는 「1」, 「또는 $\vee$」는 「2」, 「괄호 (」는 「3」, 「괄호)」는 「4」, 「변수 x」는 「5」와 같이 하나하나에 자연수를 할당합니다. 그리고 이것들을 이용하여 $x \vee x$ 같은 기호열에 대해서도 어떤 자연수를 할당하는 방법을 생각합니다. 더 나아가 기호열을 유한 개 연결한 「기호열의 열」(증명 등)에 대해서도 어떤 자연수를 할당하는 방법을 생각합니다. 물론 서로 다른 기호열에는 서로 다른 자연수를 할당하는 것이 중요합니다. 이러한 기호나 기호열에 할당되는 자연수를 괴델수라고 합니다. 이런 식으로 모든 논리식과 증명을 어떤 괴델수로 대체할 수 있습니다.

페아노 산술을 포함한 공리계에서는 자연수에 대한 주장을 다룰 수 있습니다. 괴델 수를 통해 논리식이 자연수로 대체되기 때문에, 논리식에 대한 주장을 괴델 수(자연수)에 대한 주장으로 다룰 수 있게 됩니다. 그러면

「이 명제는 증명할 수 없다」

와 같은 자기 언급적인 주장도 다룰 수 있게 됩니다(실제로 위 주장의 「이 명제」 부분이 괴델수가 됩니다). 이러한 주장이 공리계 T에서 「증명도 반증

도 할 수 없는 주장」이 되며, T가 불완전하다는 것을 증명할 수 있습니다.

불완전성 정리는 단지 특정 형식적 체계가 불완전하다는 것을 보였을 뿐, 수학 자체의 한계를 나타내는 것은 아닙니다. 수학에는 불완전성 정리가 적용되지 않는 체계도 적지 않습니다. 또한, 제2 불완전성 정리 역시 어떤 체계가 스스로의 무모순성을 증명할 수 없다는 것을 주장할 뿐이며, T보다 훨씬 더 강력한 공리계를 통해 무모순성을 증명할 수 있는 가능성은 남아 있습니다. 이 정리를 지나치게 확대 해석하지 않는 것이 중요합니다.

괴델의 불완전성 정리로 인해 힐베르트 프로그램의 한계가 드러났습니다. 그렇다고 해서 수학 자체가 무너진 것은 아니었습니다. 오히려 이 정리가 제기한 「무모순인지는 증명할 수 없다」는 사실과 「공리적 집합론에서 모순이 아직 발견되지 않았다」는 사실은 수학기초론, 나아가 수학을 더욱 발전시킬 수 있는 밑거름이 되었습니다. 다음으로 공리적 집합론에 대해 살펴보겠습니다.

필자의 전문 분야 ③

P진 적분과 P진 다중 제타 값

p진수의 세계 $\mathbb{Q}_p$는 위상 공간 **제9항** 적으로 완전히 「흩어져 있는」 공간이므로, 실수 $\mathbb{R}$, 복소수 $\mathbb{C}$의 세계의 아름다운 적분 이론(**제14항**, **제17항**)을 그대로 구현할 수는 없습니다. 이를 해결하기 위해, 지나치게 세밀한 위상을 조금 단순화하여 복소 해석과 유사한 구조를 p진수의 세계에서 생각해 보려고 한 것이 **강체기하학**입니다. 그리고 그 강체기하학의 힘을 빌려 p진에서의 적분의 어려움을 극복하고 p진에서의 적분의 일종인 **콜만 적분**이라는 적분이 정의되었습니다.

다시 다중 제타 값 이야기로 돌아가 보겠습니다, **Column 1** 에서 이야기한 다중 제타 값은 복소수 $\mathbb{C}$의 세계에서 위상과 극한을 이용하여 무한합으로 정의된 것이었지만, 이를 p진수의 세계에서 위상과 극한을 이용한 무한합으로 생각해 보겠습니다. 엄밀히 말하면 그 상태로는 무한합이 수렴하지 않기 때문에 로그 함수에 콜만 적분을 반복하여 얻은 함수의 극한으로 해석함으로써 이 문제를 해결하고 **p진 다중 제타 값을 정의**합니다. 다중 제타 값의 p진의 유사 개념인 p진 다중 제타 값에 대해, 다중 제타 값에서 성립하는 여러 가지 관계식을 증명하는 것이 저의 연구 주제입니다. 이와 관련하여 콜만 적분 등 **p진 적분** 이론에도 관심이 있습니다.

저는 중학생 때부터 소수와 제타 함수에 관심이 많았는데, 정수론 특유의 p진의 세계에서 기하나 적분 등 다양한 분야의 도구를 활용할 수 있다는 점에 매력을 느끼고 있습니다.

제24항

집합론

Set Theory

집합론은 집합에 대해 연구하는 분야입니다. 거의 모든 수학 개념은 그 근원을 거슬러 올라가면 집합의 언어로 설명할 수 있으므로, 집합론은 그야말로 수학의 「기초」라고 할 수 있습니다.

하지만 대학에서는 대수학, 기하학, 해석학 등을 배우기 위해 최소한으로 필요한 집합론만을 다루는 것이 현실입니다. 집합론 자체에 대한 연구 내용은 매우 추상적이고 난해하기 때문에, 여기에서도 집합론에서 중요한 몇몇 연구 주제를 중심으로 설명할 것이므로 이해해 주길 바랍니다.

24.1. 농도와 대각선 논법

집합과 관련해서 자주 언급되는 주제 중 하나는 집합의 「크기」입니다. 집합의 「크기」를 측정하는 개념으로는 농도가 있습니다. 이는 유한개의 원소로 이루어진 집합(유한집합)에서는 단순히 원소의 개수를 나타냅니다. 예를 들어, $A = \{1, 2, 3, 4\}$는 4개의 원소로 이루어진 집합이므로 집합 A의 농도는 4이며, 이를 $\#A = 4$로 표현합니다.

그렇다면 무한개의 원소로 이루어진 집합(무한집합)은 어떻게 「크기」를 비교할 수 있을까요? 예를 들어, 자연수 전체의 집합 $\mathbb{N}$과 정수 전체의 집합 $\mathbb{Z}$ 중 어느 쪽이 더 「크다」고 할 수 있을까요? 혹은 정수 전체의 집합 $\mathbb{Z}$와 실수 전체의 집합 $\mathbb{R}$ 중에서는 어느 쪽의 더 「크다」고 할 수 있을까요?

모든 자연수는 정수이기도 합니다. 즉 $\mathbb{N} \subset \mathbb{Z}$라는 포함 관계가 성립하며, 자연수 외에 0이나 -1, -2, …도 정수입니다. 따라서 직관적으로 $\mathbb{Z}$가 $\mathbb{N}$보다 더 「크다」는 생각이 들 것입니다. 그 크기를 비교하는 것이 「농도」의 역할입니다. 결론부터 말하자면,

$$\#\mathbb{N} = \#\mathbb{Z} < \#\mathbb{R}$$

즉, 자연수 전체와 정수 전체의 농도는 같고, 정수 전체보다 실수 전체의 농도가 더 크다고 수학에서는 생각합니다. 그렇다면 그 농도의 비교는 어떻게 하는 것일까요?

먼저 유한한 경우를 생각해 보겠습니다. 다음 두 집합

$$A = \{1, 2, 3\}, \qquad B = \{1, 2, 3, 4\}$$

은 어느 쪽이 더 클까요? 다음의 예를 봅시다.

A의 원소인 1, 2, 3으로 번호가 붙은 사람이 3명 있고, B의 원소인 1, 2, 3, 4로 번호가 붙은 방으로 이 사람들이 방 하나당 1명씩 들어간다고 해봅시다. 1번인 사람은 1번 방, 2번인 사람은 2번 방, 3번인 사람은 3번 방으로 들어가면 A의 모든 사람이 들어갈 수 있습니다. 이것을

$$\#A \leq \#B$$

로 표현합니다. A의 모든 사람이 B의 방으로 들어갈 수 있었으므로, 「A의 사람의 수는 B의 방의 수보다 적거나 같다」고 보고, 이와 같은 기호를 사용합니다.

또한, A의 사람이 B의 방으로 들어가는 모든 방법을 생각해도, 반드시 B의 방은 남게 됩니다. 따라서 「A의 사람의 수는 B의 방의 수보다 확실히 적다」고 보고

$$\#A < \#B$$

로 표현합니다.

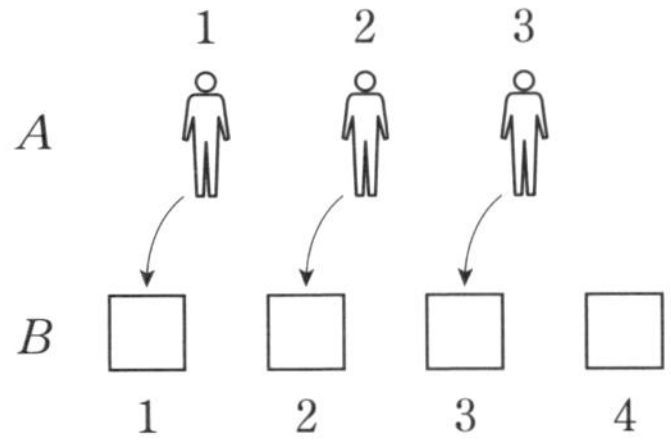

이제 같은 방법으로 #ℕ과 #ℤ를 비교해 봅시다.

$$A = \mathbb{N} = \{1,\ 2,\ 3,\ \cdots\}$$

로 번호가 붙은 무한 명의 사람과

$$B = \mathbb{Z} = \{\cdots,\ -2,\ -1,\ 0,\ 1,\ 2,\ \cdots\}$$

로 번호가 붙은 무한개의 방이 있는 상황을 가정해 봅시다. A의 사람이 B의 방 하나당 1명씩 들어간다고 합시다. 1번인 사람은 1번 방, 2번인 사람은 2번 방, 3번인 사람은 3번 방…과 같은 식으로 A의 모든 사람이 B의 방으로 들어갈 수 있습니다. 이는

$$\#\mathbb{N} \leqq \#\mathbb{Z}$$

로 표현할 수 있습니다. 또한, 방법을 바꿔 1번인 사람은 0번 방, 2번인 사람은 -1번 방, 3번인 사람은 1번 방, 4번인 사람은 -2번 방, 5번인 사람은 2번 방, 6번인 사람은 -3번 방 …과 같은 식으로 들어가면, 방 번호의 절댓값이 작은 순서대로 B의 방이 채워집니다. 이 방법 역시 A의 모든 사람이 B의 방으로 들어갈 수 있으며, 방을 남기지 않고 A의 사람과 B의 방을 1:1로 대응시킬 수 있습니다. 이와 같은 상황을 농도가 같다고 보고,

$$\#\mathbb{N} = \#\mathbb{Z}$$

로 표현합니다.

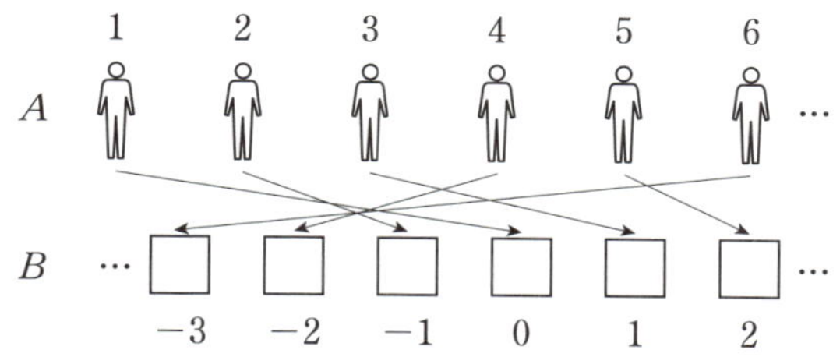

이를 정리하면 집합의 농도의 크기를 판정하는 방법은 다음과 같습니다.

농도의 크기 판정 방법

위와 같은 설정에서

① A의 모든 사람이 B의 방으로 들어갈 수 있는 방법이 있을 때, $\#A \leqq \#B$로 정의한다.

② ①의 조건을 만족하면서 B의 방을 모두 채우는 방법이 있을 때, $\#A = \#B$로 정의한다.

③ ①의 조건을 만족하면서 모든 방법을 고려해도 반드시 B의 방이 남을 때, $\#A < \#B$로 정의한다.

다음으로, $\#\mathbb{N}$과 $\#\mathbb{R}$의 농도를 비교해 보겠습니다.

$$A = \mathbb{N} = \{1, 2, 3, \cdots\}$$

로 번호가 붙은 무한 명의 사람과

$$B = \mathbb{R} = \{x \mid x \text{는 실수}\}$$

로 번호가 붙은 무한개의 방이 있을 때, A의 사람이 B의 방 하나당 1명씩 들어간다고 합시다. 1번인 사람은 1번 방, 2번인 사람은 2번 방, 3번인 사람은 3번 방으로 들어갈 수 있으므로, A의 모든 사람이 B의 방으로 들어갈 수 있습니다. 이는

$$\#\mathbb{N} \leqq \#\mathbb{R}$$

로 표현할 수 있습니다.

문제는 B의 방을 모두 채우는 방법이 있는지 여부입니다. 이에 대한 답은 「아니오」이며, 칸토어Cantor, 1845-1918의 대각선 논법에 의한 증명이 매우 유명합니다.

먼저 A의 사람이 B의 방으로 들어가는 임의의 방법을 고려합니다. 이 방법에 대해 아무도 들어가지 않은 방의 번호 c를 실제로 나열하여 어떤 방법을 사용하더라도 B의 방을 모두 채울 수 없음을 증명해 봅시다. 1번인 사람이 들어간 방의 번호를 실수 m_1이라 합시다. 이를 소수로 나타내면

$$m_1 = a_1 . b_{11} b_{12} b_{13} b_{14} \cdots$$

와 같이 표현할 수 있습니다(a_1은 정수 부분을, b_{11}, b_{12}, b_{13}, b_{14}, $\cdots$는 0~9의 숫자 중 하나를 나타내며, 각각 소수 첫째 자리, 둘째 자리, 셋째 자리, 넷째 자리, $\cdots$를 나타냅니다)[57]. 마찬가지로,

- 2번인 사람이 들어간 방의 번호를 $m_2 = a_2 . b_{21} b_{22} b_{23} b_{24} \cdots$
- 3번인 사람이 들어간 방의 번호를 $m_3 = a_3 . b_{31} b_{32} b_{33} b_{34} \cdots$
- 4번인 사람이 들어간 방의 번호를 $m_4 = a_4 . b_{41} b_{42} b_{43} b_{44} \cdots$

로 나타냅니다.

그러면 아무도 들어가지 않은 방의 번호 c를 구체적으로 나열해 봅시다.

- 먼저 c의 정수 부분은 0으로 한다.
- 그리고 m_1의 소수 첫째 자리 b_{11}이 짝수면 $c_1 = 1$, 홀수면 $c_1 = 2$로 한다. 그러면 $b_{11} \neq c_1$이 된다.
- 다음으로 m_2의 소수 둘째 자리 b_{22}가 짝수면 $c_2 = 1$, 홀수면 $c_2 = 2$로 한다. 그러면 $b_{22} \neq c_2$가 된다.

---

57. 예를 들어, $2.5 = 2.4999\cdots$와 같이 유한소수에는 여러 가지의 소수 표현 방법이 있습니다. 이 경우, 소수 표현 방법을 하나로 정하기 위해 반드시 좌변의 표현(2.5)로 나타내기로 합니다. 또한 $m_1 = -2.5$의 경우, $a_1 = -2$, $b_{11} = 5$와 같이 음수에 대해서도 마찬가지입니다.

- 다음으로 m_3의 소수 셋째 자리 b_{33}이 짝수면 $c_3 = 1$, 홀수면 $c_3 = 2$로 한다. 그러면 $b_{33} \neq c_3$이 된다.

- 다음으로 m_4의 소수 넷째 자리 b_{44}가 짝수면 $c_4 = 1$, 홀수면 $c_4 = 2$로 한다. 그러면 $b_{44} \neq c_4$가 된다…

이를 반복하면 실수 $c = 0.c_1 c_2 c_3 \cdots$를 얻을 수 있습니다. 그러나 이 수는 사람이 들어간 B의 방 번호 $m_1, m_2, m_3, \cdots$와는 다릅니다. 왜냐하면,

- c와 m_1은 소수 첫째 자리가 c_1과 b_{11}로 다르므로, $c \neq m_1$.

- c와 m_2는 소수 둘째 자리가 c_2와 b_{22}로 다르므로, $c \neq m_2$.

- c와 m_3는 소수 셋째 자리가 c_3와 b_{33}로 다르므로, $c \neq m_3$.

…가 되기 때문입니다. 즉, c는 아무도 들어가지 않은 방의 번호입니다.

$$
\begin{aligned}
m_1 &= a_1 . b_{11}\, b_{12}\, b_{13}\, b_{14} \cdots \\
m_2 &= a_2 . b_{21}\, b_{22}\, b_{23}\, b_{24} \cdots \\
m_3 &= a_3 . b_{31}\, b_{32}\, b_{33}\, b_{34} \cdots \\
m_4 &= a_4 . b_{41}\, b_{42}\, b_{43}\, b_{44} \cdots \\
&\;\vdots \\
\hline
c &= 0.c_1\, c_2\, c_3\, c_4 \cdots
\end{aligned}
$$

따라서 어떤 방법을 쓰든, B의 방을 하나도 남기지 않고 A의 사람들을 모두 들여보낼 수는 없습니다. 이는

$$\#\mathbb{N} < \#\mathbb{R}$$

로 표현할 수 있습니다. 이는 「실수가 자연수보다 개수가 더 많다」는 뜻이 됩니다. 따라서

$$\#\mathbb{N} = \#\mathbb{Z} = \#\mathbb{Q} < \#\mathbb{R}$$

이 됩니다. 유리수 전체의 집합 $\mathbb{Q}$가 정수 전체의 집합 $\mathbb{Z}$와 농도가 같다는 것은 $\#\mathbb{N} = \#\mathbb{Z}$와 마찬가지로 증명할 수 있습니다.

무한집합 중에서도 $\mathbb{N}$과 같은 농도를 갖는 집합을 **가산 무한집합**[58]이라고

---

58. 1, 2, 3, …로 「셀 수 있다」는 의미입니다.

합니다. 또한 그보다 더 큰 농도를 갖는 집합을 비가산 무한집합이라고 합니다. 같은 무한 집합이라도 가산인지 비가산인지의 차이는 다양한 수학적 상황에서 중요한 의미를 가집니다.

24.2. ZF 공리계

그러면 집합이란 무엇일까요? 고등학교에서는 집합을 「사물의 모임」이라고 배웠습니다. 고등학교 수준의 수학에서는 복잡한 집합을 다루지 않기 때문에 이렇게 이해해도 큰 문제가 없지만, 「사물의 모임」을 모두 집합으로 간주한다면 모순이 발생하게 됩니다. 즉, $P(x)$가 x의 성질이라고 할 때,

$$\{x \mid P(x)\} \quad (P(x)\text{를 만족하는 } x\text{의 집합})$$

라는 집합이 반드시 존재한다고 인정하면(내포 공리) 모순이 발생하게 됩니다. 이것이 바로 러셀의 역설입니다.

러셀의 역설

집합 $A = \{x \mid x \notin x\}$가 집합이라고 가정한다[59].

- $A \notin A$가 성립한다면,

$x = A$는 $x \notin x$를 만족하므로 $A \in A$이다.

- $A \in A$가 성립한다면,

$x = A$는 $x \notin x$를 만족하므로 $A \notin A$이다.

두 경우 모두 모순이 발생한다. 따라서 A는 집합이 아니다.

---

59. $x \notin x$, 즉 'x는 자기 자신을 원소로 갖지 않는다'는 얼핏 들으면 아무런 문제가 없어 보일 수 있습니다. 공리적 집합론에서는 모든 고찰의 대상을 집합으로 간주하여 $\in$의 관계를 생각합니다. 군의 정의 정의 7에서 '＊'라는 연산이 만족해야 할 성질(결합법칙 등)을 나열했듯이, 공리적 집합론에서는 이 '$\in$'라는 기호가 만족해야 할 성질을 공리로 제시합니다. 그리고 모든 대상=집합 a, b에 대해 '$a \in b$'라는 식을 생각합니다. 집합의 집합은 물론 집합의 원소도 모두 집합으로 생각합니다(대상은 모두 집합이기 때문입니다).

이 러셀의 역설은 쉽게 말해 $\{x \mid P(x)\}$의 $P(x)$에 함부로 임의의 성질을 주어서는 안 된다는 뜻입니다. 내포 공리를 인정한 것이 잘못이었던 것입니다. 대신 현대 수학에서는 다음과 같은 분출 공리를 채택합니다.

어떤 임의의 성질 $P(x)$에 대해 $\{x \mid P(x)\}$를 생각하는 것은 문제가 있지만, 집합 S 안에서 $P(x)$를 만족하는 모든 원소로 이루어진 집합을 생각하는 것은 문제없다고 보는 것이 분출 공리입니다.

이처럼 공리적으로 엄격하게 구성된 집합론을 **공리적 집합론**이라고 합니다. 현대에는 체르멜로Zermelo, 1871-1953와 프렝켈Fraenkel, 1891-1965의 **ZF 공리계**가 주로 사용됩니다. 엄밀하게는 술어논리 23.1 를 사용하여 기술되는 공리이지만, 간단히 말하면 분출 공리(의 상위 호환인 치환 공리) 외에도 다음과 같은 공리가 있습니다:

- 외연성 공리 : 두 집합이 완전히 같은 원소를 가지면, 그 두 집합은 같다.
- 짝 공리 : 임의의 x, y에 대해 x와 y를 원소로 가지는 집합이 존재한다.

24.3. 선택 공리

ZF 공리계에는 포함되지 않지만, 집합론(나아가 수학) 역사에서 큰 논쟁을 불러일으킨 공리가 있습니다. 바로 **선택 공리**입니다.

무한집합 I가 있고, I의 각 원소 k에 대해 공집합이 아닌 집합 A_k가 할당되어 있다고 하자. 이때, 각 A_k에서 원소를 하나씩 선택하여 이들을 모은 새로운 집합 A를 만들 수 있다.

선택 공리의 의미를 설명해 보겠습니다. 이해하기 쉽게 I가 유한집합 $I = \{1, 2, 3, \cdots, 10\}$인 경우를 생각해 봅시다. I에 속하는 10개의 숫자로 이름이 붙여진 주머니(집합) A_1, A_2, A_3, $\cdots$, A_{10}이 있다고 합시다. 각 주머니(집합)에는 1개 이상의 구슬(원소)이 들어 있습니다. 각 주머니에서 구슬을 1개씩 꺼내어 총 10개의 구슬로 이루어진 새로운 집합 A를 만듭니다. 이 경우, 주머니는 유한개이므로 주머니에서 구슬을 꺼내는 작업을 10번 반복하면 집합 A가 만들어집니다.

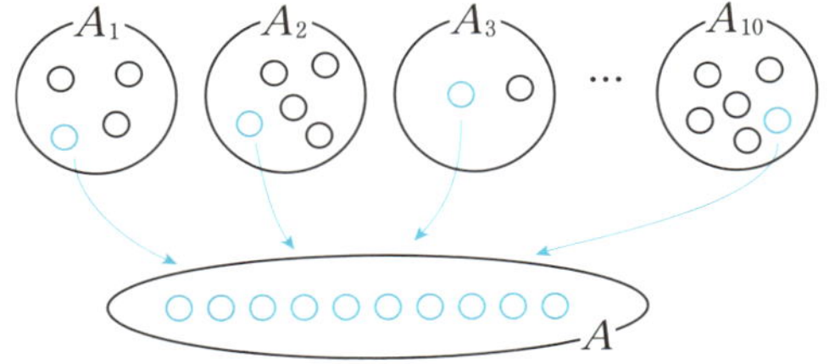

선택 공리에서 문제가 되는 것은 주머니가 무한개인 경우입니다. 즉, 무한집합 I에 속하는 원소로 이름이 붙여진 무한개의 주머니 A_k, $(k \in I)$가 있고, 각각의 A_k에는 1개 이상의 구슬이 들어있다고 가정합니다. 문제는 각 주머니에서 구슬을 1개씩 꺼내어 그것을 모을 수 있는 방법이 있는지의 여부이며, 실제로 그것이 가능하다는 것이 선택 공리의 주장입니다.

주머니가 유한개라면 구슬을 꺼내는 작업을 유한 번 반복하면 되지만, 무한개라면 이 작업을 아무리 반복해도 끝이 없습니다. 이것이 무한을 다룰 때 주의해야 할 점입니다.

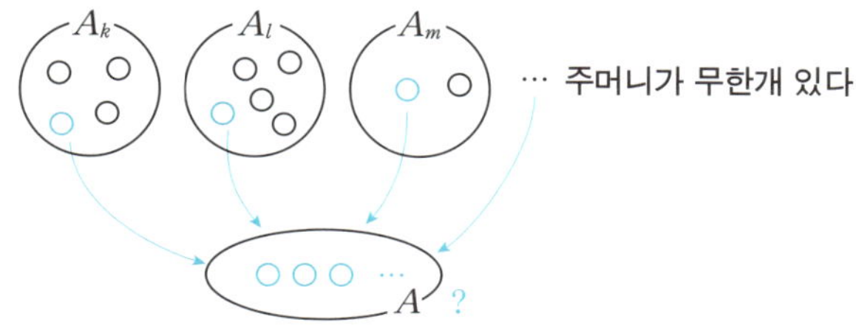

선택 공리의 주장은 우리의 직관에 잘 들어맞고, 실제로 오랫동안 당연하게 받아들여져 왔습니다. 어쩌면 아무도 그 문제가 존재한다는 사실조차 인식하지 못했을지도 모릅니다. 그러나 어느 순간부터 그것이 정말 당연한 것인지에 대한 의문이 제기되기 시작했습니다. 선택 공리를 인정하면, 예를 들어 다음과 같이 우리의 직관과 크게 어긋나는 정리가 성립하게 됩니다!

정리 127 바나흐-타르스키 정리

선택 공리를 인정하면, 다음 주장은 참이다 :

「어떤 구 1개를 유한개의 조각으로 분할한 뒤, 이를 회전이나 평행이동을 이용해 적절히 재조합하면 같은 크기의 구를 2개 만들 수 있다.」

부피가 2배로 늘어나는, 그야말로 수수께끼 같은 결론이 도출된 것입니다. 사실 이것은 선택 공리를 이용하면 항상 성립하는 정리입니다. 그런데 이 분할 방법은 우리가 점토를 자르는 것처럼 간단히 나눌 수 있는 것이 아니라, 매우 특별한 방법입니다. 그 과정에서 부피를 측정할 수 없을 정도로 복잡한 형태의 조각으로 나뉘기 때문에 부피가 보존되지 않고 결과적으로 2배가 되는 것입니다.

20세기 초, ZF 공리계에서 선택 공리를 증명할 수 있는지가 중요한 문제로 떠올랐습니다. 결국, 1963년 선택 공리는 ZF 공리계와 독립적이라는 사실, 즉 선택 공리는 ZF 공리계에서 참인지 거짓인지 판단할 수 없다는 것이 증명되었습니다. 순수수학에서도 선택 공리를 인정하면 매우 중요한 정리들이 성립하기 때문에, 오늘날에는 ZF 공리계에 선택 공리를 추가한 ZFC 공리계가 현대 수학의 기초를 이루는 체계로 사용되고 있습니다.

24.4 연속체 가설

마지막으로 농도와 ZFC 공리계에 관련된 흥미로운 문제를 소개하겠습니다. 앞서 $\#\mathbb{N} < \#\mathbb{R}$임을 보였습니다. 그렇다면 농도가 $\#\mathbb{N}$보다 「크고」, $\#\mathbb{R}$보다 「작은」 집합, 즉

$$\#\mathbb{N} < \#S < \#\mathbb{R}$$

이 되는 집합 S는 존재할까요? 칸토어는 「그런 S는 존재하지 않는다」고 주장했습니다. 이 추측을 **연속체 가설**이라고 합니다. 1940년 괴델Gödel, 1906-1978이 ZFC 공리계에서 연속체 가설을 반증할 수 없음을, 1963년 코헨Cohen, 1934-2007이 ZFC 공리계에서 연속체 가설을 증명할 수 없음을 증명했습니다. 즉, ZFC 공리계에서 연속체 가설은 독립적이며, 「증명도 반증도 할 수 없는 주장」입니다.

Essential Points on the Map

☑ **수리논리학** … 수학의 「논리」에 대해 고찰하는 분야.

　→ 명제논리, 술어논리 등.

　　의미론과 구문론의 2가지 논증 방식이 있다.

　　이 2가지가 동일한 것임을 주장하는 것이 완전성(＋건전성) 정리
　　 정리 119 .

☑ **집합론** … 집합에 대해 고찰하는 분야.

　→ 현대 수학은 ZFC 공리계라는 집합론의 공리계의 토대 위에 세워
　　졌다. 이 ZFC 공리계는 술어 논리를 사용하여 정식화된다.

・1900년대 초, 수학의 기초를 둘러싸고 논리주의, 직관주의, 형식주
　의 3가지 사상이 등장했다.

・논리주의에서 발생한 역설의 문제를 해결하기 위해 힐베르트는 직
　관주의와 대립하면서 형식주의를 주장했다.

・1931년 괴델의 불완전성 정리가 발표되면서 형식주의도 큰 타격을
　입었다.

범주론

Category Theory

범주론은 범주라고 불리는, 수많은 「대상(사물)」과 그것들 사이를 연결하는 「사상」(화살표)으로 이루어진 세계를 다루는 분야입니다. 자세한 정의는 생략하지만, 범주가 어떤 것인지 대략 감을 잡기 위해 구체적인 예를 들어보겠습니다.

25.1. 범주의 2가지 구체적 예

예를 들어, 자연수 하나하나를 「대상」(사물)이라고 합시다. 그리고 자연수 a와 자연수 b에 대해 a가 b의 약수일 때,

$$a \to b$$

와 같이 a에서 b로 가는 「사상」(화살표)이 하나만 존재한다고 합시다. 예를 들어, 4는 8의 약수이므로

$$4 \to 8$$

입니다. 이 범주를 표현하면 다음과 같습니다[60]. 앞으로 이런 그림을 도식이라고 부르겠습니다.

---

60. 작은 자연수만 그렸습니다. 또한, 실제로는 1→1과 같이 자기 자신으로 가는 사상도 있지만, 이 도식에서는 생략했습니다.

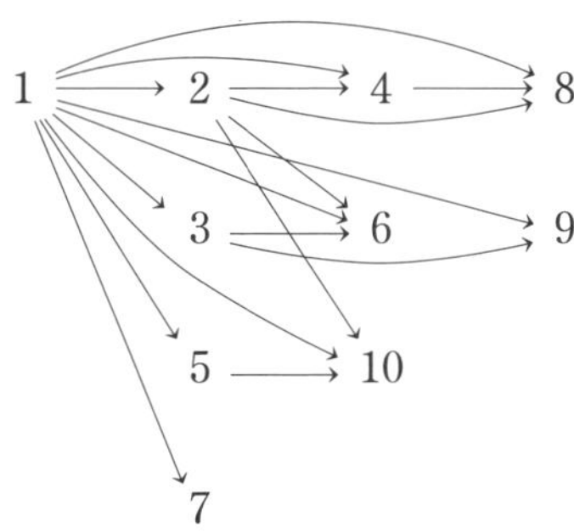

그러면 이 범주에서 두 자연수 a, b의 「최대공약수」 g는 어떻게 표현할 수 있을까요? a, b의 최대공약수 g는 a, b가 공통으로 갖는 약수(공약수) 중 가장 큰 수를 말합니다. 예를 들어, 12와 8의 최대공약수는 4입니다. 이 것이 일반적인 최대공약수의 정의인데, 이와는 다른 최대공약수를 정의하는 방법이 있습니다.

먼저, a와 b의 최대공약수 g는 a와 b의 공통된 약수입니다. 이는 $g{\to}a$ 라는 사상과 $g{\to}b$라는 사상이 있다는 것으로 표현할 수 있습니다. 도식으로는

$$\cdots\cdots①$$

로 표현할 수 있습니다. 다만 이것은 「g는 a와 b의 공약수이다」라는 사실을 나타낼 뿐입니다. 그렇다면 g가 공약수 중에서 「최대」임을 나타내려면 어떻게 해야 할까요?

여기서 공약수는 모두 최대공약수의 약수라는 사실을 떠올려 봅시다. 예를 들어, 12와 8의 공약수 1, 2, 4는 모두 최대공약수 4의 약수입니다. 즉, 12와 8의 최대공약수 4는 「h가 12와 8의 공약수라면, h는 4의 약수이다」라는 성질을 만족합니다.

이를 일반화하면, a와 b의 최대공약수 g는 「h가 a와 b의 공약수라면, h는 g의 약수이다」를 만족하는 공약수 g로 특징지을 수 있습니다. 즉,

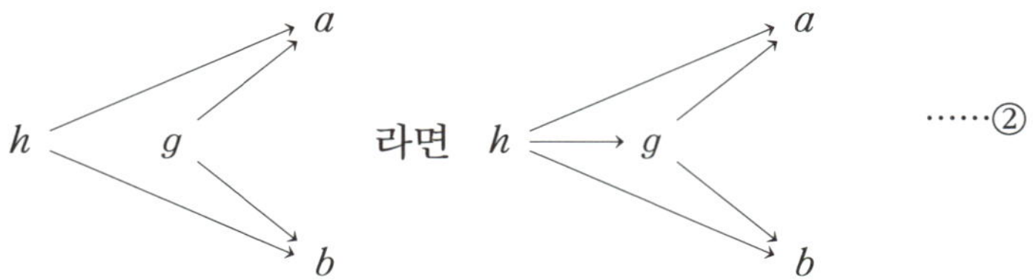

로 나타낼 수 있습니다[61]. 정리하면, 최대공약수는 범주론의 표현을 이용하여 다음과 같이 정의할 수 있습니다.

> **정의 128** 앞서 언급한 범주에서 자연수 a, b의 **최대공약수**란 두 도식 ①, ②를 만족하는 g를 말한다.

또 다른 범주를 생각해 봅시다. 몇 개의 자연수로 이루어진 집합을 「대상」(사물)으로 하고, 두 집합 A, B에 대해 A가 B에 포함될 때($A \subset B$일 때),

$$A \to B$$

와 같이 A에서 B로 가는 사상이 하나만 존재한다고 합시다. 예를 들어, 집합 $\{1, 2\}$는 집합 $\{1, 2, 3\}$에 포함되므로

$$\{1, 2\} \to \{1, 2, 3\}$$

입니다. 이 범주의 일부를 표현하면 다음과 같습니다.[62]

---

61. g는 원래 a와 b의 공약수였습니다. 따라서 이 도식에서는 이미 $g \to a$와 $g \to b$가 이미 그려져 있는 것입니다.

62. 앞서와 마찬가지로, 이 도식에서는 $\{1\} \to \{1\}$과 같이 자기 자신에서 자기 자신으로 가는 사상은 생략합니다.

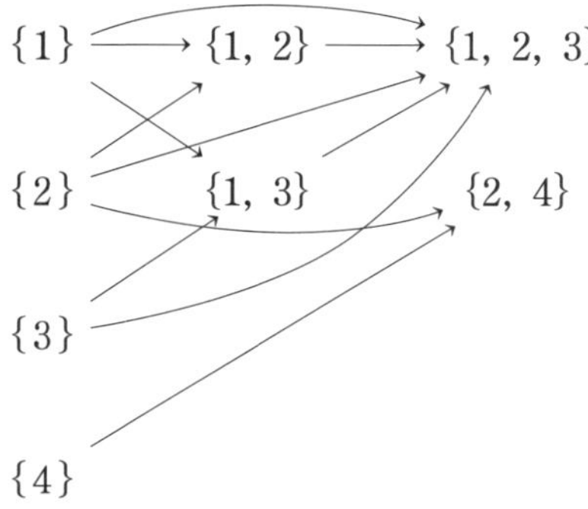

두 집합 A, B의 「교집합」 $A \cap B$는 A, B에 공통되는 자연수를 모두 모은 집합을 말합니다. 예를 들어, $\{1, 2, 4\} \cap \{2, 4, 5\} = \{2, 4\}$입니다. 이를 범주의 언어를 사용하여 표현해 보겠습니다.

먼저, $A \cap B$는 A, B 모두에 포함되는 집합입니다. 이는 $A \cap B \to A$라는 사상과 $A \cap B \to B$라는 사상이 있다는 것으로 표현할 수 있습니다. 이를 하나로 정리하면,

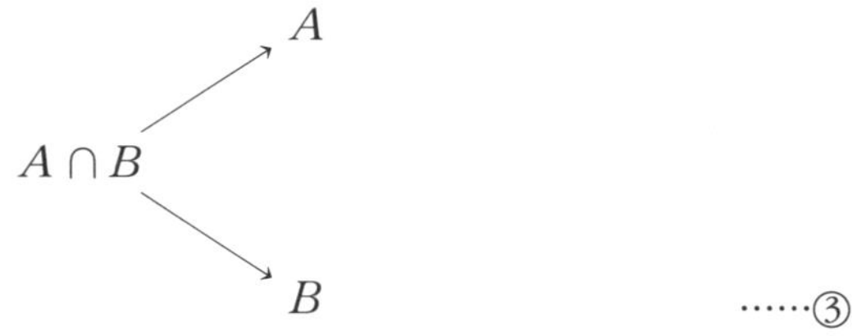

로 표현할 수 있습니다.

이는 「$A \cap B$가 A, B의 부분집합이다」라는 것을 나타낼 뿐입니다. 그렇다면 $A \cap B$가 A, B 모두에 속하는 자연수를 「모두」 모은 집합임을 나타내려면 어떻게 해야 할까요?

교집합 $A \cap B$는 A, B 모두에 포함된 집합 중에서 가장 큰 것입니다. 따라서 또 다른 집합 H가 A, B 모두에 포함된다면, 그것은 반드시 $A \cap B$에 포함됩니다. 즉,

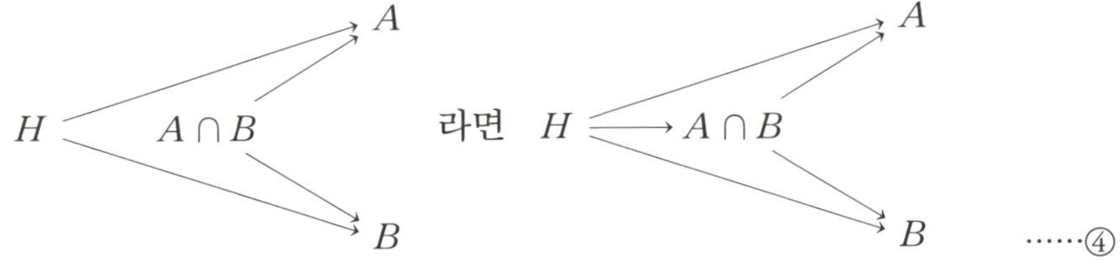

로 표현할 수 있습니다. 정리하면, 집합의 교집합은 범주론의 표현을 이용하여 다음과 같이 정의할 수 있습니다.

정의 129 위의 범주에서 집합 A, B의 **교집합**이란 두 도식 ③, ④를 만족하는 $A \cap B$를 말한다.

지금까지 2가지 범주에 초점을 맞춰, 특정 개념을 범주의 사상을 이용해 설명했습니다. 이들은 매우 유사한 방식으로 설명할 수 있었습니다. 또한 이 개념들은 범주론의 「곱」이라는 개념으로 일반화됩니다.

정의 130 특정 범주에서 대상 G가 대상 A, B의 **곱**이라는 것은 다음 2가지 성질을 만족하는 것이다 :

● 다음과 같이 사상 $G \to A$, $G \to B$가 있다.

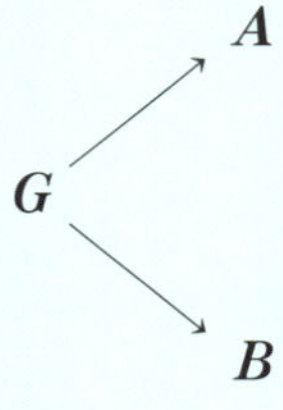

● 다음과 같이 대상 H와 사상

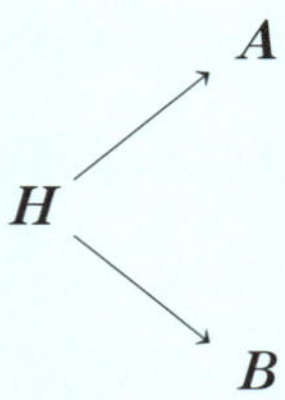

가 있을 때, 아래의 도식을 가환[63]으로 만드는 사상 $H \to G$가 단 하나[64] 존재한다.

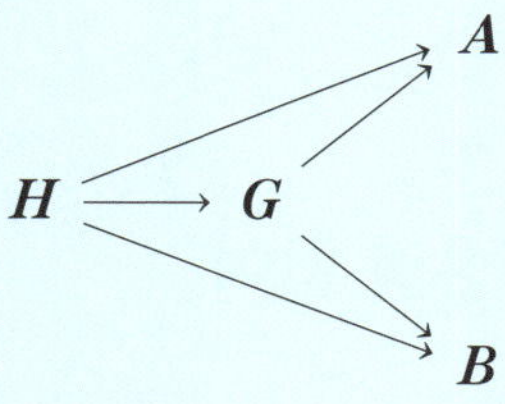

25.2. 범주론이란

앞서 언급한 두 범주는 조금 특별한 예입니다. 자주 사용되는 범주의 예는 다음과 같은 것들이 있습니다.

범주의 이름	대상	사상
Set	모든 집합	모든 사상
Vec_R	모든 실벡터 공간	모든 실선형사상
Grp	모든 군	모든 군의 준동형
Top	모든 위상 공간	모든 연속사상

이처럼 집합이나 군, 위상 공간 등 구조를 가진 집합을 주요 대상으로 하고, 그 구조를 보존하는 함수를 사상으로 하는 범주를 고려합니다. 앞서

---

63. 여기서는 가환의 정의(연산의 가환과는 다릅니다)에 대해서는 설명하지 않습니다. 가환인지 아닌지의 여부는 지금 고려하고 있는 범주에서는 문제가 되지 않지만, 「곱」의 엄밀한 정의에서는 필요합니다.
64. 이 또한 지금 고려하고 있는 범주에서는 문제가 되지 않지만, 「곱」의 엄밀한 정의에서는 필요합니다.

최대공약수와 교집합이 범주의 「곱」으로 일반화되었던 것처럼, 다양한 범주에서 공통된 개념을 일반적인 범주의 틀 안에서 추상화하는 것이 범주론의 역할입니다.

25.3. 집합론과 범주론의 차이

현대 수학에서는 집합론적 관점과 범주론적 관점을 모두 이해하는 것이 중요합니다. 집합론에서는 「집합에 어떤 원소가 속하는가」를 통해 그 집합을 설명했습니다. 예를 들어, $\{1, 2, 4\} \cap \{2, 4, 5\} = \{2, 4\}$는 $\{1, 2, 4\}$와 $\{2, 4, 5\}$의 교집합에는 두 집합에 공통으로 속하는 2와 4가 포함된다고 설명할 수 있습니다. 반면에 범주론에서는 정의 130과 같이 「다른 대상과의 관계는 어떠한가」를 통해 그 대상을 설명하며, 그 대상의 내용이 어떠한지는 문제 삼지 않습니다.

범주론에서 대상 A는 어디까지나 더 이상 「내부」를 들여다볼 수 없는 「대상」입니다(즉, 단순히 「문자 A」에 불과합니다). 대신 A에서 「사상」(화살표)이 어떻게 뻗어 나가는지, 즉 「외부」와의 관계에 초점이 맞춰집니다.

좀 더 엄밀하게 설명해 보겠습니다.

대상 A, B에 대해 A에서 B로 가는 사상 $A \to B$ 전체의 집합을 $\mathrm{Hom}(A, B)$로 표현하기로 합시다. 이는 말하자면 A와 B의 관계성의 집합입니다.

여기서 대상 A를 고정해 봅시다. 임의의 대상 X가 주어졌을 때 이에 $\mathrm{Hom}(A, X)$를 대응시키는 대응(함자)

$$X \mapsto \mathrm{Hom}(A, X)$$

를 h^A라고 하겠습니다. 즉, h^A는 「A와 다른 모든 대상 X의 관계성」을 나타냅니다. 또한, A에 대해 h^A를 대응시키는 대응(함자)을 생각할 수 있습니다. 즉, A에 대해 「A의 다른 대상과의 관계성」을 대응시키는 대응입니다. 이때, A는 h^A라고 간주할 수 있다, 즉 h^A로부터 A를 복원할 수 있다고 주장하는 것이 **요네다의 보조정리**(엄밀히 말하면 그 계)입니다. 이는 간단히 말하자면, 다른 대상과의 관계성에 의해 자기 자신이 특징지어지는 것입니다[65]. 요네다 보조정리는 범주론을 배울 때 중요한 목표 중 하나가 되며, 범주론적 관점의 핵심을 보여주는 정리라고 할 수 있습니다.

$$A \longmapsto \boxed{h^A : X \mapsto \mathrm{Hom}(A, X)}$$

범주론을 처음 접하면 그 높은 추상성 때문에 당황스러울 수 있습니다. 집합론적으로 정의되던 기존의 여러 개념을 범주론적 관점에서 새롭게 특징짓는 것은 매우 어려운 일일 것입니다.

그로텐디크Grothendieck, 1928-2014가 범주론의 언어를 이용하여 대수 기하학**제6항**을 크게 혁신한 것처럼, 범주론은 수학 자체를 바라보는 관점을 바꿀 수 있는 틀로 자리 잡고 있습니다. 현대 수학을 이해하기 위해서는 앞으로 범주론이 점점 더 필수적인 존재가 될 것입니다.

---

65. 친근한 예로 비유해 보겠습니다. 고등학교를 졸업하고 몇 년 후, 같은 학교 출신인 사람을 우연히 만났다고 가정해 봅시다. 그리고 그 사람에게 자신을 소개한다고 해봅시다. 「□□년생이다」, 「음식은 ○○을 좋아한다」, 「취미는 △△이다」와 같이 자신의 정보를 말해도 좋겠지만, 같은 고등학교 출신이라면 「◇◇와 친구이다」, 「▽▽와 고1 때 같은 반이었다」, 「☆☆ 선생님께 배웠다」라고 말하는 편이 상대방이 더 이해하기 쉬울 수 있습니다. 다른 사람과의 관계성에 의해 그 사람이 특징지어진다는 것은 바로 이런 것입니다.

☑ **범주** … 「대상」(사물)과 「사상」(화살표)으로 이루어진 세계.

벡터 공간이나 위상 공간 등 구조를 가진 공간을 「대상」으로 하고, 그 구조를 보존하는 함수를 「사상」으로 하는 범주를 고려하는 경우가 많다. 다양한 범주에서 공통된 개념을 추상화하는 것이 범주론의 역할이다.

〈집합론적 관점과 범주론적 관점〉

· **집합론** … 집합에 어떤 원소가 속하는지를 통해 그 집합을 설명한다. (대상의 「내용」에 주목한다).

· **범주론** … 다른 대상과의 관계를 통해 그 대상을 특징짓는다. (대상의 「외부와의 관계」에 주목한다)

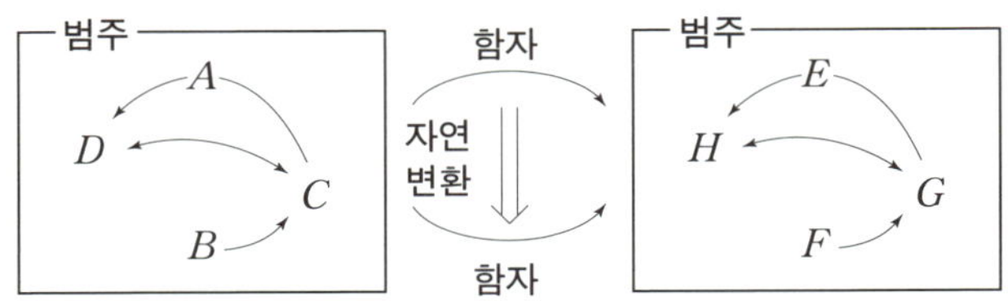

범주론에서는 하나의 범주 내의 대상과 대상의 관계만이 아니라

더 나아가

범주와 범주의 관계(함자)나 함자와 함자의 관계(자연변환)

에도 주목하기 때문에 매우 추상적인 개념이다!

응용수학
Applied Mathematics

응용수학은 제4절의 수학기초론과 마찬가지로, 개인의 흥미에 따라 공부를 시작하는 경우가 많습니다(해석학의 지식이 필요한 분야가 많습니다).

응용수학에는

- **컴퓨터 과학** 컴퓨터의 원리를 수학적으로 고찰하는 분야
- **수치 해석** 컴퓨터를 이용하여 수치 계산 방법을 연구하는 분야
- **이산 수학** 그래프 이론, 최적화 이론 등을 포함해 불연속적인 대상을 다루는 분야
- **통계학** 확률론을 이용하여 추론을 수행하는 분야
- **암호 이론** 수학의 다양한 이론을 바탕으로 암호의 작동 원리를 만드는 분야
- 이 외에도 보험과 관련된 수리 과학인 **보험 수학**, 금융과 관련된 수리 과학인 **수리 금융**

등 여기에 다 소개하지 못할 만큼 다양한 분야가 있습니다.

이론 컴퓨터 과학
Theoretical Computer Science

컴퓨터 과학은 컴퓨터의 작동 원리에 대해 연구하는 분야입니다. 넓은 의미에서는 컴퓨터 설계와 같은 공학적인 연구도 포함됩니다. 여기서는 컴퓨터의 수학적 측면을 다루는 분야인 **이론 컴퓨터 과학**에 대해 살펴보겠습니다.

그중에서도 **계산 이론**은 계산에 관한 체계를 수학적으로 연구하는 분야입니다. 컴퓨터가 수행하는 계산의 작동 원리를 추상화하여 계산을 수행하는 시스템 자체를 수학적으로 엄밀하게 정의하고, 그 시스템의 계산에 대해 연구합니다. 계산 이론의 대표적인 주제로는 **계산 가능성 이론**과 **계산 복잡도 이론**이 있습니다.

계산 가능성 이론은 어떤 문제를 컴퓨터를 이용해 「이론적」으로 계산할 수 있는지에 대해 고찰하는 이론이며, 계산 복잡도 이론은 「실용적」으로 계산할 수 있는지에 대해 고찰하는 이론입니다.

예전에는 계산 가능성 이론이 주로 연구되었습니다. 튜링Turing, 1912-1954은 **튜링 머신**이라는 가상의 기계를 정의하여, 「임의의 프로그램이 정지할지 여부를 유한한 시간 안에 판단할 수 있는 알고리즘(후술)이 있는가」라는 **정지 문제**에 대해 이론적으로 그러한 방법이 존재하지 않는다는 것을 증명했습니다.

이후 1960년대 무렵부터 이론적으로 계산 가능한 문제를 「정해진 시간과 메모리 내에서 해결할 수 있는가 없는가」라는 계산 복잡도에 대한 연구가 시작되었습니다. 여기서는 주로 계산 복잡도의 미해결 문제로 유명한 P≠NP 추측에 대해 살펴보겠습니다.

26.1. 문제와 알고리즘

우선 계산 이론에서 다루는 「문제」가 무엇인지 명확히 할 필요가 있습니다.

이 분야에서 **문제**란 각각의 입력에 대해 어떤 것을 출력해야 정답인지를 정의한 것을 말합니다.

- 1원 1차 방정식을 푸는 문제

  입력 : x의 1차 방정식 E

  출력 : E의 해 x

  예를 들어, 입력 「$2x+4=0$」에 대한 출력은 「$x=-2$」입니다.
- 주어진 2 이상의 자연수의 가장 작은 소인수를 구하는 문제

  입력 : 2 이상의 자연수 n

  출력 : n의 가장 작은 소인수

  예를 들어, 입력 「2023」에 대한 출력은 「7」입니다.

「2023의 가장 작은 소인수를 구하라」와 같이 구체적인 숫자가 들어간 질문은 계산 이론에서 다루는 「문제」가 아닙니다. 계산 이론에서는 좀 더 일반적인 질문을 고려하며, 무한히 존재할 수 있는 모든 입력에 대해 적절한 출력을 내는 질문을 「문제」라고 합니다. 왜냐하면 컴퓨터에 어떤 계산을 시킬 때는 다양한 입력을 고려하는 경우가 많기 때문입니다.

　컴퓨터는 어떤 문제를 해결할 때 명확하게 절차가 정해진 계산 방법에 따라 계산을 진행합니다. 그 절차를 **알고리즘**이라고 합니다. 알고리즘은 프로그램으로 작성되며, 컴퓨터는 그 프로그램을 실행하여 계산을 수행합니다.

　예를 들어, 다음과 같은 탐색 문제를 생각해 봅시다.

> **입력** : N개의 자연수가 작은 수부터 순서대로 한 줄로 나열된 수열 a_1, a_2, $\cdots$, a_N, 자연수 s
>
> **출력** : 자연수 s가 a_1, a_2, $\cdots$, a_N 안에 있는지 여부를 Yes·No로 답한다

　즉, N개의 수가 작은 순서대로 한 줄로 나열되어 있고, 그중에서 지정된 수 s를 찾는 문제입니다.

　이 문제를 해결하는 알고리즘을 하나 소개하겠습니다. 가장 쉽게 떠올릴 수 있는 방법은 왼쪽부터 순서대로 확인해 나가는 것입니다. 먼저 가장 왼쪽에 있는 수가 s와 일치하는지 확인하여 일치하면 종료, 일치하지 않으면 다음 수로 넘어갑니다. 이어 두 번째 수가 s와 일치하는지 확인하여 일치하면 종료, 일치하지 않으면 다음 수로 넘어가는 과정을 반복합니다. 이 알고리즘은 위와 같은 순서도로 표현할 수 있습니다. 이 방법을 **선형 탐색**이라고 합니다.

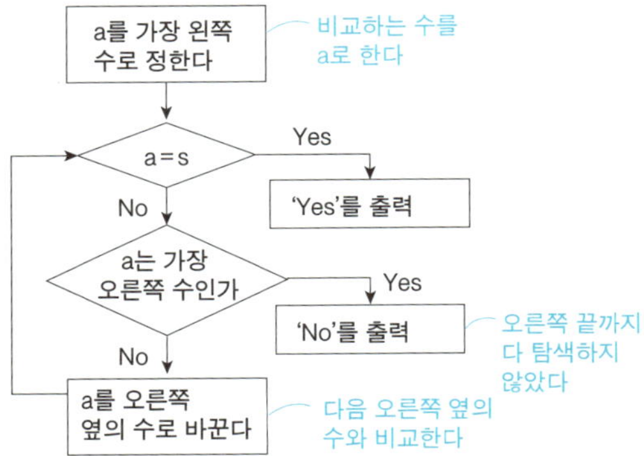

다음은 수열 「4, 7, 10, 12, 17, 19, 21, 23」과 $s = 17$을 입력하여 선형 탐색을 실행한 예입니다.

일치하지 않는다
4, 7, 10, 12, 17, 19, 21, 23
일치하지 않는다
4, 7, 10, 12, 17, 19, 21, 23
일치하지 않는다
4, 7, 10, 12, 17, 19, 21, 23
일치하지 않는다
4, 7, 10, 12, 17, 19, 21, 23
일치
4, 7, 10, 12, 17, 19, 21, 23
〈종료: Yes를 출력〉

26.2. 계산량

앞서 나온 탐색 문제를 좀 더 살펴보겠습니다. 선형 탐색보다 더 「효율적」인 방법은 없을까요?

이에 대해 이야기하기 위해서는 먼저 「효율성」을 어떻게 측정할지를 정의해야 합니다. 여기서는 「수를 하나 선택하여 그것과 s의 대소를 비교하는 것」을 한 번의 연산으로 간주하기로 합시다. 그러면 「효율적」인 방법이란 이 연산 횟수가 적은 방법이라고 생각할 수 있습니다.

앞서 설명한 선형 탐색에서는 지정된 수가 가장 왼쪽에 있을 때는 연산 횟수가 한 번으로 끝나지만, 가장 오른쪽에 있을 때는 N번의 연산이 필요합니다. 최악의 경우를 알고리즘에 필요한 연산 횟수로 생각한다면, 선형 탐색에서는 숫자가 N개일 때 연산 횟수가 N번이 됩니다. 즉, 나열된 수의 개수에 비례한 연산 횟수가 필요하다고 볼 수 있습니다. 하지만 이 방법은 그다지 효율적이지 않습니다. 왜냐하면 이 수열은 「작은 순서」대로 나열되어 있는데, 이 점을 활용할 수 있는 더 효율적인 방법이 있기 때문입니다.

그것이 바로 **이진 탐색**입니다. 이 방법을 소개하겠습니다. 먼저, 수열의 가운데에 있는 수 a에 주목합니다. N이 짝수라면 가운데 있는 두 수 중 왼쪽에 있는 수와 비교합니다. (이후에도 마찬가지입니다). $a=s$이면 종료, $s<a$라면 s는 a보다 왼쪽에 있을 가능성만 남으므로, 다음에는 a의 왼쪽 부분에서 탐색합니다. $a<s$라면 s는 a보다 오른쪽에 있을 가능성만 남으므로, 다음에는 a의 오른쪽 부분에서 탐색합니다.

이 과정을 반복하면 매번 대략 절반의 수가 버려지기 때문에 탐색하는 범위도 절반씩 줄어듭니다. 그러면 $N=8$일 때는 연산 횟수는 4번, $N=16$일 때는 5번 등과 같이 $N=2^n$일 때는 연산 횟수가 $(n+1)$번이 됩니다. 엄밀히 말하면, $2^{n-1} \leqq N < 2^n$일 때 연산 횟수는 n번이 됩니다. 따라서 연산 횟수 n은 대략 $\log_2 N$으로 생각할 수 있습니다[66].

예 133

앞에서 다룬 예에 대해 이진 탐색을 실행하면 다음과 같은 결과를 얻을 수 있습니다.

일치하지 않는다 → s는 12보다 오른쪽

4, 7, 10, 12, 17, 19, 21, 23

s는 19보다 왼쪽 ← 일치하지 않는다

4, 7, 10, 12, 17, 19, 21, 23

일치

4, 7, 10, 12, 17, 19, 21, 23

〈종료: Yes를 출력〉

탐색 문제의 연산 횟수는 입력하는 수열의 항의 개수 N에 대한 함수

---

66. $N=2^n$일 때 정확한 연산 횟수는 $\log_2 N + 1$이지만, 「+1」의 차이는 N의 크기가 매우 클 경우 무시할 수 있습니다.

$f(N)$로 나타낼 수 있습니다. 선형 탐색에서 $f(N)$은 N의 1차 함수이고, 이진 탐색에서 $f(N)$은 대략 N의 로그함수입니다. 다른 알고리즘의 경우에도 입력하는 정보의 크기 N에 대해 계산 처리 횟수 $f(N)$을 N의 함수로 표현할 수 있습니다. 이를 **계산량**이라고 합니다.

선형 탐색과 이진 탐색의 계산량이 어느 정도의 차이를 만들어내는지를 살펴보면, $N=32$일 때 선형 탐색은 32번, 이진 탐색은 6번에 불과합니다. N에 따른 함수 $y=N$, $y=\log_2 N$의 그래프는 오른쪽 그림과 같이 N이 커질수록 연산 횟수에서 압도적인 차이가 생깁니다.

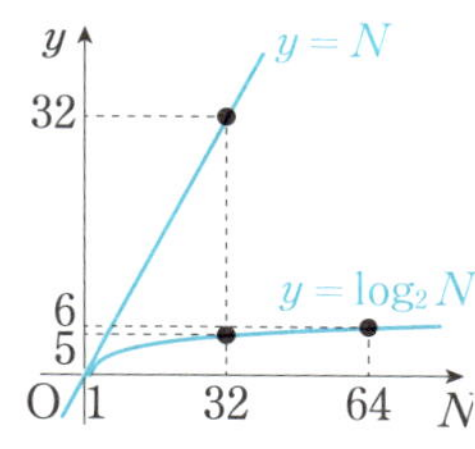

다른 함수로 표현된 계산량에 대해서도

- $f(N)=2^N$과 같은 지수함수는 $f(N)=N^2$, $f(N)=N^{100}$과 같은 다항식 함수보다 더 폭발적으로 증가한다.

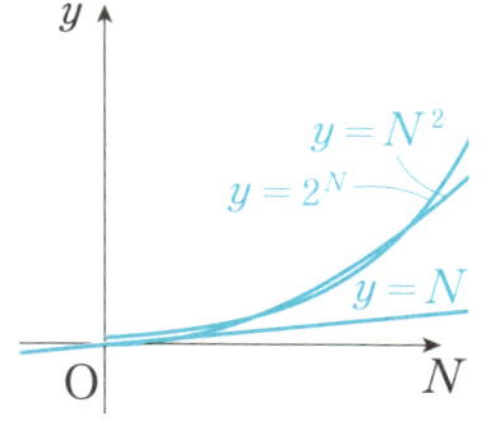

- 다항식 함수 중에서도 차수가 높은 $f(N)=N^{100}$은 차수가 낮은 $f(N)=N^2$보다 더 폭발적으로 증가한다.

- 다항식 함수는 $f(N)=\log_2 N$과 같은 로그함수보다 더 폭발적으로 증가한다.

등과 같이 N을 충분히 크게 했을 때의 증가 정도를 비교하여 계산량의 대소를 고려할 수 있습니다.

계산량은 해당 알고리즘을 실행하는 데 필요한 시간이나 메모리의 용량을 측정하는 양입니다. 계산량의 정의는 무엇에 초점을 맞추느냐에 따라 달라지며, 계산량이 적은 알고리즘이 「효율적」인 알고리즘이라고 할 수 있습니다. 이처럼 계산 복잡도 이론에서는 실용적으로 사용할 수 있는 계산량을 가진 알고리즘을 찾는 것이 중요한 연구 주제 중 하나입니다.

26.3. P≠NP 추측

여기서는 계산 복잡도 이론 중에서 결정 문제라고 불리는 문제에 대해 알아보겠습니다. 결정 문제란 Yes 또는 No로 답할 수 있는(Yes 또는 No를 출력하는) 문제를 말합니다. 예를 들어, 「해가 존재하는가」, 「소수인가 아닌가」와 같은 문제입니다.

앞에서 소개한 계산량의 대소를 기준으로 결정 문제를 분류해 보겠습니다.

> **정의 134** 계산량이 아무리 크더라도 최대 다항식 함수가 되는 알고리즘이 존재하는 결정 문제를 클래스 P에 속하는 문제(P 문제)라고 한다.

클래스 P에 속하는 문제란 최대 입력 크기 N에 대한 다항식으로 표현된 계산 횟수로 계산할 수 있는 문제를 뜻합니다. N^{100}처럼 차수가 높을 가능성이 있지만, 그런 경우라도 계산량은 지수 함수가 되는 것보다는(입력 크기 N이 충분히 클 때) 압도적으로 계산 시간이 짧습니다. 예를 들어, 앞서 소개한 탐색 문제는 계산량이 1차 함수 정도의 선형 탐색이라는 해법이 있는 문제이므로 클래스 P에 속합니다.

이 클래스 P는 「실용적으로 계산할 수 있는 문제인지 아닌지」를 판단하는 하나의 기준이 됩니다. 예를 들어, 입력 크기 N에 따라 계산량이 지수 함수적(처음에는 증가율이 적다가 나중에는 증가율이 폭발적으로 커지는 것)으로 증가하는 알고리즘은 실용적이라고 보기 어렵습니다.

한편 클래스 P에 비하여 실제 세상의 많은 문제들은 다음과 같은 클래스 NP에 속합니다.

예 136

- **입력된 자연수 x가 합성수인지 여부를 판정하는 문제**

  일반적으로 입력된 자연수 x의 소인수를 구하는 것은 매우 어려운 문제입니다. 그러나 x의 소인수 $w(<x)$의 후보가 일단 주어지면, 실제로 x를 w로 나누어 보는 것만으로 x가 소인수 w를 가지는지, x가 합성수인지를 검증할 수 있습니다. 이처럼 x가 합성수라는 증거인 w가 주어지면 다항식 시간 내에 x가 합성수임을 확인할 수 있으므로 이 문제는 NP 문제입니다.

- **해밀턴 순환 문제**

  주어진 그래프가 해밀턴 순환 **정의 143**을 가지는지 여부를 판정하는 문제는 NP 문제입니다. 모든 점을 정확히 한 번씩만 지나 출발점으로 돌아오는 경로의 후보가 일단 주어지면, 그 경로가 실제로 모든 점을 한 번씩만 지나 출발점으로 돌아오는지 확인하는 것은 쉽습니다. 따라서 이 문제도 NP 문제입니다.

P 문제는 NP 문제라고 알려져 있습니다($P \subset NP$). 문제는 NP 문제이면서 P 문제가 아닌 문제가 있는지의 여부입니다. 이것이 바로 유명한 $P \neq NP$ 추측입니다.

> **추측 137** $P \neq NP$
>
> 클래스 NP에 속하면서 클래스 P에는 속하지 않는 문제가 있을 것이다 ($P \neq NP$일 것이다).

예를 들어, 앞서 해밀턴 순환 문제가 NP 문제임은 설명했지만, P 문제인지 여부는 알려져 있지 않습니다.

해밀턴 순환 문제는 NP 문제 중에서도 가장 어려운 종류인 **NP 완전** 문제로 알려져 있습니다. NP 완전 문제는 그것이 다항식 시간 내에 해결될 수 있다는 것이 밝혀지면, 다른 모든 NP 문제도 다항식 시간 내에 해결될 수 있게 된다는 강력한 성질을 가집니다. 즉, NP 완전 문제 중 단 하나라도 P 문제임이 밝혀지면 $P = NP$가 되는 것입니다. 이 NP 완전 문제의 존재는 1971년 쿡Cook, 1939-에 의해 증명되었습니다. 이 발견을 계기로 $P \neq NP$ 문제가 본격적으로 연구되기 시작했습니다.

만약 $P = NP$라면 컴퓨터가 많은 문제를 효율적으로 해결할 수 있게 되어 컴퓨터가 크게 활약하는 세상이 될지 모릅니다. 하지만 다양한 NP 문제에 대해 다항식 시간 내에 해결하는 효율적인 방법이 아직 발견되지 않았기 때문에, 현실적으로는 $P \neq NP$일 것으로 예상하는 사람이 많습니다. 어쨌든 $P \neq NP$ 추측은 컴퓨터를 이용한 다양한 기술로 이어질 수 있는 매우 중요한 추측임에는 틀림없습니다.

제27항

수치해석

Numerical Analysis

수치 해석은 수학 문제를 컴퓨터를 이용하여 수치적으로 해결하는(수치 계산을 하는) 것에 대해 연구하는 분야입니다. 순수수학 연구자들은 연구 결과가 정확한지 구체적인 예를 통해 확인하거나, 구체적인 예로부터 일반적인 예측을 하기 위해 수치 계산을 합니다. 하지만 컴퓨터를 이용한 계산은 수학의 일반적인(엄밀한) 계산과 다르기 때문에 주의해야 할 점이 많습니다. 그렇다면 어떤 차이점이 있을까요?

첫째, 컴퓨터는 $\sqrt{2}$와 같은 무리수를 처리하지 못합니다. 따라서 컴퓨터에서는 모든 실수를 $\sqrt{2} \fallingdotseq 1.41$과 같은 유한소수로 바꿔서 계산합니다. 이 과정에서 오차가 발생하게 됩니다.

둘째, 컴퓨터는 사칙연산만 처리하기 때문에 $\sqrt{2}$와 같은 제곱근, $\sin 20°$와 같은 삼각비는 별도의 방법을 통해 구해야 합니다. 이 과정에서도 오차가 발생하며, 무엇보다도 이런 값을 어떻게 구할 수 있는지가 중요한 문제입니다. 너무 많은 시간이 걸리는 것도 바람직하지 않습니다.

이처럼 수치 계산을 할 때는 오차와 효율성의 문제가 발생합니다. 오차가 너무 크거나 시간이 너무 오래 걸리면 문제가 됩니다. 따라서 오차가 작은 방법이나 효율적인 방법을 개발하는 것이 이 분야의 주요 과제입니다.

27.1. 오차

오차에 대해 생각해 봅시다. 예를 들어, 2차 방정식

$$ax^2 + bx + c = 0 \ (a,\ b,\ c \text{는 실수},\ a \neq 0)$$

에 대해서는 판별식

$$D = b^2 - 4ac$$

를 이용하여 2차 방정식의 실수해의 개수를 구할 수 있습니다.

$$x^2 - \sqrt{7}\,x + \sqrt{3} = 0$$

라는 방정식에 대해서도

$$D = (\sqrt{7})^2 - 4\sqrt{3} = \sqrt{49} - \sqrt{48} > 0$$

와 같은 제곱근의 계산을 통해 실수해가 2개라는 결과를 도출할 수 있습니다. 그러나 컴퓨터에서는

$$\sqrt{7} \fallingdotseq 2.6458, \qquad \sqrt{3} \fallingdotseq 1.7321$$

와 같은 근삿값을 이용하여 계산합니다(물론 실제 컴퓨터에서는 자릿수가 더 많은 근삿값을 이용합니다). 이러한 근삿값을 이용하는 계산에서는 오차가 계산 결과에 중대한 영향을 미칠 수 있습니다.

예 138

예를 들어, 다음 2차 방정식을 생각해 봅시다.

$$1.17x^2 + 2.54x + 1.38 = 0 \qquad \cdots\cdots(*)$$

덧셈, 뺄셈, 곱셈, 나눗셈을 할 때마다 소수 셋째 자리에서 반올림하는 컴퓨터가 있다고 가정해 봅시다. 이 컴퓨터로 이 2차 방정식의 판별식을 계산해 보겠습니다. 2차 방정식 $ax^2 + bx + c = 0$의 판별식은 $b^2 - 4ac$ 입니다.

컴퓨터에서는, 예를 들어

① $b^2 = b \times b$를 계산한다

② $4a = 4 \times a$를 계산한다

③ ②의 계산 결과를 이용하여, $(4a)c = (4a) \times c$를 계산한다.

④ ①, ③의 계산 결과를 이용하여, $b^2 - 4ac$를 계산한다.

와 같은 방법이 있습니다. 이 방법으로 계산하면

 ① $2.54^2 = 6.4516 \fallingdotseq 6.45$

 ② $4 \times 1.17 = 4.68$

 ③ $4.68 \times 1.38 = 6.4584 \fallingdotseq 6.46$

 ④ $6.45 - 6.46 = -0.01 < 0$

가 됩니다. 즉, 2차 방정식(*)은 실수해를 가지지 않습니다.

한편

① $b^2 = b \times b$를 계산한다

② $a \times c$를 계산한다

③ ②의 계산 결과를 이용하여, $4 \times (ac)$를 계산한다.

④ ①, ③의 계산 결과를 이용하여, $b^2 - 4ac$를 계산한다.

와 같은 방법도 있습니다. 이 방법으로 계산하면

 ① $2.54^2 = 6.4516 \fallingdotseq 6.45$

 ② $1.17 \times 1.38 = 1.6146 \fallingdotseq 1.61$

 ③ $4 \times 1.61 = 6.44$

 ④ $6.45 - 6.44 = 0.01 > 0$

가 됩니다. 그러면 놀랍게도 2차 방정식(*)이 실수해를 가지게 됩니다! 이처럼 계산하는 순서만 바꿔도 결과가 크게 달라질 수 있습니다.

 컴퓨터는 $\sqrt{2}$나 π와 같은 실수도 1.4142나 3.1415와 같은 근삿값을 이용하여 계산합니다. 무한히 이어지는 무한소수를 유한한 자릿수로 반올림할 때 오차가 발생하며, 이러한 오차는 계산 결과에 중대한 영향을 미칠 수 있습니다. 이러한 문제를 피하기 위해 수치 해석에서는 오차를 최대한 줄이는 방법을 연구하고 있습니다.

그 외에 오차가 얼마나 발생할 수 있을지를 수학적으로 엄밀하게 추정하여 수치 계산을 하는 방법도 있습니다. 이것이 정밀도 보장 수치 계산입니다. 수치 계산의 결과 자체는 수학적으로 엄밀하지 않은 근삿값일 뿐입니다. 그러나 오차 범위를 수학적으로 엄밀하게 계산함으로써, 계산 결과에 수학적으로 엄밀한 의미를 부여할 수 있습니다.

예를 들어, 어떤 방정식에 대한 해의 존재를 증명할 때, 수치 계산을 통해 수치해를 구했다고 해서 그것만으로 해의 존재가 수학적으로 엄밀하게 증명되었다고 할 수는 없습니다. 그러나 오차를 엄밀하게 평가하여 수치해에 근접한 정확한 해의 존재를 증명할 수 있는 경우가 있습니다. 정밀도 보장 수치 계산은 컴퓨터를 이용한 계산의 정확성을 보장하기 위해서만이 아니라, 수학의 엄밀한 증명을 위해서도 활발히 연구되고 있습니다.

27.2. 뉴턴법

수치해석에서 대표적인 문제 중 하나인 방정식의 수치해를 구하는 문제를 생각해 보겠습니다.

여기서는 $f(x)$를 무한 번 미분이 가능한 함수로 하여, $f(x) = 0$에 대한 수치해를 구하고자 한다고 가정합니다. (중간값 정리 등을 이용하여) 해

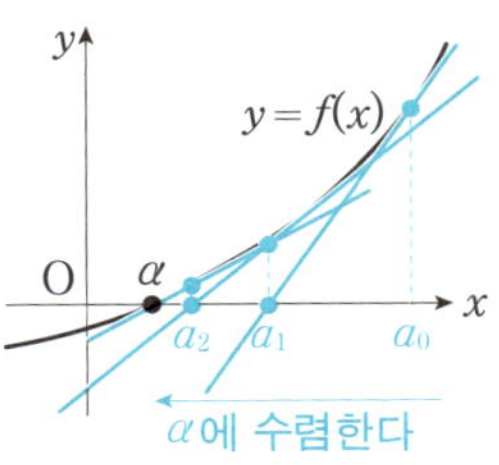

a의 존재를 알고 있다고 합시다. 이때, a의 수치해는 어떻게 구할 수 있을까요? 지금부터 소개할 뉴턴법은 매우 기본적인 방법 중 하나입니다.

먼저, 해의 대략적인 값을 초깃값 a_0로 합니다. $x = a_0$에서 $y = f(x)$의 접선 방정식은

$$y = f'(a_0)(x - a_0) + f(a_0)$$

이 됩니다. 이 접선과 x축의 교점은 $y = 0$일 때

$$x = a_0 - \frac{f(a_0)}{f'(a_0)}$$

이 됩니다. 이를 a_1이라 합시다. 또한, $x = a_1$에서의 $y = f(x)$의 접선과 x축의 교점의 x좌표를 $x = a_2$라 합시다. 이를 반복하여, 즉 점화식

$$a_{n+1} = a_n - \frac{f(a_n)}{f'(a_n)}$$

에 의해 수열 $\{a_n\}$을 정의합니다. (a_0, $f(x)$가 일정 조건을 만족하면) 수열 $\{a_n\}$은 α에 수렴하는 것으로 알려져 있습니다. 따라서 a_n을 반복해서 수치 계산을 하면 α의 근삿값을 계산할 수 있습니다. 이 방법을 **뉴턴법**이라고 합니다.

예 139

$\sqrt{2}$의 근삿값을 구해봅시다. 즉 $f(x) = x^2 - 2$로 하여, $f(x) = 0$일 때의 양의 수치해를 구하고자 합니다. $f(0) = -2 < 0$이고, $f(2) = 2 > 0$이므로 중간값 정리에 의해 $f(\alpha) = 0$을 만족하는 α가 정확히 $0 < \alpha < 2$의 범위에 있다는 것을 알 수 있습니다. 그러면 이 α를 수치 계산으로 구해보겠습니다.

$f'(x) = 2x$이므로, 뉴턴법을 이용하여

$$a_{n+1} = a_n - \frac{a_n^2 - 2}{2a_n} = \frac{a_n}{2} + \frac{1}{a_n}$$

로 표현되는 수열을 생각하면 α의 근삿값을 구할 수 있습니다. 여기서 $a_0 = 2$로 하여 a_1, a_2, a_3, $\cdots$를 구하면 다음과 같습니다.

a_0	2
a_1	1.5
a_2	1.4166666666666…
a_3	1.4142156862745…
a_4	1.4142135623746…

$\sqrt{2} = 1.4142135623730\cdots$이므로, 상당히 빠르고 정확하게 계산할 수 있다는 것을 알 수 있습니다.

n차 방정식의 경우, 일반적으로 5차 이상의 방정식에는 근의 공식이 존재하지 않습니다 **정리 20**. 5차 이상의 방정식의 수치해를 구하려면 뉴턴법 등을 이용하여 해를 구해야 합니다. 그러면 4차 이하의 방정식은 어떨까요? 4차 이하의 방정식에는 수학적으로 엄밀한 근의 공식이 존재합니다. 따라서 수치해를 구할 때는 근의 공식을 사용할 수도 있고, 뉴턴법을 사용할 수도 있습니다. 어느 방법이 더 좋은지는 수치 계산 상으로는 어려운 문제입니다. 근의 공식은 제곱근을 포함하고 있어 상당히 복잡한 식입니다(특히 4차 방정식). 따라서 근의 공식을 이용하면 오차가 커질 수 있습니다. 수치 계산에서는 수학적으로 엄밀한 해법이 항상 더 중요하다고는 단정할 수 없습니다. 따라서 수치 해석에서는 수학적으로 엄밀한 방법에 얽매이지 않고, 오차와 효율성을 저울질하여 수치 계산에 가장 적합한 방법을 찾는 것이 중요합니다.

뒤에 소개할 4색 문제 **28.2**에도 사용되는 등, **컴퓨터**를 이용한 수학 연구는 점점 더 발전하고 있습니다. 컴퓨터가 날로 발전하는 현대 사회에서 수치 해석은 점점 더 중요한 분야로 자리 잡아 가고 있습니다.

이산수학
Discrete Mathematics

이산 수학은 불연속적인 대상을 다루는 분야입니다. 현대 수학에서는 해석학의 발달에 따라 「무한」이 관련된 「연속」적인 대상을 다루는 경우가 많습니다. 반면에 이산 수학에서는 기본적으로 「유한」하고 「불연속」적인 대상을 다룹니다. 이산 수학의 몇 가지 주제를 소개해 보겠습니다.

28.1. 그래프 이론

그래프 이론은 이산 수학의 대표적인 분야 중 하나로, 「그래프」에 관한 이론입니다. 여기서 말하는 「그래프」는 우리에게 익숙한 함수의 그래프와 달리, 몇 개의 「점」과 이를 연결하는 「변」으로 이루어진 도형을 말합니다.

> **정의 140** 몇 개의 점과 그 점들을 끝점으로 하는 몇 개의 변(구부러져도 상관없다)으로 이루어진 도형을 **그래프**라고 한다. 그중 평면 위에 그려져 있고, 변이 서로 교차하지 않는 것을 **평면 그래프**라고 한다.

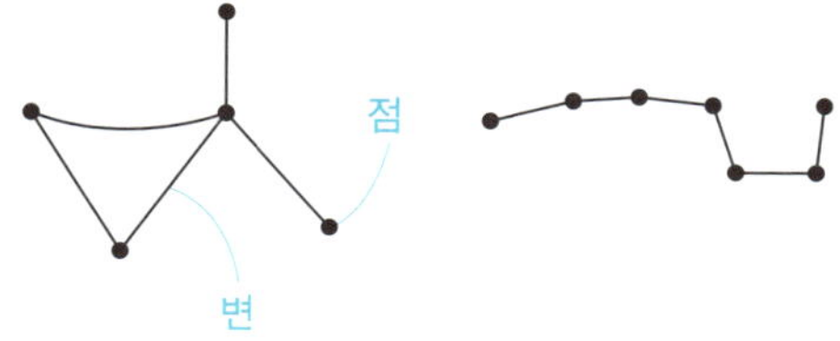

쾨니히스베르크의 다리 문제라는 것이 있습니다. 현재의 러시아(옛

프로이센)에 위치한 도시 쾨니히스베르크에는 오른쪽 그림과 같이 강 위에 7개의 다리가 놓여 있었습니다. 이 문제는 이 7개의 다리를 모두 한 번씩만 지나는 (같은 변을 반복해서 지나서는 안 되는) 방법이 있는지를 묻는 문제입니다(일반적으로는 한붓그리기라고 합니다).

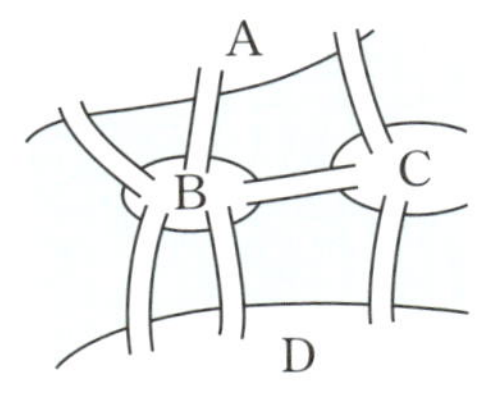

4개의 육지는 점으로, 다리는 변으로 간략히 나타내면 오른쪽 그림과 같은 그래프를 얻을 수 있습니다. 그러면 이 그래프의 어떤 점에서 출발하여 모든 변을 정확히 한 번씩만 지나가는 경로가 있는지를 묻는 문제로 바꿔 생각할 수 있습니다. 이러한 경로를 오일러 경로라고 합니다.

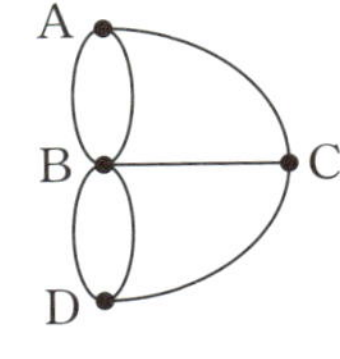

정의 141 그래프의 어떤 점에서 출발하여 모든 변을 정확히 한 번씩만 지나가는 경로를 **오일러 경로**라고 한다.

오일러 경로가 존재하는 그래프의 예

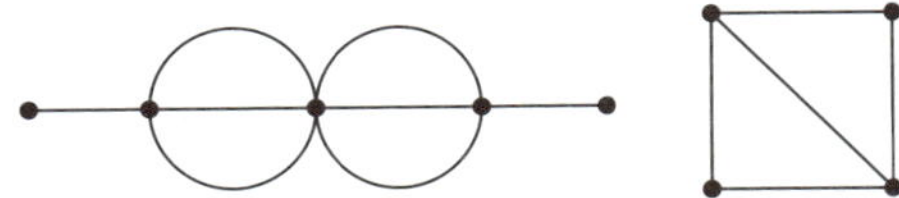

몇 번 시도해보면 쾨니히스베르크의 다리 문제는 **한붓그리기**가 불가능하다(오일러 경로가 존재하지 않는다)는 것을 예상할 수 있습니다.

실제로 오일러는 쾨니히스베르크의 다리 문제가 한붓그리기가 불가능하다는 것을 증명했습니다. 그렇다면 왜 이 문제가 한붓그리기가 불가능한지 살펴보겠습니다.

다음 그림과 같이 각 점 근처에 그 점과 연결된 변의 개수를 표시했습니다. 어느 한 점에 대해 생각해보면, 그 점으로 들어가는 변과 그 점에서 나오는 변, 두 종류가 있음을 알 수 있습니다. 따라서 홀수 개의 변과 연결된 점은 들어가는 변과 나가는 변의 개수가 다르기 때문에, 해당 점은 항상 한붓그리기의 시작점 또는 끝점이 됩니다.

　예를 들어, 점 B는 5개의 변과 연결되어 있으므로 들어가는 변과 나가는 변의 개수는 각각 (2, 3) 또는 (3, 2)입니다. 아래 그림과 같이 B는 전자의 경우라면 시작점, 후자의 경우라면 끝점이 됩니다. 한붓그리기를 할 때 시작점과 끝점은 각각 하나씩만 있어야 합니다(시작점과 끝점이 같을 수도 있습니다). 따라서 홀수 개의 변과 연결된 점이 3개 이상 있어서는 안 됩니다. 쾨니히스베르크의 다리 문제에는 이러한 점이 4개 있으므로, 한붓그리기가 불가능하다는 것을 알 수 있습니다.

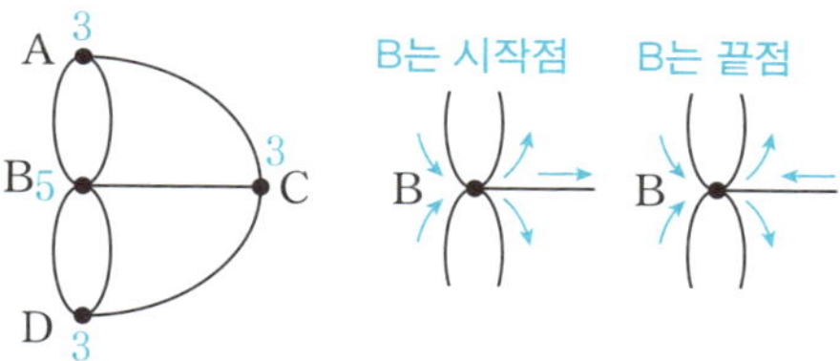

　더 나아가 오일러는 일반적으로 어떤 그래프에 오일러 경로가 존재하기 위한 조건을 밝혔습니다. 그것이 바로 다음 정리입니다.

> **정리 142** **오일러 경로가 존재하기 위한 조건**
>
> (전체가 하나로 연결된) 그래프의 각 점에 대해 그 점과 연결된 변의 개수를 센다. 홀수 개의 변과 연결된 점이 0개 혹은 2개인 것이 그 그래프에 오일러 경로가 존재하기 위한 필요충분조건이다.

　이외에 오일러 경로와 비슷한 유형으로 해밀턴 순환이 있습니다.

> **정의 143** 그래프의 한 점에서 출발하여 모든 점을 정확히 한 번씩만 지나 출발점으로 돌아오는 경로를 해밀턴 순환이라고 한다(모든 변을 지날 필요는 없다).

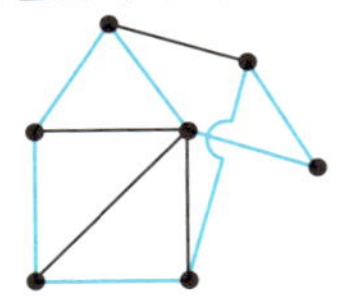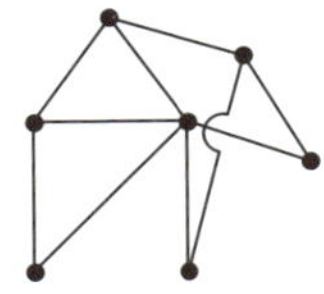

주어진 그래프가 해밀턴 순환을 가지는지의 여부를 판정하기 위한 조건은 아직 알려져 있지 않습니다 **예 136**. 오일러 경로와 비슷해 보이지만, 실제로는 전혀 다른 문제입니다.

28.2. 4색 문제

여기 47개 도도부현(광역지자체)이 그려진 일본 지도가 있습니다. 이 지도에서 인접한 도도부현이 서로 다른 색이 되도록 각 도도부현에 색을 칠한다면 최소 몇 가지 색이 필요할까요?

47개 도도부현 중 가장 많은 도도부현과 인접한 곳은 나가노현입니다. 나가노현(이후 「현」과 「도」는 생략합니다)은 8개 현과 인접해 있습니다.

먼저 A, B, C 3가지 색으로 칠하는 것을 생각해 봅시다. 나가노는 A, 도야마는 B로 칠하기로 합니다. 그러면 기후는 나가노(A)와 도야마(B)에 인접하므로 C로 칠해야 합니다. 다음으로, 아이치는 기후(C)와 나가노(A)에 인접하므로 B로 칠합니다. 마찬가지로 나가노에 인접한 현들에 색을 칠해 나가면 시즈오카는 C, 야마나시는 B, 사이타마는 C, 군마는 B, 니가타는 C로 자동으로 결정됩니다. 이로써 나가노 주변의 모든 지역에 색을 칠할 수 있습니다.

이어서 도쿄는 야마나시(B)와 사이타마(C)에 인접하므로 A로 칠합니다. 또한, 가나가와도 시즈오카(C)와 야마나시(B)에 인접하므로 A로 칠합니다. 그러면 여기서 서로 인접한 도쿄와 가나가와는 같은 색이 되고 맙니다. 이는 3가지 색으로는 47개 도도부현을 구분해서 칠할 수 없다는 것을 나타냅니다.

만약 A~D의 4가지 색을 사용할 수 있다면, 실제로 47개 도도부현은 다음과 같이 구분해 칠할 수 있습니다(오키나와는 B로 합니다).

이 일본 지도 역시 모든 도도부현을 점으로 나타내고, 인접한 도도부현을 변으로 연결하면 그래프가 됩니다. 그러면 그 결과는 「모든 점을 4가지 색으로 칠할 때, 변으로 연결된 두 점이 서로 다른 색이 되도록 칠하는 방법이 존재한다」는 그래프 이론의 관점으로 표현할 수 있습니다. 다른 그래프에 대해서도 같은 문제를 고려한 것이 다음 4색 정리입니다.

 4색 정리

평면 그래프에 대해 모든 점을 4가지 색으로 구분하여 칠하는 경우를
생각해 보자. 이때, 변으로 연결된 두 점이 서로 다른 색이 되도록 칠
하는 방법은 반드시 존재한다.

4색 정리는 1976년 아펠Appel, 1932-2013과 하켄Haken, 1928-2022이 컴퓨터를
이용하여 증명했습니다. 4색 정리의 증명은 너무나 많은 경우의 수를 확인
하는 과정이 포함되어 있어, 사람의 힘으로 모두 조사하는 것은 불가능했습
니다. 따라서 컴퓨터를 이용해 증명을 완성했지만, 이 컴퓨터가 수행한 논
증이 올바른지에 대한 의문이 한동안 제기되기도 했습니다. 현재는 컴퓨터
기술이 발전하고 증명도 더 단순하게 개선되면서 그 증명은 올바른 것으로
받아들여지고 있습니다.

28.3. 이산 최적화

어떤 조건을 만족하는 대상들 중에 그와 관련된 어떤 양이 최대(최소)가
되는 해를 구하는 문제를 최적화 문제라고 합니다. 그중에서도 순서, 조합
등 불연속적인 대상 중에서 최적의 해를 선택하는 문제가 이산 최적화 문제
입니다. 물론 연속적인 대상을 다루는 최적화 문제도 있지만, 여기서는 이
산 최적화 문제를 통해 최적화 이론을 소개하고자 합니다.

예를 들어, 자동차 내비게이션에 내장된 프로그램이 최저 비용의 경로나
가장 가까운 경로를 찾는 것은 전형적인 이산 최적화 문제입니다. 이러한 유
형의 문제에 대해 자세히 살펴보겠습니다.

어떤 마을에 우체통이 아주 많다고 해봅시다. 집배원이 마을의 모든 우

체통에서 우편물을 수거하려면 어떤 경로로 움직이는 것이 가장 효율적일까요? 이 같은 문제를 수학에서는 **외판원 순회 문제**라고 합니다. 이제 이 문제를 조금 더 수학적인 상황에 대입해 보겠습니다.

오른쪽 그림과 같이 마을의 우체통을 점, 우체통과 우체통을 연결하는 경로를 변으로 나타내면 이 상황을 그래프로 표현할 수 있습니다. 그런 다음 그래프의 각 경로의 길이를 「가중치」로서 각 변에 부여합니다(이처럼 각 변에 「가중치」가 부여된 그래프를 **가중치 그래프**라고 합니다).

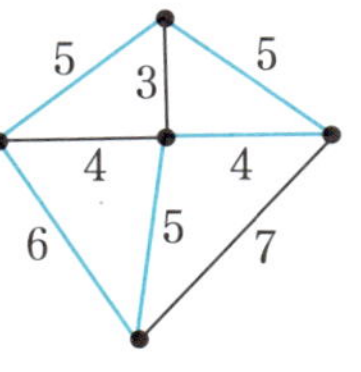

그러면 변을 지날 때마다 그 「가중치」(이동 거리)를 더하고, 이 가중치의 합이 최소가 되도록 모든 점을 한 번씩만 지나 출발점으로 돌아오는 경로(해밀턴 순환 정의 143)를 찾는 문제가 됩니다. 예를 들어, 오른쪽 위의 그래프에서 초록색 선의 경로가 가중치 $25(=5+5+4+5+6)$로 「가중치」가 최소인 해밀턴 순환이 됩니다.

이번 예에서는 「이동 거리」만 「가중치」로 고려했지만, 도로 정체로 인한 「이동 시간」이나 언덕이나 고개 같은 경사로 인한 「연비」 등도 「가중치」의 요소가 될 수 있습니다. 이처럼 최적화 문제는 다양한 제약 조건 속에서 비용 대비 효율이 가장 좋은 해를 찾는 것입니다. 최적화 이론에서는 최적 해를 찾는 알고리즘을 개발하는 방법을 연구합니다.

나날이 발전하는 현대 사회에서 (이산) 최적화 문제는 정보를 어떻게 효율적으로 전달할지, 새로 개발되는 도시의 도로와 버스 정류장을 어떻게 배치하여 편리성을 높일지 등과 같은 실생활의 다양한 문제와 연결됩니다.

필자의 추억의 정리

몰리의 정리

중학생 시절, 학교에서 내준 여름방학 숙제로 일주일 동안 집에 틀어박혀 끙끙댔던 기억이 있었습니다. 지금도 생생하게 떠오르는 그 숙제는 바로 몰리의 정리를 증명하는 것이었습니다. 이 책에서는 다루지 않는 초등 기하학의 정리이지만, 이번 기회에 소개해 보겠습니다.

정리 0 몰리의 정리

삼각형의 각 내각의 삼등분선을 그리고, 각 변에 가장 가까운 선끼리의 교점 세 개를 잡으면, 그 세 점을 꼭짓점으로 하는 삼각형은 정삼각형이다.

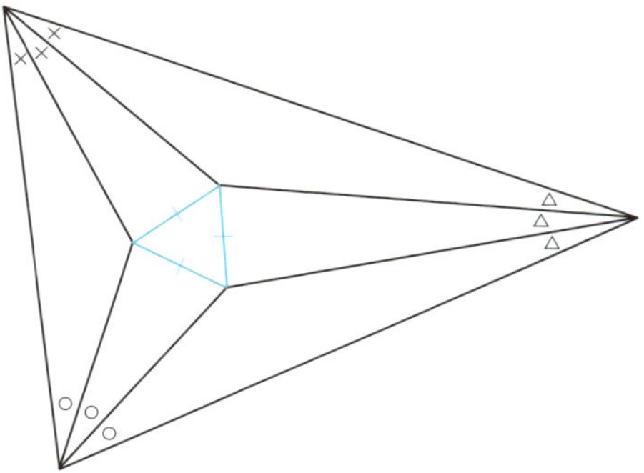

초등 기하학의 방법으로 증명하려면 상당히 어렵지만, 삼각비를 이용하면 비교적 쉽게 증명할 수 있습니다. 꼭 한번 생각해 보시기 바랍니다.

제29항

통계학

Statistics

　통계학은 주어진 데이터에서 정보를 추출하고 분석하는 학문입니다. 통계학은 크게 기술 통계학과 추측 통계학, 두 가지로 나뉩니다.

29.1. 기술 통계학

　기술 통계학에서는 수집한 데이터를 집계하여 그 데이터의 특징을 기술하는 방법을 다룹니다.

　어느 학교에서 수학 시험을 실시했다고 해봅시다. 시험을 본 모든 학생의 점수를 어떤 형태로든 정리하여 전체적인 경향을 파악할 수 있습니다. 예를 들어, 오른쪽 그림과 같은

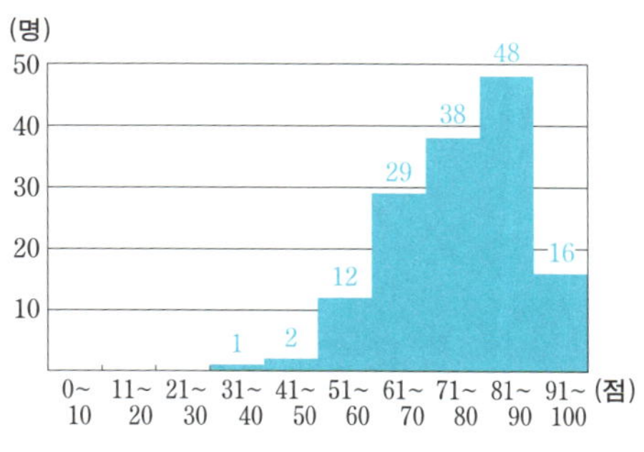

히스토그램으로 정리하면 대략적인 점수 분포를 알 수 있습니다.

　점수의 전체 데이터를 바탕으로 다양한 **통계량**을 계산하는 것도 중요합니다. 중앙값(점수를 작은 순서대로 나열했을 때 가운데 오는 점수)이나 최빈값(가장 자주 나타나는 점수), 평균값(점수의 합계를 인원수로 나눈 값)은 데이터의 경향을 나타내는 통계량으로, 대푯값이라고 합니다.

　그 외 통계량으로 데이터의 퍼짐 정도를 나타내는 분산 등이 있습니다.

통계량은 데이터를 분석하기 위한 기본 자료가 됩니다.

예 145

이 시험의 점수 분포가 대략 다음과 같이 2가지 형태로 나타났다고 가정해 봅시다(실제 점수는 정숫값이지만, 여기서는 단순화를 위해 부드러운 곡선으로 연결하여 분포를 표현했습니다). 왼쪽 그림에서는 평균값, 중앙값, 최빈값이 모두 같습니다. 오른쪽 그림과 같이 데이터가 한쪽으로 치우치면, 이 값들은 달라집니다. 이러한 대푯값을 통해 대략적인 경향을 파악할 수 있습니다.

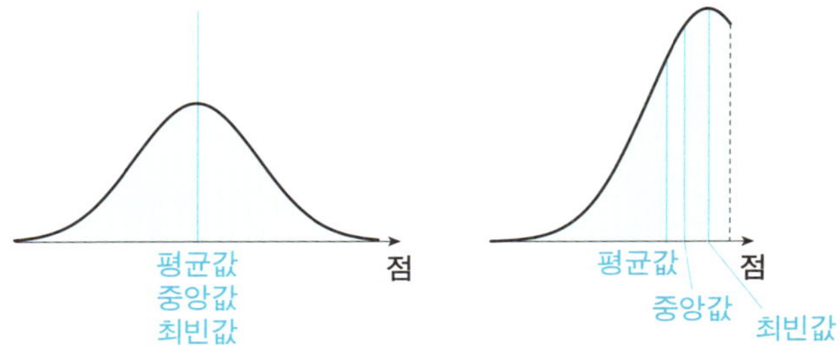

29.2. 추측 통계학

선거 출구 조사나 제품의 불량품 조사와 같이 전체를 조사하기가 어렵거나 아예 불가능한 경우도 있습니다. 이런 경우 전체 집단에서 데이터의 일부만 추출하여 원래 집단의 특징을 추측합니다. 이것이 **추측 통계학**입니다. 원래 집단을 **모집단**, 추출한 일부 데이터를 **표본**이라고 합니다.

친근한 예를 들어 보겠습니다. 어떤 정책 M에 대한 찬반 여론조사를 실시하여 정책 M에 대한 지지율을 구하고 싶다고 해봅시다. 500명을 대상으로 전화로 설문조사를 한 결과 그중 400명이 정책 M에 찬성했다고 합시다.

그렇다면 정책 M에 대한 지지율은 80%라는 결론을 내려도 될까요? 설문조사 대상(표본)이 편향되어 정책 M에 찬성하는 사람이 많았을 수도 있습니다. 어쩌면 설문에 응한 500명 이외의 모든 사람이 정책 M에 반대하여 실제 지지율은 0%에 가까울 가능성도 있습니다. 하지만 그럴 가능성은 거의 없다고 예상할 수 있을 것입니다.

따라서 「500명을 대상으로 전화 설문조사를 했더니 400명이 찬성했다」는 결과를 바탕으로 「지지율은 대략 75%~85%일 가능성이 높다」고 추측할 수 있을 것입니다. 이처럼 수학적 방법을 이용해 이러한 **추정**을 하는 것이 추측 통계학의 연구 주제 중 하나입니다.

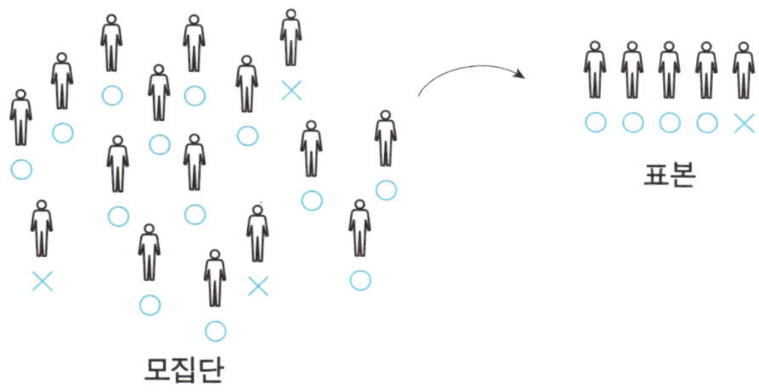

29.3. 확률론과 통계학의 차이

통계학은 흔히 확률론과 묶여 「확률과 통계」로 다뤄집니다. 그러나 확률론과 통계학의 학문적 성격에는 상당한 차이가 있습니다. 통계학에서 추정이란 어떤 것인지 제대로 이해하기 위해 확률론과 통계학의 차이점을 구체적인 예를 들어 설명해 보겠습니다.

여기에 모양이 삐뚤어진 불량품 주사위가 있다고 합시다(**20.3** 에서 등장한 주사위와 동일합니다). 다음과 같이 각각의 눈이 나올 확률(**확률분포**)을 알고 있다고 가정해 보겠습니다.

나오는 눈	1	2	3	4	5	6
확률	$\dfrac{1}{4}$	$\dfrac{1}{24}$	$\dfrac{1}{3}$	$\dfrac{1}{6}$	$\dfrac{1}{6}$	$\dfrac{1}{24}$

이를 이용하면 주사위를 200번 굴렸을 때 나온 눈이

나오는 눈	1	2	3	4	5	6
횟수	55	8	63	30	35	9

이 될 확률을 수학적으로 계산할 수 있습니다. 이처럼 기본이 되는 사건의 확률이 정의되어 있고, 이를 바탕으로 여러 가지 복잡한 사건의 확률을 확률의 공리와 정리를 이용하여 계산하는 것이 확률론이며, 이는 엄연히 해석학의 한 분야입니다.

반면에 통계학은 이와 반대로 접근합니다. 앞의 예와 마찬가지로 모양이 삐뚤어진 주사위를 굴리는 경우를 생각해 보겠습니다. 이때 각각의 눈이 나올 확률 분포는 다음과 같이 알려져 있지 않다고 가정하겠습니다.

나오는 눈	1	2	3	4	5	6
확률	?	?	?	?	?	?

여기서 실제로 이 주사위를 200번 굴렸을 때 나온 눈의 횟수는

나오는 눈	1	2	3	4	5	6
횟수	55	8	63	30	35	9

라고 합시다. 이 결과로부터 주사위의 각 눈이 나올 확률(?의 부분)에 대해 고찰하는 것이 통계학입니다.

통계학은 실측값을 다룬다는 점에서 확률론과 크게 다릅니다. 또한, 실측값에서 이론값을 추측한다는 점에서 확률론과는 정반대의 방식으로 접근합니다.

29.4. 정규분포

이제 추정의 구체적인 예를 소개하겠습니다. 그 전에 먼저 확률론의 기본적인 용어를 간단히 살펴보겠습니다.

어떤 시행을 통해 값이 정해지고, 각각의 값을 가질 확률이 정해져 있는 변수를 확률변수라고 합니다. 예를 들어, 동전을 n번 던지는 시행에서 앞면이 나오는 횟수 X가 확률변수입니다. X는 0 이상 n 이하의 정숫값을 가질 수 있는 이산형 확률변수입니다. 반면에 실숫값을 가질 수 있는 확률변수를 연속형 확률변수라고 합니다.

이산형 확률변수는 각 X가 가질 수 있는 값과 해당 값의 확률(확률 분포)을 표 형태로 정리했지만, 연속형 확률변수의 경우 실숫값을 가질 수 있으므로 어떤 함수 $y=f(x)$의 그래프로 그릴 수 있습니다. 이때 X의 값이 $a \leq X \leq b$가 될 확률은 $y=f(x)$의 그래프와 x축으로 둘러싸인 $a \leq x \leq b$ 부분의 넓이와 같습니다.

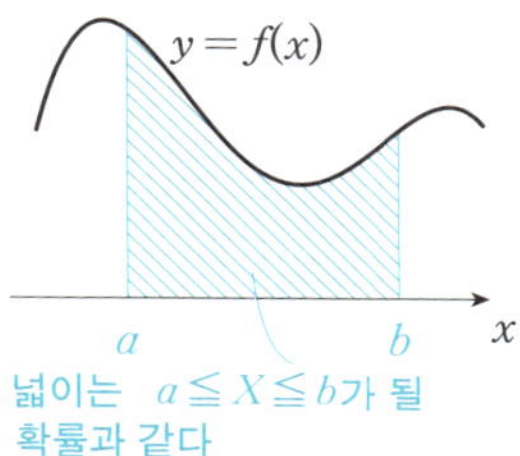

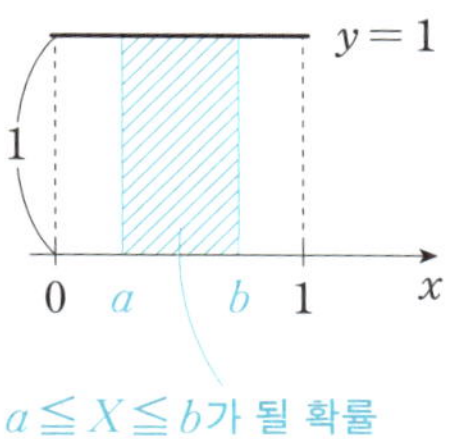

예 146

20.1 에서 소개한 예를 생각해 봅시다. 즉, 0 이상 1 이하의 실수 중에서 무작위로 하나를 선택하여 결정되는 확률 변수를 X라고 할 때, $a \leq X \leq b$가 될 확률은 $b-a$입니다. 이는 함수 $y=1$과 x축으로 둘러싸인 $a \leq x \leq b$ 부분의 넓이로 나타낼 수 있습니다.

통계학에서 자주 사용되는 것이 정규분포입니다. 예를 들어, 주사위를

N번 굴려 나온 눈의 합과 확률을 그래프로 나타내고 N을 늘려 나가면 정규분포에 가까워집니다(중심극한정리 정리 109). 그 외에도 어떤 연령대의 남자의 키 데이터도 대체로 정규 분포를 따르는 것으로 알려져 있습니다.

평균이 μ, 표준편차[67]가 σ일 때 정규분포는

$$f(x) = \frac{1}{\sqrt{2\pi\sigma^2}} \exp\left(-\frac{(x-\mu)^2}{2\sigma^2}\right)$$

의 그래프로 나타낼 수 있습니다. 이 그래프는 좌우대칭이며, 평균 근처에 데이터가 가장 많이 모여 있고, 평균에서 멀어질수록 데이터가 급격하게 줄어드는 아름다운 형태를 보입니다.

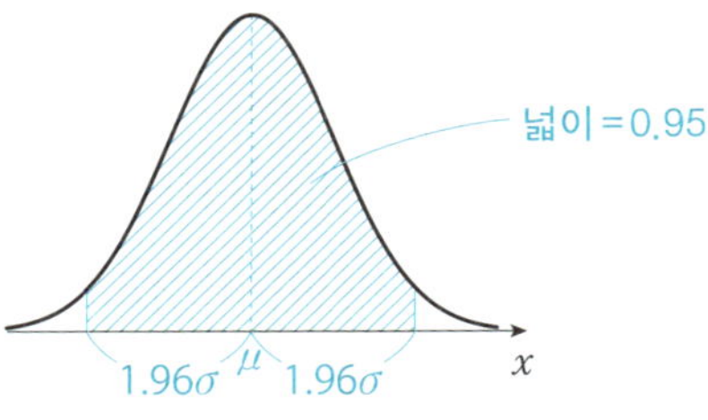

정규분포를 따르는 확률변수 X를 고려하고, 그 값 중 하나를 x라 합시다. 이때, x의 값이

$$\mu - 1.96\sigma \leqq x \leqq \mu + 1.96\sigma \qquad \cdots\cdots①$$

의 범위에 있을 확률은 약 95%입니다(즉, 앞서 언급한 함수 $y = f(x)$의 그래프와 x축으로 둘러싸인 부분 중, ①의 범위의 넓이는 0.95입니다).

예를 들어, 12세 남자아이의 평균 키는 $\mu = 154.3$cm, 표준편차는 $\sigma = 8.09$인 경우를 생각해 봅

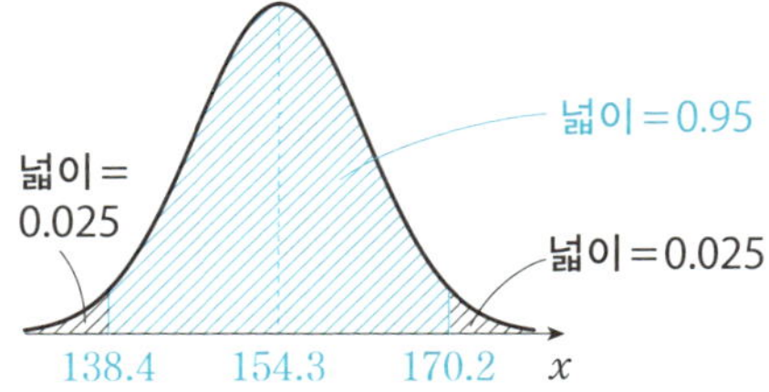

---

67. 데이터의 흩어짐 정도를 나타내는 상수로, 분산($\sigma > 0$)의 양의 제곱근입니다.

시다[68]. 이때 12세 남자아이의 키가 정확히 정규분포를 따른다고 가정하면,

$$154.3 - 1.96 \times 8.09 \leqq x \leqq 154.3 + 1.96 \times 8.09$$

즉, 대략

$$138.4 \leqq x \leqq 170.2$$

의 범위에 있는 12세 남자아이의 비율은 전체의 95%가 됩니다. 반대로 $x < 138.4$나 $x > 170.2$가 될 확률은 각각 2.5%입니다.

지금까지는 확률론의 이론적 측면에 관해 이야기했습니다. 이를 반대로 접근하면 통계학적인 추정을 할 수 있습니다.

어떤 정규분포를 따르는 확률변수 X가 있고, 표준편차 σ는 알지만 평균 μ는 모른다고 가정하겠습니다. X의 값을 1번 실측하여 그 값을 x라 합시다, ①은 μ를 알고 있을 때, 95%의 확률로 x가 포함되는 있는 범위를 나타내는 식입니다. 이것을

$$x - 1.96\sigma \leqq \mu \leqq x + 1.96\sigma \qquad \cdots\cdots ②$$

로 변형하면, x가 주어졌을 때 미지의 모집단 평균 μ가 포함되는 범위를 나타내는 식이 됩니다. 이때, X의 값을 100번 실측하면, 그중 95번 정도는 ②의 범위에 μ가 포함될 것으로 예상됩니다(②의 구간을 신뢰도 95%의 신뢰구간이라고 합니다). 이는 획득한 데이터 x로부터 평균 μ를 추정할 수 있음을 의미합니다.

---

68. 일본의 「학교보건 통계조사-2020년도」에 따른 것입니다.

예를 들어, 12세 남자아이 1명을 무작위로 선택하여 키를 측정한 결과 149.8cm였다고 합시다. 12세 남자아이의 키의 표준편차가 $\sigma = 8.09$라는 것을 알고 있을 때, 평균 키 μ를 신뢰도 95%의 신뢰구간으로 추정하면

$$149.8 - 1.96 \times 8.09 \leq \mu \leq 149.8 + 1.96 \times 8.09$$

즉,

$$133.9 \leq \mu \leq 165.7$$

이 됩니다.

지금까지는 정규 분포를 따른다고 가정했지만, 실제 모집단이 항상 정규 분포를 따르는 것은 아니므로 이러한 방법을 그대로 적용할 수 없습니다. 하지만 여기서 확률론의 위대한 정리를 활용할 수 있습니다. 바로 중심 극한 정리 정리 109 입니다. 이 정리에 따르면, 표본의 수가 하나가 아니라 충분히 많으면, 그 표본들의 평균은 정규 분포를 따르게 됩니다! 이 표본 평균에 위의 방법을 적용하면 모집단의 평균을 추정할 수 있습니다.

앞서 나온 정책 M에 대한 지지율 문제로 돌아가 봅시다. 500명을 대상으로 전화 설문조사를 실시한 결과 400명이 정책 M에 찬성했다고 합시다. 찬성하면 1, 반대하면 0을 할당하는 확률 변수 X를 생각하면, 지지율은 X의 평균에 해당합니다. 표본의 수가 충분히 많으므로, 표본의 지지율(평균)은 중심 극한 정리에 의해 정규 분포를 따른다고 볼 수 있습니다. 따라서 표본의 지지율이 80%라는 사실을 이용하여 위의 방법으로 모집단의 지지율(평균)을 추정하면[69], 신뢰도 95%의 신뢰구간에서 지지율이 약 76.5%~83.5% 범위에 있다고 통계적으로 추정할 수 있습니다.

---

69. 앞서 설명한 방법과 달리 표준 편차를 모르기 때문에 더 발전된 추정 방법을 사용해야 합니다.

이 지지율 추정은 **모비율의 추정**이라고 부르는 가장 기본적인 추정 중 하나입니다. 이 추정에서는 가장 유명한 정규분포를 사용했지만, 실제로는 각 상황에 따라 다양한 종류의 분포를 활용하여 추정이 이루어집니다.

29.5. 데이터 과학

통계학 등과 같이 데이터를 다루는 과학을 **데이터 과학**이라고 합니다. 최근에는 **기계 학습**이나 컴퓨터 과학 등의 기법과 결합하여 점점 더 많은 연구가 진행되고 있으며, 의학이나 다양한 비즈니스 현장에서 활발하게 응용되고 있습니다.

지금처럼 정보가 넘쳐나는 사회에서는 일상생활에서도 데이터에 대한 올바른 관점을 갖는 것이 필요합니다. 중학교나 고등학교에서도 통계 교육이 강조되고 있으며, 대학에서도 데이터 과학과가 신설되는 등 앞으로 통계학을 공부할 기회는 더욱 늘어날 것입니다.

암호 이론

Cryptography

메시지의 송신자가 특정 수신자 외에는 알 수 없는 방법으로 메시지를 보내고 싶다고 가정해 봅시다. 이때, 송신자는 어떤 규칙에 따라 메시지를 다른 문자열로 변환(암호화)하여 보냅니다. 원래의 메시지를 평문, 변환 후의 문자열을 암호문이라고 합니다. 암호문을 받은 수신자는 어떤 규칙에 따라 암호문을 평문으로 되돌려(복호화) 메시지를 읽습니다. 암호 이론에서는 이러한 암호화와 복호화를 수행할지에 대한 문제를 다룹니다.

예를 들어, 알파벳으로 쓰인 평문을 암호화한다고 해봅시다. 가장 간단한 암호화는 각각의 알파벳에 어떤 규칙에 따라 다른 문자를 대응시키는 것입니다. 다음 표를 이용하여 알파벳을 숫자로 변환한다고 가정해 봅시다.

A	6	H	17	O	22	V	10
B	18	I	3	P	11	W	4
C	21	J	12	Q	19	X	24
D	1	K	14	R	26	Y	23
E	20	L	2	S	5	Z	25
F	7	M	15	T	16		
G	13	N	8	U	9		

위의 표를 이용해 알파벳을 변환하면, 예를 들어 평문 「MATH」는 암호문 「15·6·16·17」이 됩니다. 이 표와 같이 암호화와 복호화를 하기 위한 정보를 키라고 합니다. 이 경우 알파벳에 번호를 할당한 단순한 키이므로 너무

쉽게 해독[70]될 수 있습니다. 따라서 실제로는 더 복잡한 규칙을 사용하여 알파벳을 다른 문자로 변환합니다.

이 키에는 또 다른 문제가 있습니다. 바로 송신자와 수신자가 동일한 표를 가지고 있어야 한다는 점입니다. 이처럼 암호화와 복호화에 동일한 키가 필요한 경우, 이 방식을 **공통키 암호화 방식**이라고 합니다. 이 방식에서는 송신자와 수신자가 어떤 방법으로든 키를 공유해야 합니다. 그 공유 과정에서 키가 유출될 가능성이 생기는 것입니다.

30.1. 공개키 암호 방식

공통키 암호 방식보다 유출 가능성을 줄일 수 있는 방식이 **공개키 암호 방식**입니다. 이 방식에서는 암호화에 필요한 **공개키**와 복호화에 필요한 **비밀키**가 서로 다릅니다. 공개키는 말 그대로 누구에게나 공개되어도 상관없으며(누구나 암호를 생성할 수 있습니다), 비밀키는 수신자 외에 외부로 유출되어서는 안 됩니다(비밀키 없이는 해독이 거의 불가능합니다). 무엇보다 키가 왜 두 개로 나뉘는지 궁금할 수 있습니다. 그렇다면 공개키 암호 방식은 어떻게 작동할까요? 절차는 다음과 같습니다 :

① 수신자가 먼저 비밀키를 생성한다.

② 수신자는 정해진 방법에 따라 비밀키에서 공개키를 생성한다.

③ 수신자는 공개키를 송신자에게 전달한다.

④ 송신자는 공개키를 사용하여 암호문을 생성한다.

⑤ 송신자는 수신자에게 암호문을 전송한다.

⑥ 수신자는 비밀키를 사용하여 암호문을 복호화한다.

---

70. 복호화에 필요한 키를 사용하지 않고 암호문을 평문으로 되돌리는 것을 **해독**이라고 합니다.

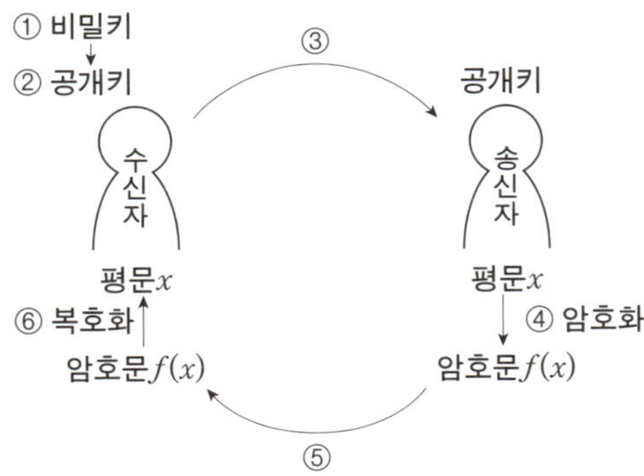

이 절차의 핵심은 복호화에 필요한 비밀키를 수신자가 직접 생성하고 이를 외부로 전달할 필요가 전혀 없다는 점입니다. 따라서 수신자가 비밀키를 철저히 관리하면 비밀키가 유출될 가능성은 낮습니다.

그렇다면 비밀키와 공개키는 구체적으로 어떻게 생성할 수 있을까요? 이 과정에는 다양한 수학적 방법이 사용됩니다. 여기서는 RSA 암호와 타원곡선 암호, 2가지를 소개하겠습니다.

30.2. RSA 암호

RSA 암호는 정수의 소인수분해의 어려움을 이용하여 만들어진 암호입니다. 예를 들어, 두 소수 p, q가 주어졌을 때 그 곱 pq는 쉽게 계산할 수 있습니다. 반면, 두 소수의 곱 N이 주어졌을 때 $N = pq$가 되는 소수 p, q를 찾는 문제는 N의 자릿수가 커질수록 컴퓨터로도 풀기 어려워집니다 예 136. RSA 암호에서는 컴퓨터를 사용해 소인수분해를 하더라도 수백 년이 넘게 걸리며, 송신자와 수신자가 살아있는 동안 소인수분해될 가능성이 없는 거대한 소수의 곱을 사용합니다(물론 소인수분해 기술이 획기적으로 발전하면 RSA 암호 체계는 무너질 가능성이 있습니다).

다음은 (앞서 설명한 방식에 따라) 암호화와 복호화의 절차를 소개하겠습니다. 여기서 전송할 평문은 숫자로 표현된 문장이라고 가정합니다[71].

① 수신자는 가능한 한 큰 2개의 소수 p, q를 선택하여 이를 비밀키로 설정한다.

비밀키 : 2개의 소수 p, q

② 수신자는 곱 $N = pq$를 계산하고, 그 외에 $(p-1)(q-1)$과 서로 소인 자연수 e를 1개 더 선택한다. 이를 공개키로 설정한다.

공개키 : N, e

③ 수신자는 공개키 N, e를 송신자에게 전달한다.

④ 공개키 N, e를 송신자가 받는다. 송신자는 전달할 평문 $x(< N)$에 대해 x^e를 N으로 나눈 나머지를 계산하여 이를 암호문 $f(x)$로 설정한다.

⑤ 송신자는 수신자에게 암호문 $f(x)$를 전송한다.

⑥ 수신자는 암호문 $f(x)$를 받아 이를 복호화한다. 이를 위해 비밀키 p, q로부터 $p-1$, $q-1$의 최소공배수 L을 계산하고, 방정식 $ed - Lk = 1$을 만족하는 자연수 d와 정수 k를 찾는다[72]. 이후 계산된 d를 사용하여 $f(x)^d$를 N으로 나눈 나머지를 계산한다. 그것이 평문 x이다.

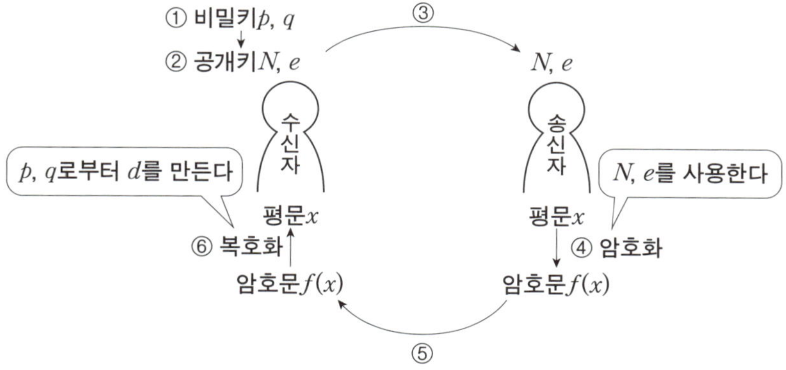

---

71. 암호화 및 복호화 기술에 수학을 활용하려면 정보를 숫자로 표현해야 합니다. 예를 들어, 앞서 나온 표를 이용하거나 다른 방법으로 평문에 사용되는 알파벳 등의 문자를 미리 숫자로 변환해 두어야 합니다.

72. 그러한 d, k를 구할 수 있는 것은 e, L이 서로 소이기 때문입니다.

왜 $f(x)^d$를 N으로 나눈 나머지가 x로 돌아가는지는 수학적으로 엄밀하게 증명해야 하는 부분입니다[73]. 공개키 N에서 p, q를 구하기 어렵기 때문에 따라서 $p-1$과 $q-1$의 최소공배수 L을 구하는 것도 어렵습니다. 이는 복호화를 할 때 중요한 역할을 하는 d를 숨기는 데 도움이 됩니다.

예 149

실제 RSA 암호에는 훨씬 더 큰 소수를 사용하지만, 여기서는 간단히 설명하기 위해 작은 소수 p, q로 설명하겠습니다.

① 수신자는 2개의 소수

$$p=19,\ q=31$$

을 비밀키로 설정합니다..

② 수신자는 곱 $N=pq=589$를 계산하고, $(p-1)(q-1)=540$과 서로 소인 자연수 $e=7$을 하나 선택합니다.

③ 수신자는 공개키 $N=589$[74], $e=7$을 송신자에게 전달합니다.

④ 공개키 $N=589$, $e=7$을 송신자가 받습니다. 예를 들어, 평문 $x=109$를 암호화하고 싶다고 가정해 봅시다. 이를 위해 송신자는 $x^e=109^7$을 $N=589$로 나눈 나머지를 계산하여 이를 암호문 $f(x)=535$로 설정합니다.

⑤ 송신자는 수신자에게 암호문 $f(x)=535$를 전송합니다.

⑥ 수신자는 암호문 $f(x)=535$를 받아 이를 복호화합니다. 이를 위해 비밀키 $p=19$, $q=31$에서 $p-1=18$, $q-1=30$의 최소공배수 $L=90$을 계산하고, 방정식 $7d-90k=1$을 만족하는 정수해, 예를 들어

---

73. (고등학교 수학의) 정수론을 배운 사람이라면 이를 증명할 수 있을지도 모릅니다.
74. 실제 N은 훨씬 더 큰 값이기 때문에 쉽게 소인수분해할 수 없습니다. 여기서는 이해를 돕기 위해 간단히 소인수분해가 가능한 589를 예로 들었습니다.

$(d, k) = (13, 1)$을 구합니다. 이 $d=13$을 사용하여 암호문을 복호화 하기 위해 $f(x)^d = 535^{13}$을 $N = 589$로 나눈 나머지를 계산합니다. 그 러면 $x = 109$로 돌아갑니다.

30.3. 타원곡선 암호

타원곡선 암호는 타원곡선 정의 39 위의 이산 로그 문제를 이용하여 만 들어진 암호입니다. 일부 가상화폐에서 사용되는 방식으로도 유명합니다.

먼저 이산 로그 문제에 대해 알아보겠습니다. 예를 들어, 컴퓨터는 2^n을 29로 나눈 나머지는 비교적 쉽게 계산할 수 있습니다. 반면에 이의 「역문제」 에 해당하는 문제, 즉

$$2^n \equiv 12 \ (\mathrm{mod}\ 29) \ (2^n \text{을 29로 나눈 나머지가 12})$$

를 만족하는 정수 n을 구하는 것은 쉽지 않습니다[75]. 숫자가 클수록 더 어 렵습니다. 이러한 방정식을 푸는 문제를 이산 로그 문제라고 합니다. 타원곡 선 암호는 타원곡선 위에서의 이산 로그 문제가 매우 어렵다는 사실을 이용 하여 만들어진 암호입니다.

이제 타원곡선에 대해 앞에서 살펴본 내용을 다시 떠올려 봅시다. 타원 곡선 E 위의 점들끼리는 덧셈 연산이 가능했습니다. 즉, 타원곡선 위의 두 점 P, Q에 대해 $P + Q$에 대응하는 타원곡선 위의 점이 존재합니다. 마찬 가지로, 어떤 점 P를 반복해서 더하면 n번 더한 nP라는 점을 만들 수 있 습니다. 주어진 P에 대해 nP를 계산하는 것은 비교적 쉽다고 해도, 타원 곡선 위의 점들의 덧셈은 다소 복잡한 식으로 정의되므로, 반대로 주어진 P, Q에 대해

---

75. 이 방정식의 정수해로는, 예를 들어 $n = 7$이 있습니다.

$$Q = nP \ (P\text{를 } n\text{번 더하면 } Q)$$

를 만족하는 정수 n을 구하는 것은 매우 어렵습니다. 따라서 이러한 문제를 앞서 살펴본 합동식 문제와 마찬가지로 「법 p의 세계」, 즉 소수 p를 법으로 가지는 타원곡선

$$y^2 \equiv x^3 + ax + b \ (\mathrm{mod}\ p)$$

에서 고려하는 것이 타원곡선 위의 이산 로그 문제입니다.

그러면 이 이산 로그 문제는 어떻게 암호의 원리로서 작동하는 것일까요? 공개키와 비밀키에 대해 간단히 설명하겠습니다. 먼저 소수 p와 타원곡선(계수 a, b), 그리고 기준점이 되는 타원곡선 위의 점 G를 적절히 선택합니다(이것들은 공개해도 문제가 없습니다). 타원곡선 암호의 안전성을 높이기 위해서는 이 값들을 잘 선택해야 합니다. 수신자는 자연수 n을 비밀키로 설정하고, 이로부터 $T = nG$로 표현되는 점 T를 공개키로 하여 송신자에게 전달합니다. 비밀키 n으로부터 공개키 T를 만드는 것은 쉽지만, 반대로 공개키 T로부터 비밀키 n을 찾는 것은 이산 로그 문제이기 때문에 매우 어렵습니다. 구체적인 암호화 및 복호화 방법에 대해서는 여기서는 설명하지 않지만, 이러한 방식으로 비밀키와 공개키를 생성하는 공개키 암호 방식이 바로 타원곡선 암호입니다.

공개키 암호를 기반으로 전자 서명 기술이 발전하는 등 인터넷이 발달한 현대 사회에서 이러한 암호 관련 기술의 중요성은 두말할 필요가 없습니다. 여기서 소개한 기술 외에도 수학적 개념을 활용한 다양한 암호 기술의 개발과 실용화가 진행되고 있습니다.

Essential Points on the Map

- ☑ **이론 컴퓨터 과학** … 컴퓨터(계산기)의 계산 원리에 대해 수학적으로 고찰하는 분야
  - · **계산 가능성 이론** … 이론적으로 계산할 수 있는지를 탐구한다.
    - → 튜링의 정지 문제 등
  - · **계산 복잡도 이론** … 실용적으로 계산할 수 있는지를 탐구한다.
    - → P≠NP 추측 `26.3` 등

- ☑ **수치해석** … 수학 문제를 수치 계산으로 근사적으로 해결할 때 그 방법과 오차에 대해 연구하는 분야
  - → 뉴턴법 `27.2` 등

- ☑ **이산수학** … 그래프 이론이나 이산 최적화 등 유한하고 불연속적인 대상을 다루는 분야
  - → 4색 문제 `28.2` 등

- ☑ **통계학** … 확률을 이론적으로 고찰하는 확률론 `제20항`을 이용하여 실측값에서 모집단의 정보를 추정하는 분야
  - → 모비율의 추정 등

- ☑ **암호 이론** … 수학 이론을 이용하여 암호 기술을 개발하거나 안전성과 해독 방법을 연구하는 분야.
  - → 정수론 `제5항`을 이용한 RSA 암호 `30.2`나 타원곡선 암호 `30.3` 등

기타 응용수학

그 밖에도 수학이 응용되는 분야는 매우 많습니다.

보험 수학은 보험과 관련된 수리 과학입니다. 생명보험이나 손해보험에서는 다양한 위험을 고려하여 보험의 가격이나 보장 구조를 설정해야 합니다. 위험을 계산할 때는 과거 사례를 바탕으로 미래를 추측하는 통계학제29항도 사용됩니다. 이 분야의 전문가를 보험계리사라고 합니다. 자격을 취득해야 활동할 수 있는 전문 직종으로 수학 전공자가 많이 진출하는 직업 중 하나입니다.

경제학은 대개 인문계열로 분류되지만, 사실 수학이 필수적인 학문입니다. 경제학과 연관된 수학의 한 예로는 수리금융이 있으며, 이는 금융 시장과 관련된 수리 과학입니다. 브라운 운동20.4에 기반한 주가 모델을 연구하기 위해서는 확률론이 매우 중요합니다.

또한, 게임 이론은 여러 사람이 자신의 행동을 선택할 수 있고, 각자의 선택에 따라 각각의 이익이 달라지는 상황에서 자신의 이익을 최대화하고 손실을 최소화하려면 어떻게 해야 하는지 등을 고찰하는 이론입니다. 이는 시장 이론과 사회학에도 영향을 미치고 있습니다.

이 외에도 수학이 도움이 되는 학문 분야는 매우 많습니다. 음악이나 미술과 같은 예술 분야에서도 수학적 사고와 이론이 활용되고 있습니다. 저도 알지 못하는, 수학이 사용되고 있는 사례도 많을 것입니다. 여러분도 주변에서 「숨겨진 수학」을 꼭 찾아보시기 바랍니다.

제 3 장

여행의 마무리

At the End of the Journey

수학을 공부하는 분들께

지도를 만들어 봅시다

지금까지 수학의 세계로 여행을 떠나보았습니다. 어떠셨나요? 물론 각 분야의 극히 일부만 다루었기 때문에, 이 책을 읽었다고 해서 각 분야를 완전히 이해했다고 할 수는 없을 것입니다. 이 책은 수학의 세계로 안내하는 하나의 「지도」일 뿐입니다. 마치 여행을 떠나기 전에 지도를 열심히 본다고 해서 실제 여행지를 완전히 아는 것은 아닌 것처럼 말이지요. 다만, 이 책이 여러분에게 「이 분야를 공부해 보고 싶다」는 동기를 줄 수 있다면 기쁘겠습니다. 관심이 생긴 분야는 앞으로 전문서를 통해 깊이 공부해 나가리라 믿습니다. 그러면 실제로 수학을 공부할 때 필요한 마음가짐에 대해 소개해 보겠습니다.

끈질기게 파고들자

전문서는 어떤 분야든 대개 읽기가 어렵습니다. 초보자가 이해하기 쉽게 상세하게 설명하지 않는 경우가 많고, 설령 읽어나가다가도 막히는 부분이 나오기 마련입니다. 이럴 때는 대충 읽고 넘기지 말고 스스로 이해할 수 있을 때까지 끈질기게 파고드는 것이 중요합니다. 때로는 단 한 줄을 이해하는 데 며칠이 걸릴 수도 있습니다. 하지만 이런 경험들이 차곡차곡 쌓여가는 것이 수학을 확실히 이해하는 데 큰 도움이 될 것입니다.

정의로 돌아가자

이 책을 시작하며 언급했듯이, 수학의 모든 개념은 엄격하게 정의되어 있습니다. 그리고 이 정의로부터 수학의 논의가 시작됩니다. 전문서를 읽다가 혹은 문제를 풀다가 이해가 되지 않을 때는 반드시 정의로 돌아가야 합니다. 예를 들어, 「함수 $f(x)$가 $x = 0$에서 연속인지 아닌지를 판정하라」라는 문제가 나왔다면, 함수가 「연속」이라는 개념의 정의가 무엇인지 떠올려야 합니다. 정의를 떠올리는 것은 그 문제 해결의 첫걸음이자 가장 중요한 단서가 됩니다.

구체적 예를 생각해 보자

수학은 공부를 해나갈수록 추상도가 높아집니다. 그럴 때는 구체적 예를 생각해 봅시다. 이 책에서도 많은 예를 소개했지만, 새로운 정의나 정리를 배울 때마다 자기 스스로 구체적인 예를 찾아보는 것도 수학을 이해하는 데 효과적인 방법입니다.

전체 흐름을 파악하자

전문서는 대개 정의와 정리로 채워집니다. 한 줄 한 줄 주의 깊게 읽는 것도 중요하지만, 책의 전체적인 흐름을 놓치지 않는 것도 중요합니다. 각각의 정의와 정리가 그 자리에 배치된 이유를 생각해 보면, 머릿속에 이론이 정리되어 훨씬 더 쉽게 이해할 수 있을 것입니다.

다른 사람과의 토론이 중요하다

수학 공부의 가장 기본은 전문서를 읽는 것이지만, 그것만이 전부는 아닙니다. 대학생이나 대학원생들은 「세미나」를 통해 다른 사람들과 토론하며 수학을 배우기도 합니다. 수학 세미나에서는 책 한 권을 여러 명이 함께 읽어 나갑니다. 매번 발표자를 정하고, 그 발표자는 나머지 사람들에게 자신이 맡은 범위의 내용을 칠판을 사용해 설명합니다. 물론 발표를 듣는 사람들은 이해가 가지 않는 부분이 있으면 질문할 수 있고, 반대로 발표자는 어떤 질문이 나와도 대답할 수 있도록 철저히 준비해야 합니다. 이처럼 다른 사람들과 수학에 대해 토론하면서 자신이 미처 생각하지 못했던 새로운 관점을 다른 사람들로부터 흡수할 수 있습니다. 수학은 혼자서 하는 것이 아닙니다.

수학을 즐기자

어떤 일이든 즐기지 않으면 오래 지속하기 어렵습니다. 자신이 관심을 가지고 있는 분야부터 시작해서 즐겁게 공부해 보세요. 많은 사전 지식이 필요한 분야도 있지만, 배우는 것을 즐긴다면 그 사전 지식을 배우는 과정도 힘들지 않을 것입니다. 다만, 사전 지식을 배우는데 전념하느라 더 이상 공부가 진전되지 않는 일이 없도록, 적절한 시점에서 과감히 다음 단계로 나아가는 것도 중요합니다.

이 책에서는 제가 바라본 수학의 세계를 소개했습니다. 이제 여러분의 차례입니다. 수학의 세계를 여행하며 여러분만의 「수학의 세계 지도」를 그려보시길 바랍니다.

마지막으로

　이 책은 2019년 말, 제가 유튜브에 공개한 〈수학에는 어떤 연구 분야가 있을까? 수학의 세계 지도를 한 장에 그려 소개한다!〉라는 강의 영상을 계기로 탄생했습니다. 이는 제가 제작한 강의 영상 중 가장 많은 사람들이 시청한 것으로, 2023년 4월 현재 58만 회를 넘었습니다.

　20분짜리 이 영상에서 소개한 수학의 세계 지도를 「가이드북」처럼 책으로 만들어 보자는 제안을 받았습니다. 드디어 이 책이 세상에 나오게 되어 무척 기쁩니다. 하지만 책으로 만들다 보니 각 분야를 좀 더 자세하게 설명해야 했기에 원고 작업이 쉽지 않았습니다. 특히, 당시 제가 사회생활을 시작하면서 원고 작성이 늦어져 많은 분께 걱정과 폐를 끼쳤습니다.

　이 책을 계기로 수학의 세계를 여행하는 사람이 한 명이라도 더 늘어나길 바랍니다. 저 또한 계속해서 수학의 세계를 여행해 나가겠습니다.

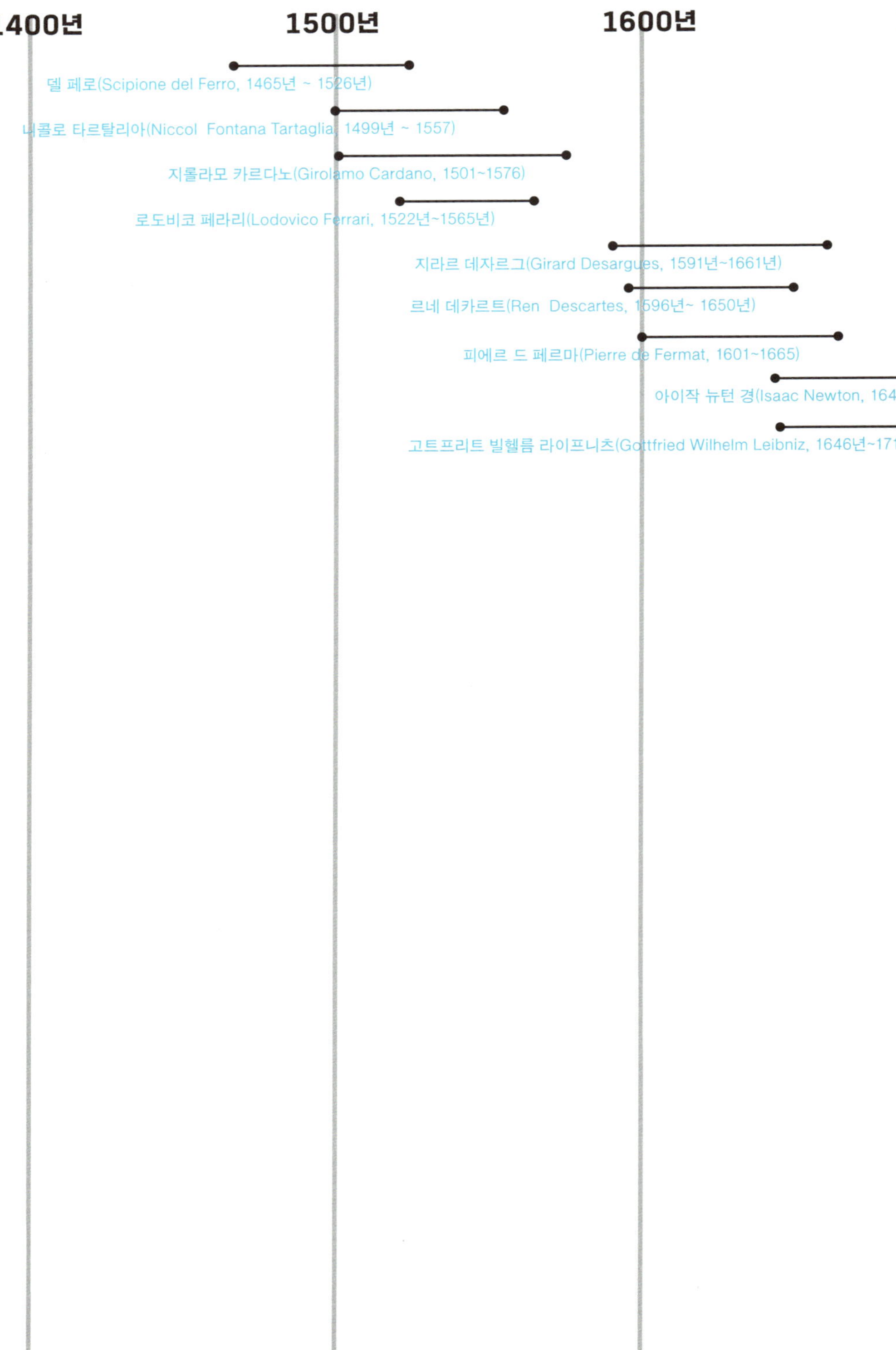

1400년
1500년
1600년
델 페로(Scipione del Ferro, 1465년 ~ 1526년)
니콜로 타르탈리아(Niccolò Fontana Tartaglia, 1499년 ~ 1557)
지롤라모 카르다노(Girolamo Cardano, 1501~1576)
로도비코 페라리(Lodovico Ferrari, 1522년~1565년)
지라르 데자르그(Girard Desargues, 1591년~1661년)
르네 데카르트(René Descartes, 1596년~ 1650년)
피에르 드 페르마(Pierre de Fermat, 1601~1665)
아이작 뉴턴 경(Isaac Newton, 1643
고트프리트 빌헬름 라이프니츠(Gottfried Wilhelm Leibniz, 1646년~1716

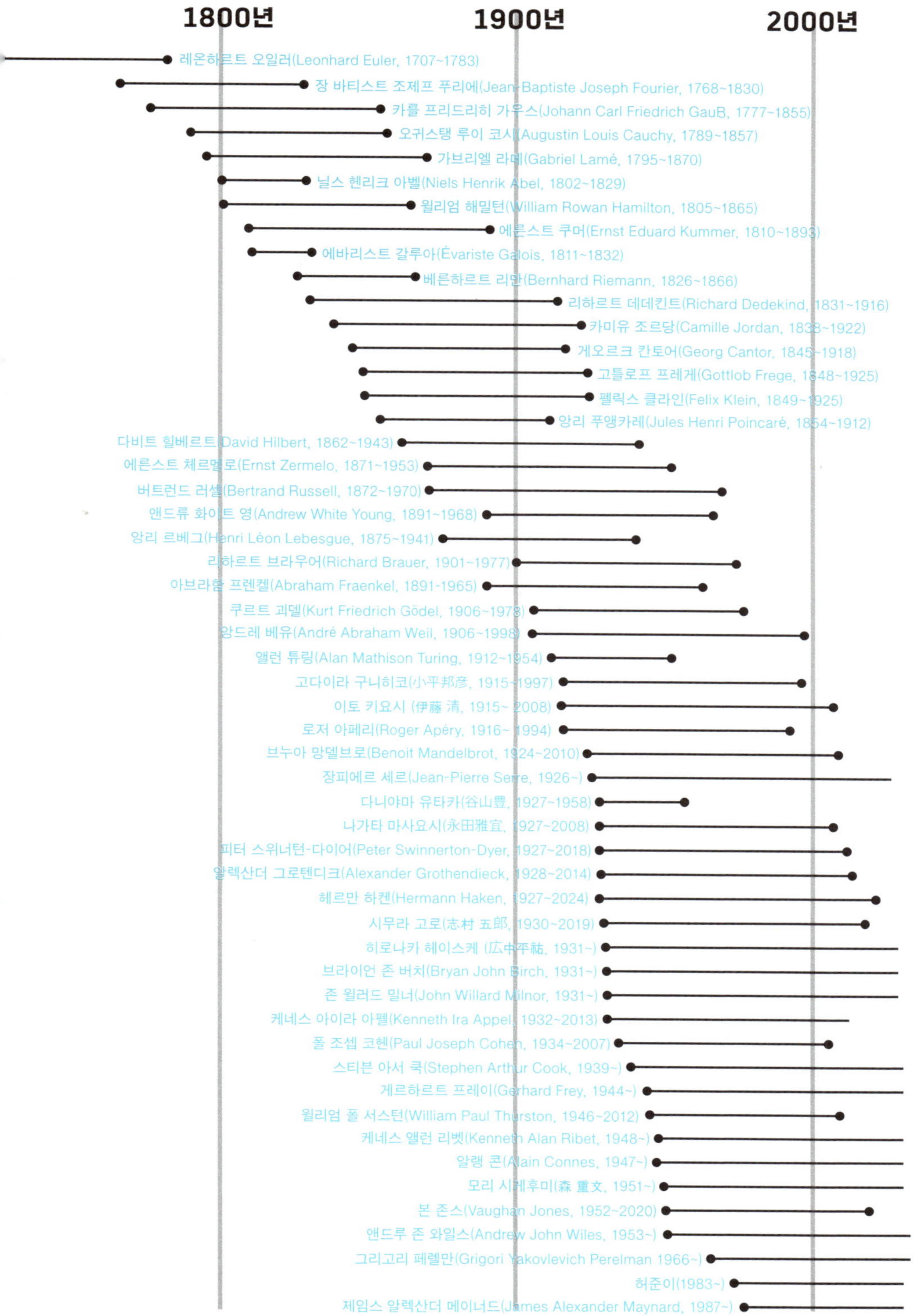

1800년　　　1900년　　　2000년

레온하르트 오일러(Leonhard Euler, 1707~1783)
장 바티스트 조제프 푸리에(Jean-Baptiste Joseph Fourier, 1768~1830)
카를 프리드리히 가우스(Johann Carl Friedrich Gauß, 1777~1855)
오귀스탱 루이 코시(Augustin Louis Cauchy, 1789~1857)
가브리엘 라메(Gabriel Lamé, 1795~1870)
닐스 헨리크 아벨(Niels Henrik Abel, 1802~1829)
윌리엄 해밀턴(William Rowan Hamilton, 1805~1865)
에른스트 쿠머(Ernst Eduard Kummer, 1810~1893)
에바리스트 갈루아(Évariste Galois, 1811~1832)
베른하르트 리만(Bernhard Riemann, 1826~1866)
리하르트 데데킨트(Richard Dedekind, 1831~1916)
카미유 조르당(Camille Jordan, 1838~1922)
게오르크 칸토어(Georg Cantor, 1845~1918)
고틀로프 프레게(Gottlob Frege, 1848~1925)
펠릭스 클라인(Felix Klein, 1849~1925)
앙리 푸앵카레(Jules Henri Poincaré, 1854~1912)
다비트 힐베르트(David Hilbert, 1862~1943)
에른스트 체르멜로(Ernst Zermelo, 1871~1953)
버트런드 러셀(Bertrand Russell, 1872~1970)
앤드류 화이트 영(Andrew White Young, 1891~1968)
앙리 르베그(Henri Léon Lebesgue, 1875~1941)
리하르트 브라우어(Richard Brauer, 1901~1977)
아브라함 프렝켈(Abraham Fraenkel, 1891-1965)
쿠르트 괴델(Kurt Friedrich Gödel, 1906~1978)
앙드레 베유(André Abraham Weil, 1906~1998)
앨런 튜링(Alan Mathison Turing, 1912~1954)
고다이라 구니히코(小平邦彦, 1915~1997)
이토 키요시 (伊藤 清, 1915~ 2008)
로저 아페리(Roger Apéry, 1916~ 1994)
브누아 망델브로(Benoit Mandelbrot, 1924~2010)
장피에르 세르(Jean-Pierre Serre, 1926~)
다니야마 유타카(谷山豊, 1927~1958)
나가타 마사요시(永田雅宜, 1927~2008)
피터 스위너턴-다이어(Peter Swinnerton-Dyer, 1927~2018)
알렉산더 그로텐디크(Alexander Grothendieck, 1928~2014)
헤르만 하켄(Hermann Haken, 1927~2024)
시무라 고로(志村 五郎, 1930~2019)
히로나카 헤이스케 (広中平祐, 1931~)
브라이언 존 버치(Bryan John Birch, 1931~)
존 윌러드 밀너(John Willard Milnor, 1931~)
케네스 아이라 아펠(Kenneth Ira Appel, 1932~2013)
폴 조셉 코헨(Paul Joseph Cohen, 1934~2007)
스티븐 아서 쿡(Stephen Arthur Cook, 1939~)
게르하르트 프레이(Gerhard Frey, 1944~)
윌리엄 폴 서스턴(William Paul Thurston, 1946~2012)
케네스 앨런 리벳(Kenneth Alan Ribet, 1948~)
알랭 콘(Alain Connes, 1947~)
모리 시게후미(森 重文, 1951~)
본 존스(Vaughan Jones, 1952~2020)
앤드루 존 와일스(Andrew John Wiles, 1953~)
그리고리 페렐만(Grigori Yakovlevich Perelman 1966~)
허준이(1983~)
제임스 알렉산더 메이너드(James Alexander Maynard, 1987~)

SUGAKU NO SEKAI CHIZU
©Masaki Koga 2023
First published in Japan in 2023 by KADOKAWA CORPORATION, Tokyo.
Korean translation rights arranged with KADOKAWA CORPORATION, Tokyo
through BC Agency.

아름다운 수학의 세계 지도

초판 1쇄 발행 | 2026년 3월 3일
지은이 | 고가 마사키
옮긴이 | 송경원
펴낸이 | 권영주
펴낸곳 | 모스그린
디자인 | design mari
출판등록번호 | 제 2024-000222 호
주소 | 경기도 고양시 일산서구 강선로 49
전화 | 070·7524·6122
팩스 | 0505·330·6133
이메일 | jip201309@gmail.com
ISBN | 979-11-990365-7-4(03410)

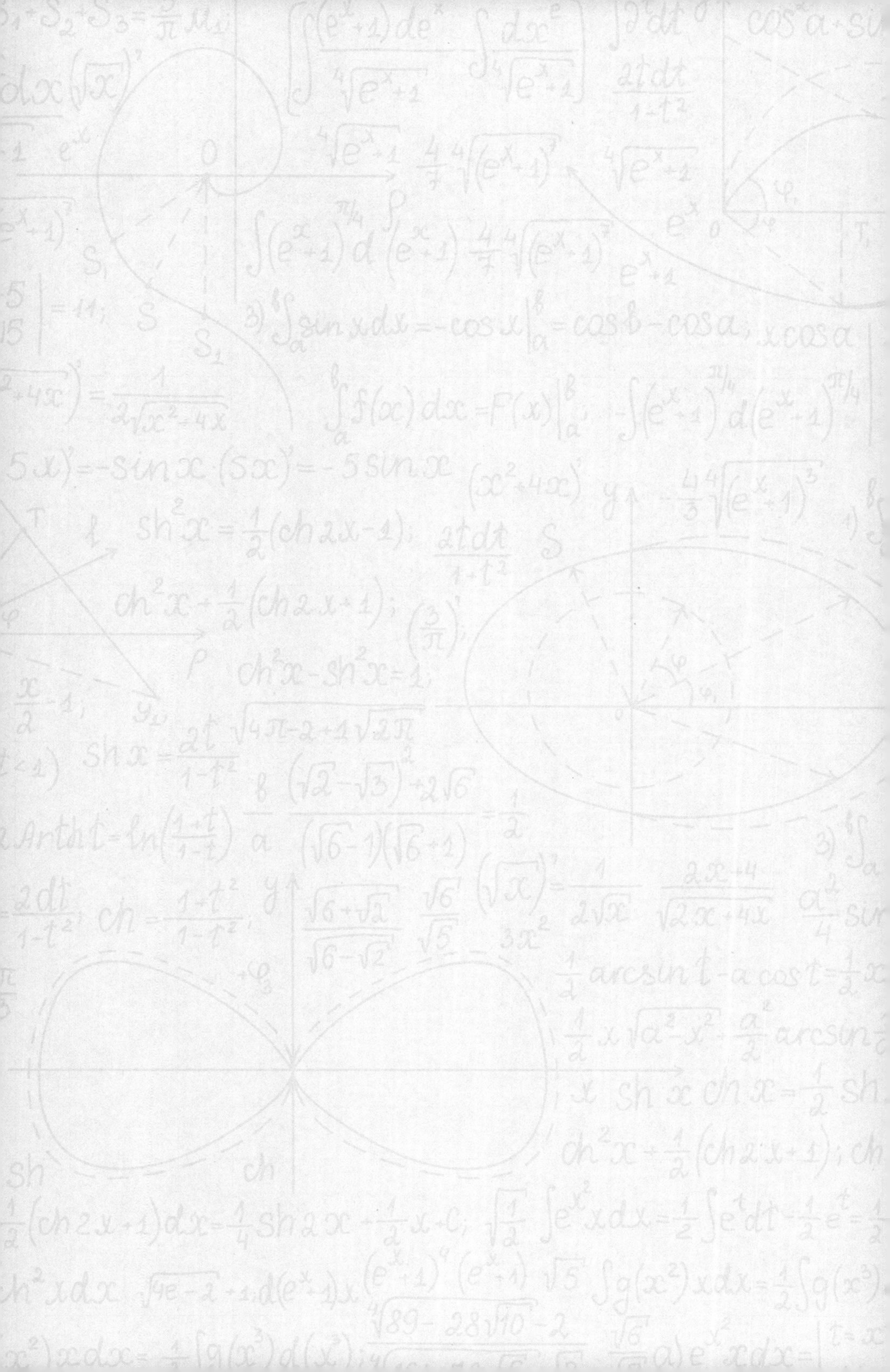